全国高职高专基础工程技术专业规划教材

土力学与地基基础

主　编　叶火炎　王玉珏
副主编　孙其龙　黄百顺　余丹丹　宋智香

黄河水利出版社
·郑州·

内 容 提 要

本书为全国高职高专基础工程技术专业规划教材之一。全书共分9章，主要内容包括土的物理性质与工程分类、土的渗透性、土中应力计算、地基变形计算、土的抗剪强度与地基承载力、土压力与挡土墙、天然地基上的浅基础设计、桩基础与其他深基础、土工试验。每章正文之前有本章提要，每章正文之后有小结和习题。

本书参照我国现行的《建筑地基基础设计规范》(GB 50007—2002)及其他有关新规范、新规程和新标准编写，内容精练，实用性强。本书除用做高职高专基础工程技术专业及土建类相关专业的课程教材或教学参考书外，也可供从事工程勘察、设计和施工人员参考使用。

图书在版编目(CIP)数据

土力学与地基基础/叶火炎，王玉珏主编．—郑州：黄河水利出版社，2009.7

全国高职高专基础工程技术专业规划教材

ISBN 978-7-80734-666-1

Ⅰ.土…　Ⅱ.①叶…　②王…　Ⅲ.①土力学-高等学校：技术学校-教材　②地基-基础(工程)-高等学校：技术学校-教材　Ⅳ.TU4

中国版本图书馆CIP数据核字(2009)第103691号

出 版 社：黄河水利出版社

地址：河南省郑州市顺河路黄委会综合楼14层　　邮政编码：450003

发行单位：黄河水利出版社

发行部电话：0371-66026940、66020550、66028024、66022620(传真)

E-mail：hhslcbs@126.com

承印单位：黄河水利委员会印刷厂

开本：787 mm×1 092 mm　1/16

印张：16

字数：370千字　　印数：1—4 100

版次：2009年7月第1版　　印次：2009年7月第1次印刷

定价：26.00元

前　言

本书为全国高职高专基础工程技术专业规划教材之一，是根据教育部制定的高职高专基础工程技术专业的基本要求，并结合目前教学改革发展的需要，以及在实际工程中专业的最新动态编写的。

本书共分9章，主要内容包括土的物理性质与工程分类、土的渗透性、土中应力计算、地基变形计算、土的抗剪强度与地基承载力、土压力与挡土墙、天然地基上的浅基础设计、桩基础与其他深基础、土工试验。本书采用了《建筑地基基础设计规范》(GB 50007—2002)及其他有关新规范、新规程和新标准，结合高职高专教学的特点，强调实用性与应用性。在编写过程中注重理论联系实际，以应用为重点。

本书由叶火炎、王玉珏任主编，孙其龙、黄百顺、余丹丹、宋智香任副主编。黄河水利职业技术学院孙其龙编写第一章；安徽水利水电职业技术学院黄百顺编写第二章、第三章；湖北水利水电职业技术学院叶火炎编写绪论及第四章(不含第一节、第二节)、第六章；黄河水利职业技术学院王玉珏编写第五章、第七章；湖北水利水电职业技术学院余丹丹编写第八章；黄河勘测规划设计有限公司宋智香编写第四章(第一节、第二节)、第九章。全书由叶火炎统稿。

本书在编写过程中参考了相关单位的资料及已出版的相关教材，在此表示衷心的感谢！

由于编者的水平有限，加之时间仓促，书中缺点及不妥之处在所难免，恳请广大读者批评指正。

编　者

2009 年 3 月

目　录

前　言
绪　论 …………………………………………………………………………（1）
　第一节　土力学、地基与基础的概念 ……………………………………（1）
　第二节　本课程在建筑工程中的重要性 …………………………………（1）
　第三节　本学科的发展概况 ………………………………………………（3）
　第四节　本课程的特点与学习要求 ………………………………………（4）
第一章　土的物理性质与工程分类 ………………………………………（5）
　第一节　土的成因 …………………………………………………………（5）
　第二节　土的组成与结构 …………………………………………………（7）
　第三节　土的物理性质指标 ………………………………………………（16）
　第四节　土的物理状态指标 ………………………………………………（22）
　第五节　土的击实性 ………………………………………………………（26）
　第六节　土的工程分类 ……………………………………………………（29）
　小　结 ………………………………………………………………………（38）
　习　题 ………………………………………………………………………（39）
第二章　土的渗透性 …………………………………………………………（41）
　第一节　达西定律及其适用范围 …………………………………………（41）
　第二节　渗透力与渗透变形 ………………………………………………（46）
　小　结 ………………………………………………………………………（50）
　习　题 ………………………………………………………………………（50）
第三章　土中应力计算 ………………………………………………………（51）
　第一节　土中自重应力 ……………………………………………………（51）
　第二节　基底压力 …………………………………………………………（53）
　第三节　地基中的附加应力 ………………………………………………（56）
　小　结 ………………………………………………………………………（66）
　习　题 ………………………………………………………………………（67）
第四章　地基变形计算 ………………………………………………………（68）
　第一节　土的压缩性 ………………………………………………………（68）
　第二节　地基最终沉降量计算 ……………………………………………（74）
　第三节　地基沉降与时间的关系 …………………………………………（86）
　小　结 ………………………………………………………………………（90）
　习　题 ………………………………………………………………………（91）
第五章　土的抗剪强度与地基承载力 ……………………………………（93）
　第一节　土的抗剪强度与极限平衡条件 …………………………………（93）

第二节　土的抗剪强度指标的测定方法 ……………………………………………… (99)
第三节　地基承载力 ………………………………………………………………… (108)
小　结 ……………………………………………………………………………… (121)
习　题 ……………………………………………………………………………… (123)
第六章　土压力与挡土墙 ……………………………………………………… (125)
第一节　挡土墙上的土压力 ………………………………………………………… (125)
第二节　朗肯土压力理论 …………………………………………………………… (127)
第三节　库仑土压力理论 …………………………………………………………… (133)
第四节　挡土墙设计简介 …………………………………………………………… (140)
第五节　土坡和地基稳定性 ………………………………………………………… (145)
小　结 ……………………………………………………………………………… (151)
习　题 ……………………………………………………………………………… (152)
第七章　天然地基上的浅基础设计 ……………………………………………… (154)
第一节　概　述 ……………………………………………………………………… (154)
第二节　浅基础类型及构造 ………………………………………………………… (157)
第三节　基础埋深的选择 …………………………………………………………… (165)
第四节　基础底面尺寸确定 ………………………………………………………… (171)
第五节　基础结构设计 ……………………………………………………………… (176)
第六节　控制地基不均匀沉降的措施 ……………………………………………… (188)
小　结 ……………………………………………………………………………… (192)
习　题 ……………………………………………………………………………… (194)
第八章　桩基础与其他深基础 …………………………………………………… (195)
第一节　概　述 ……………………………………………………………………… (195)
第二节　桩的分类 …………………………………………………………………… (197)
第三节　桩的承载力 ………………………………………………………………… (203)
第四节　桩基础设计 ………………………………………………………………… (208)
第五节　其他深基础简介 …………………………………………………………… (222)
小　结 ……………………………………………………………………………… (225)
习　题 ……………………………………………………………………………… (226)
第九章　土工试验 ………………………………………………………………… (227)
第一节　含水率试验 ………………………………………………………………… (227)
第二节　密度试验 …………………………………………………………………… (229)
第三节　比重试验 …………………………………………………………………… (231)
第四节　界限含水率试验 …………………………………………………………… (233)
第五节　固结试验 …………………………………………………………………… (236)
第六节　剪切试验 …………………………………………………………………… (240)
参考文献 …………………………………………………………………………… (248)

绪 论

第一节 土力学、地基与基础的概念

土力学是利用力学的一般原理与土工试验技术研究土的物理性质和力学性质以及土体在荷载、水等外界因素作用下工程性状的应用科学，它是力学的一个分支，是本课程的理论基础。土是岩石风化以后形成的各种松散堆积物，是矿物或岩石碎屑构成的松软集合体。由于土的形成年代、生成环境和物质组成的不同，其工程特性亦复杂多变。例如，我国沿海及内陆湖区的软土，西北、华北和东北等地区分布的黄土，高寒地区的冻土，南方地区广泛分布的红黏土及膨胀土等，其性质各不相同。因此，在建筑物设计前，必须充分了解、研究建筑场地相应土（岩）层的成因、构造，地下水情况，是否存在不良地质现象等，对场地的工程条件作出正确的评论。

任何建筑物都是建造在地层（土层或岩层）上的，因此建筑物的全部荷载都由它下面的地层来承担，受建筑物影响的那一部分地层称为地基；建筑物向地基传递荷载的下部结构称为基础。地基与基础是保证建筑物安全和满足使用要求的关键之一。

基础根据埋置深度（简称埋深）与施工方法的不同，可分为浅基础和深基础。通常把基础埋置深度不大（小于或相当于基础底面宽度，一般认为小于 5 m），只需经过挖槽、排水等普通施工程序就可以建造起来的基础，称为浅基础；对于浅层土质不良，需要利用深处良好地基，采用专门的施工方法和机具建造的基础，称为深基础。

地基根据需不需要进行人工加固处理，可分为天然地基与人工地基。不需经过人工加固处理就可以满足设计要求的地基，称为天然地基；而地基软弱，需要经过人工加固处理后才能满足设计要求的地基，称为人工地基。对于成层土地基而言，地基包括持力层与下卧层。持力层是指基础底面以下的第一层土；持力层以下的各土层，称为下卧层；强度低于持力层的下卧层，称为软弱下卧层（见图 0-1）。

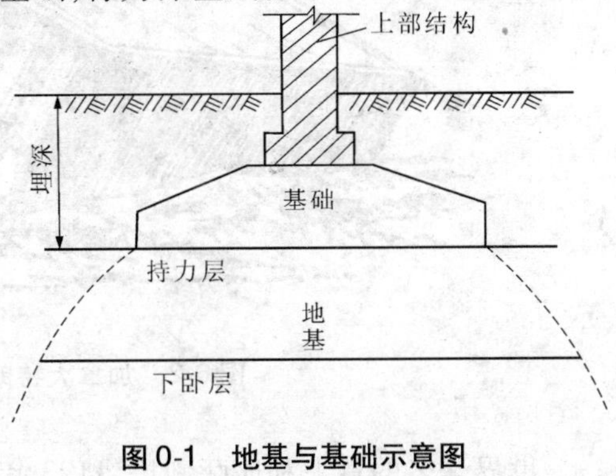

图 0-1 地基与基础示意图

第二节 本课程在建筑工程中的重要性

地基与基础是整个建筑工程中的一个重要组成部分，是建筑物的根本，统称为基础工程，其勘察、设计和施工质量直接影响到建筑物的安全、经济和正常使用。由于基础工程在地下或水下进行，施工难度较大，在一般高层建筑中，其造价约占总造价的25%，工期占总工期的25%~30%。当需要采用深基础或人工地基时，其造价和工期所占的比例更大。此外，基础工程为地下隐蔽工程，一旦失事，不仅损失大，而且补救十分困难，因此本课程在各种工程建设中具有十分重要的作用。

随着我国经济的不断发展，基本建设大量进行，大型、重型、高层建筑和有特殊要求的建筑物日益增多，在基础工程设计与施工方面积累了许多成功的经验，国外也有许多成功的典范。但是，如果对地基基础问题没有给予足够的重视，轻则造成上部结构倾斜、开裂，影响其正常使用；重则造成建筑物倒塌，危及人们生命与财产安全。例如，1931年建造的加拿大特朗斯康谷仓（见图0-2），由65个圆柱形筒仓组成，高31 m，宽23.5 m，采用筏板基础，由于事前没有查清基础下埋藏有厚达16 m的软黏土层，建成后初次贮存谷物时，基底压力超过了地基极限承载力，地基丧失整体稳定性，使谷仓西侧突然陷入土中达8.8 m，东侧则抬高1.5 m，仓身整体倾斜约27°。由于该谷仓上部结构整体性很强，筒仓完好无损。事后在筏板基础下增设70多根支承于基岩上的混凝土墩，用了388个50 t的千斤顶，才把谷仓的倾斜纠正过来，但其仓底标高比原来低了4 m。

图0-2 加拿大特朗斯康谷仓的地基破坏情况

世界著名的意大利比萨斜塔，1173年动工兴建，当建至24 m高时，发现塔身倾斜严重而被迫停工，至1273年续建完工，塔高约55 m。该塔因建造在不均匀的高压缩性地基上，北侧下沉1 m多，南侧下沉近3 m，沉降差达1.8 m。1932年曾对该塔地基灌注了1 000 t水泥，也未能奏效，现在该塔仍以每年1 mm的速度下沉，目前正在处理之中。再如我国1954年兴建的上海工业展览馆中央大厅，该展览馆中央大厅为框架结构，采用箱形基础，两翼展览馆采用条形基础。箱基顶面至中央大厅顶部塔尖的高度为93.63 m，基础埋深 7.27 m。因地基有厚达 14 m 左右的淤泥质土,建成当年中央大厅实测地基平均沉降量为 0.6 m,至 1979 年 9 月中央大厅的平均沉降量达 1.6 m。由于沉降差过大,导致中央大厅与两翼展览馆连接,室内外连接的水、电等管道断裂,严重影响展览馆的正常使用。

大量的事故充分表明,对基础工程必须慎重对待。只有深入了解地基情况,充分掌握工程地质勘察资料,精心组织设计与施工,才能使基础工程做到既经济合理,又保证质量。

第三节　本学科的发展概况

土力学与地基基础既是一项古老的工程技术,又是一门年轻的应用科学。由于生产的发展和生活上的需要,人类很早就已经创造了自己的地基基础工艺。如我国的都江堰水利工程、举世闻名的万里长城、隋代南北大运河、赵州石拱桥以及许许多多遍及全国各地宏伟壮丽的宫殿寺院、高塔亭台等,都是由于奠基牢固,即使经历了无数次强震、强风而如今仍巍然屹立。几千年前,采用石料修筑基础、木材做成桩基础,石灰拌土夯成垫层或浅基础,砂土水撼加密、填土击实等修筑地基基础的传统方法,目前在某些范围内还在应用。我国劳动人民在工程实践中积累了丰富的土力学与地基基础的知识,只是由于当时生产力发展水平的限制,未能提炼成为系统的科学理论。

18 世纪工业革命以后,大规模的城市建设和水利、铁路的兴建面临着许多与土有关的问题,从而促进了土力学理论的产生和发展。1773 年法国学者库仑(Coulomb)提出了砂土的抗剪强度公式和挡土墙上土压力的滑楔理论;1856 年法国工程师达西(Darcy)提出了地下水运动的基本规律——达西定律;1867 年捷克工程师文克勒(Winkler)提出了地基计算模型;1922 年瑞典工程师费尔纽斯(Fellenius)提出了土坡稳定分析方法等。这些古典的理论和方法为土力学的建立奠定了基础。然而,作为一个完整工程学科的建立,则以美国学者太沙基(Terzaghi)1925 年发表的第一本比较系统完整的著作《土力学》为标志,从此土力学与地基基础就作为独立的学科而取得不断的发展。

新中国的成立,为解放我国生产力和促进我国科学技术的发展开辟了一条广阔的道路,也使土力学与地基基础学科得到了迅速的发展。新中国成立后,我国在工程建筑中成功地处理了许多大型和复杂的基础工程问题。例如,利用电化学加固处理的中国历史博物馆地基,解决了施工期短、质量要求高的困难;特别是在万里长江上建成的多座长江大桥及其他一些巨大的工程中,采用管桩基础、气筒浮运沉井基础等,成功地解决了水深流急、地质条件复杂的基础工程问题,也为土力学与地基基础的理论和实践积累了丰富的经验。

改革开放以来,我国开展了大规模的现代化建设,如深圳、广州、厦门、上海浦东、天津滨海新区等数以万计的高层建筑,三峡水利枢纽工程,南水北调工程,青藏铁路,全国各地的高速公路与高速铁路等的成功实践,有效地促进了我国在工程地质勘察,室内与现场土工试验,地基处理,新设备、新材料、新工艺的研究和应用等方面的发展。随着电子技术与各种数值计算方法对各学科的逐步渗透,土力学与地基基础的各个领域都发生了深刻的变化,许多复杂的工程问题相应得到了解决,试验技术也日益提高。在大量理论研究与实践经验积累的基础上,有关基础工程的各种设计与施工规范或规程相应问世并日臻完善。我们相信,随着我国现代化建设的不断向前推进,对基础工程要求的不断提高,我国土力学与地基基础学科也必将得到新的更大的发展。

第四节　本课程的特点与学习要求

本教材共有9章，主要介绍土的物理性质与工程分类、土的渗透性、土中应力计算、地基变形计算、土的抗剪强度与地基承载力、土压力与挡土墙、天然地基上的浅基础设计、桩基础与其他深基础、土工试验等内容。

本课程是一门工程学科，包括土力学（职业基础）与基础工程（职业技术）两部分，是基础工程技术专业的一门主干课程。它涉及到工程地质学、岩土工程勘察、建筑结构与施工技术等多个学科领域，内容广泛，综合性、理论性和实践性强，学习时应该突出重点，兼顾全面。

通过本课程的学习，应重点掌握主要土工试验的基本原理和操作技能；掌握一般建筑物地基基础设计中有关土力学内容的设计计算方法，如地基承载力、地基变形、土坡稳定和挡土墙上的土压力计算等；了解地基勘察工作的内容；能阅读和正确理解地质勘察报告；能进行一般建筑物地基基础的设计。

地基基础工程几乎找不到完全相同的实例，在处理地基基础工程问题时，必须运用本课程的基本原理，深入调查研究，针对具体情况进行具体分析，注重理论联系实际，提高分析问题和解决问题的能力。

第一章　土的物理性质与工程分类

本章提要　土是岩石经风化的产物，是由各种大小不同的土颗粒按一定比例组成的松散集合体。土的成因不同、三相组成的比例不同、结构不同，土的工程性质也不相同。在进行土力学计算及处理地基基础问题时，不仅要知道各类土的特性，还必须熟练掌握反映土三相组成比例和状态的各指标的定义、试验或计算方法，以及填土的压实性和土的工程分类。

本章将介绍土的成因、土的组成与结构、土的物理性质指标、土的物理状态指标、土的击实性以及土的工程分类。

本章的重点是土的三相组成、土的颗粒级配、土的物理性质与物理状态指标以及土的工程分类。

第一节　土的成因

一、土的成因

地球由地壳、地幔和地核组成，地壳是地球表层坚硬的固体外壳，主要由各种岩石组成，地表附近的岩石在风化作用下破碎后形成形状不同、大小不一的碎屑颗粒，这些颗粒受各种自然力的作用，在各种不同的自然环境下堆积下来，就形成通常所说的土。我们在工程上遇到的大多数土都是在第四纪地质历史时期内形成的，又称第四纪沉积物，其中在人类文化期以来所沉积的土称为新近沉积土。

二、第四纪沉积物

土在地表分布广泛，成因类型也很复杂，不同成因类型的沉积物，各具有一定的分布规律、地形形态及工程性质。按成因类型的不同，第四纪沉积物分为以下几种。

（一）残积物

岩石风化后形成的碎屑物一部分被风和降水搬运带走，一部分未被搬运而保留在原地，保留在原地的碎屑物，称为残积物或残积土（见图1-1）。

残积物的特征是颗粒表面粗糙、多棱角、粗细不均、无层理，分布受地形控制，在山丘顶部残积土厚度较薄，低洼处较厚。土的颗粒较粗，呈棱角状，土质不均，具有较大空隙，作为建筑物地基易产生不均匀沉降，在残积土上建造建筑物，如果其厚度较小，可以把这部分土清除。

（二）坡积物

由于雨、雪、水流的作用将高处岩石风化以后形成的碎屑物缓慢洗刷、剥蚀，沿着斜坡冲刷移动，沉积在较平缓的斜坡上或坡脚处所形成的沉积物，称为坡积物或坡积土（见图1-1）。

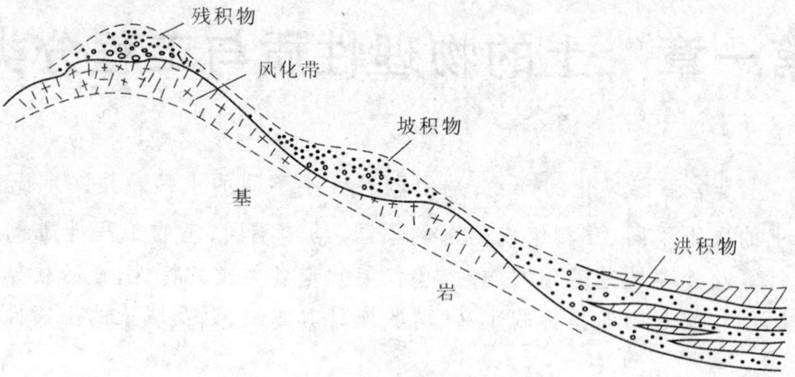

图 1-1　岩石风化作用的产物

坡积物随斜坡自上而下逐渐变缓，呈现由粗而细的分选现象，其矿物成分与下卧基岩没有直接的关系，层理不明显，厚度变化较大，容易发生滑动。在坡积物上进行工程建设时，要特别注意坡积物本身的稳定性和施工开挖后边坡的稳定性以及地基的不均匀沉降问题。

（三）洪积物

由暴雨或大量融雪水将山区或高地上的大量碎屑物沿冲沟搬运到山谷出口处或山前平原堆积而成的沉积物，称为洪积物或洪积土（见图 1-1）。

由于山洪流出沟谷后，流速骤减，洪积物也呈现由粗而细的分选现象，呈不规则交替层理结构。一般离山前较近的洪积物，是较好的地基。离山前较远的地段，洪积物的颗粒较细，土质均匀，厚度较大，地下水埋藏较深，也是较好的地基。但中间过渡地段，常因地下水溢出地表而造成沼泽地带，土质软弱，承载力低，是不良的地质条件。

（四）冲积物

河流两岸基岩和上部覆盖物，被河流流水侵蚀后，经搬运、沉积于河道坡度较平缓的地区而形成的沉积物，称为冲积物或冲积土。冲积土是一种在水的搬运、沉积作用下形成的土体，水流量大时携带粗粒物沉积，流量小时，只携带一些细粒物沉积。有明显的层理构造，土颗粒上游较粗，下游较细，分选性和磨圆度较好。在这类土上进行工程建设时，要细心检查建筑场地的软弱层，因为这些软弱层会引起建筑物地基的过量沉降。

（五）其他沉积物

除了上述几种成因类型的沉积物外，还有海洋沉积物、湖泊沉积物、沼泽沉积物、冰川沉积物和风积物等。

1. 海洋沉积物

海洋按海水深度及海底地形划分为滨海区、浅海区、陆坡区和深海区。

滨海沉积物主要由卵石、圆砾和砂等粗碎屑物质组成（可能有黏性土夹层），具有基本水平或缓倾斜的层理构造，在砂层中常有波浪作用留下的痕迹。作为建筑物的地基，其强度较高，但透水性较大。

浅海沉积物主要有细颗粒砂土、黏性土、淤泥和生物化学沉积物(硅质和石灰质等)。离海岸愈远,沉积物的颗粒愈细小。浅海沉积物具有层理构造,其中砂土较滨海区更为疏松,因而压缩性高且不均匀;一般近岸黏土质沉积物的密度小、含水率高,因而其压缩性大、强度低。陆坡和深海沉积物主要是有机质软泥,成分均一。

2. 湖泊沉积物

湖泊沉积物可分为湖边沉积物和湖心沉积物。

湖边沉积物主要是由湖浪冲蚀湖岸、破坏岸壁形成的碎屑物质组成的。近岸带沉积的多数是粗颗粒的卵石、圆砾和砂土;远岸带沉积的则是细颗粒的砂土和黏性土。湖边沉积物具有明显的斜层理构造。作为地基时,近岸带的承载力较高,远岸带的承载力则低些。

湖心沉积物是由河流携带的细小悬浮颗粒到达湖心后沉积形成的,主要是黏土和淤泥,常夹有细砂、粉砂薄层,称为带状黏土,这种黏土压缩性高、强度低。

问题:第四纪沉积物有哪些主要类型?各有什么工程地质特征?

第二节　土的组成与结构

一般情况下,天然状态的土是由固相(土颗粒)、液相(土中水)和气相(土中气体)三部分组成的,这三部分通常称为土的三相组成,如图 1-2 所示。这些组成部分的性质及相互间的比例关系决定了土的物理力学性质。

土颗粒(主要是一些矿物颗粒)构成土的骨架,土颗粒之间存在有许多孔隙,孔隙被水和气体所填充,当孔隙中同时存在水和气体时,称为湿土。湿土为三相系。当土中孔隙全部由气体所填充时,称为干土;当孔隙全部由水所充填时,称为饱和土。饱和土和干土都是二相系。

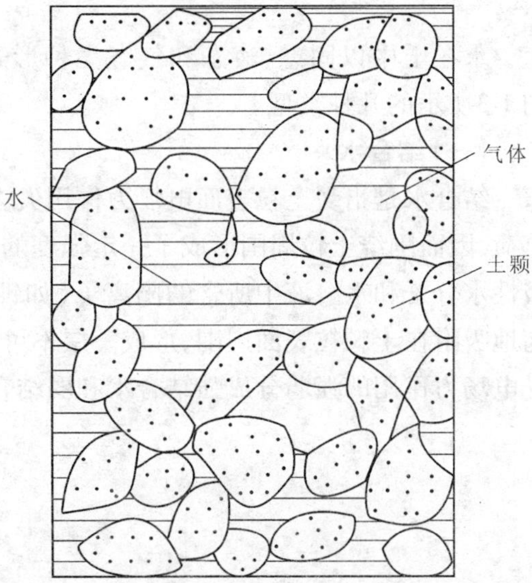

图 1-2　土的三相组成示意图

一、土的固相

土的固相,即土中固体颗粒,简称土粒,是土中最主要的组成部分。土粒分为无机矿物颗粒与有机质,无机矿物颗粒由原生矿物和次生矿物组成。土粒的成分不同、粗细不同、形状不同,土的性质也不同。

(一)原生矿物

岩石经物理风化作用后破碎形成的矿物颗粒,称为原生矿物。

原生矿物在风化过程中,其化学成分并没有发生变化,它与母岩的矿物成分是相同的。

常见的原生矿物有石英、长石和白云母等,无黏性土的主要矿物成分是石英、长石等原生矿物。

(二)次生矿物

岩石经化学风化作用(水化、氧化、碳化等)所形成的矿物,称次生矿物。

次生矿物的矿物成分与母岩不同,常见的次生矿物有高岭石、伊利石(水云母)和蒙脱石(微晶高岭石)等三大黏土矿物。另外,还有一类易溶于水的次生矿物,称水溶盐。黏性土中的水溶盐,通常是由土中的水溶液蒸发后沉淀充填在土孔隙中的,它构成了土粒间不稳定的胶结物质。如黏性土中含有水溶盐类矿物,遇水溶解后会被渗透水流带走,导致地基或土坝坝体产生集中渗流,引起不均匀沉降以及强度降低。因此,通常规定筑坝土料的水溶盐含量不得超过8%。

(三)土中的有机质

土中的有机质是在土的形成过程中动、植物的残骸及其分解物质与土混掺沉积在一起,经生物化学作用生成的物质。其成分比较复杂,主要是植物残骸、未完全分解的泥炭和完全分解的腐殖质。有机质亲水性很强,因此有机土压缩性大、强度低。当有机质含量超过5%时,就不能作为堤坝工程的填筑土料,否则会影响工程的质量。

二、土中水

水在土中以固态、液态和气态三种形式存在,土中的水按存在方式不同,可分为如图1-3所示的几种类型。

(一)结合水

结合水是指受土粒表面电场力作用失去自由活动的水。大多数黏土颗粒表面带有负电荷,因而围绕土粒周围形成了一定强度的电场,使孔隙中的水分子极化,这些极化后的极性水分子和水溶液中所含的阳离子(如钾、钠、钙、镁等阳离子),在电场力的作用下定向地吸附在土颗粒表面周围,形成一层不可自由移动的水膜,即结合水。结合水又可根据受电场力作用的强弱分成强结合水和弱结合水,如图1-4所示。

- 土中的水
  - 液态水
    - 结合水
      - 强结合水
      - 弱结合水
    - 自由水
      - 重力水
      - 毛细水
  - 固态水
  - 气态水

图1-3 土中水的类型

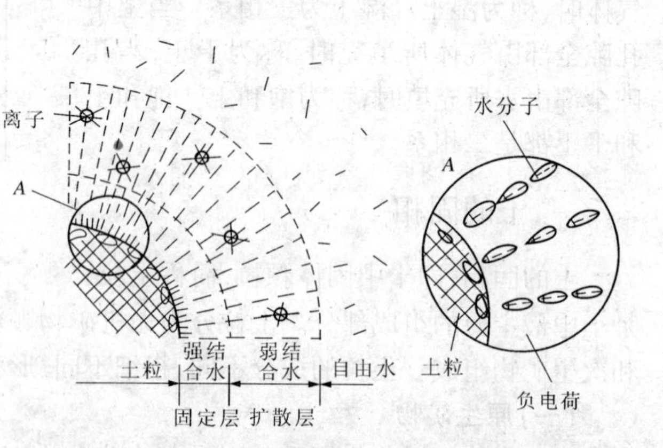

图1-4 土粒与水分子相互作用模拟图

1. 强结合水

强结合水是指被强电场力紧紧地吸附在土粒表面附近的结合水(又称吸着水)。其密度为1.2～2.4 g/cm^3,冰点很低,可达－78 ℃,沸点较高,在105 ℃以上才可以被释放,而且很难移动,没有溶解能力,不传递静水压力,失去了普通水的基本特性,其性质与固体相近,具有很大的黏滞性和一定的抗剪强度。

2. 弱结合水

弱结合水是指分布在强结合水外围吸附力稍低的结合水(又称薄膜水)。这部分水膜由于距颗粒表面较远,受电场力作用较小,它与土粒表面的结合不如强结合水紧密。其密度为1.0～1.7 g/cm^3,冰点低于0 ℃,不传递静水压力,也不能在孔隙中自由流动,只能以水膜的形式由水膜较厚处缓慢移向水膜较薄处,这种移动不受重力影响。

黏性土孔隙中主要充填的水为结合水,当两个土粒之间的距离小于其结合水厚度之和时,土粒间便形成公共水膜,如图1-5所示。公共水膜的存在是黏性土具有黏性、可塑性和抗剪强度的根本原因。

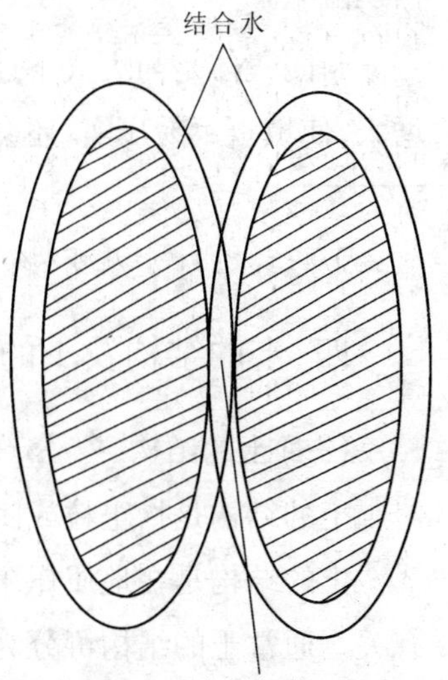

图1-5　公共水膜

(二)自由水

土孔隙中位于结合水以外的水称为自由水,自由水由于不受土粒表面静电场力的作用,可在孔隙中自由移动,按其运动时所受的作用力不同,可分为重力水和毛细水。

1. 重力水

受重力作用而运动的水称为重力水。重力水位于地下水位以下,重力水与一般水一样,可以传递静水压力和动水压力,具有溶解能力,可溶解土中的水溶盐,使土的强度降低,压缩性增大;可以对土颗粒产生浮托力,使土的重力密度减小;还可以在水头差的作用下形成渗透水流,并对土粒产生渗透力,使土体发生渗透变形。

2. 毛细水

土中存在着很多大小不同的孔隙,这些孔隙有的可以相互连通形成弯曲的细小通道(毛细管),由于水分子与土粒表面之间的附着力和水表面张力的作用,地下水将沿着土中的细小通道逐渐上升,形成一定高度的毛细水带,地下水位以上的自由水称为毛细水,如图1-6所示。

毛细水上升的高度取决于土的粒径、矿物成分、孔隙的大小和形状等因素,一般黏性土上升的高度较大,而砂土的上升高度较小,在工程实践中毛细水的上升可能使地基浸湿,使地下室受潮或使地基、路基产生冻胀,造成土地盐渍化等问题。

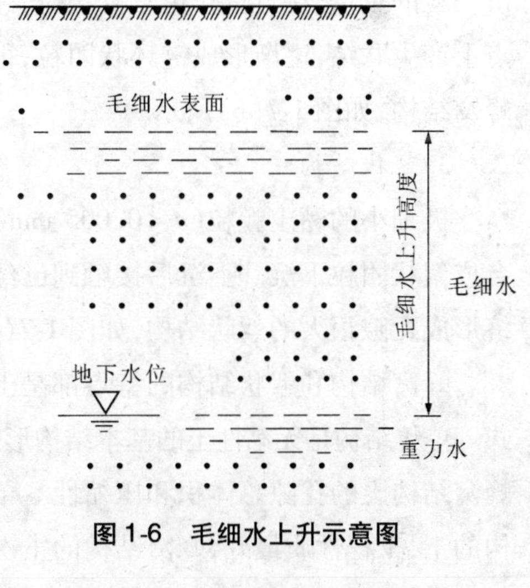

图1-6　毛细水上升示意图

三、土中气体

土中的气体可分为自由气体和封闭气体两种基本类型。

自由气体是与大气连通的气体，受外荷载作用时，易被排出土外，对土的工程力学性质影响不大。

封闭气体是与大气不连通、以气泡形式存在的气体，封闭气体的存在可以使土的弹性增大，使填土不易压实，还会使土的渗透性减小。

问题：土中水按性质可以分哪几类？各有何特征？

四、土的结构及土的结构性

（一）土的结构

土的结构是指土粒或团粒的排列方式及其粒间或团粒间联结的特征。

土的结构是在地质作用过程中逐渐形成的，它与土的矿物成分、颗粒形状和沉积条件有关。通常土的结构可分为三种基本类型，即单粒结构、蜂窝结构和絮状结构。

1. 单粒结构

粗粒土在沉积过程中，依靠自重单独下沉并达到稳定状态，就形成点与点接触的单粒结构，如图 1-7(a)所示。随着形成条件的不同，其排列有松有密，紧密排列的单粒结构比较稳定，孔隙占的比例较小，承载力较高，变形较小。

2. 蜂窝结构

较细的土粒（粒径为 0.005 ~ 0.075 mm），由于土粒细、比表面积大，粒间引力大于下沉土粒的重量，在自重作用下沉积时，碰到别的正在下沉或已经沉稳的土粒，在粒间接触点上产生联结，逐渐形成链环状团粒，很多这样的链环状团粒联结起来，形成孔隙较大的蜂窝结构，如图 1-7(b)所示。

3. 絮状结构

极细小的黏土颗粒（$d<0.005$ mm），能在水中长期悬浮，一般不以单粒下沉，而是聚合成絮状团粒下沉。下沉后接触到已经沉稳的絮状团粒时，由于引力作用又产生联结，最终形成孔隙很大的絮状结构，如图 1-7(c)所示。

蜂窝结构和絮状结构的特点都是土中孔隙较多，结构不稳定，是黏性土的基本结构形式。单粒结构是无黏性土的基本结构形式，一般来说，絮状结构土的孔隙总体积和压缩性 > 蜂窝结构土的孔隙总体积和压缩性 > 单粒结构土的孔隙总体积和压缩性。密实的单粒结构的土，工程性质最好，蜂窝结构的土次之，絮状结构的土最差。

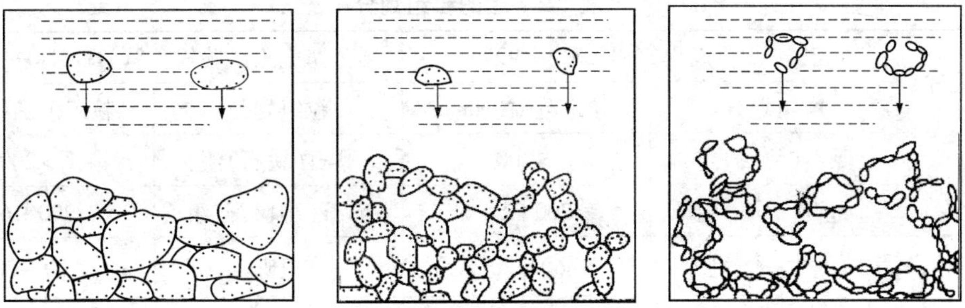

(a)单粒结构　　(b)蜂窝结构　　(c)絮状结构

图 1-7　土的结构

(二)土的结构性

原状土是指从天然土层中取出的土样,保持其沉积状态、密度及含水率不变的土样;若土样结构或含水率受到破坏而发生变化,则称为扰动土。土的结构性是指土的天然结构扰动后,土原有的物理力学性质会降低的特性。一般把具有蜂窝结构和絮状结构的土称为结构性土(砂土则不具有结构性)。对于结构性土,当其天然结构扰动后,土样结构或含水率受到人为的破坏发生变化,土中的胶结物联结遭到破坏,土原有的物理力学性质会降低,所以对此结构土进行施工时,一定要注意保持其天然结构不受破坏。

自然界的土,往往由几种粒组组成,故土的结构一般不是单一的,而是以某种结构为主的混合形式。

问题:土的结构类型有哪几种? 各对应哪类土?

五、土的粒组及土的颗粒级配

(一)土的粒组划分

自然界的土颗粒大小的变化很大,相差悬殊,土颗粒有大于几十厘米的漂石,也有小于几微米的胶粒。颗粒大小和矿物成分的不同,使土体具有不同性质,如卵石、砾石和砂粒等,其透水性较大,无黏性和可塑性;而颗粒很小的黏粒则透水性较小,黏性和可塑性较大,具有膨胀性、收缩性等特性。土的粒径与土的性质之间有一定的对应关系。通常将土的粒径相近、性质相似的土粒划分为一组,称为粒组。

粒组的划分,常用的规范系统有公路工程行业、水利工程行业和建筑工程行业等,这三大行业的粒组划分标准是不相同的,其粒组划分标准见表 1-1、表 1-2。

表 1-1　GB 50021—2001 及 GB 50007—2002 粒组划分标准

粒组名称	漂石(块石)粒组	卵石(碎石)粒组	砾石粒组	砂粒组	粉粒组	黏粒组
粒组范围(mm)	>200	20~200	2~20	0.075~2	0.005~0.075	<0.005

表 1-2　土的粒组划分

粒组统称	《土工试验规程》(SL 237—1999)			《公路土工试验规程》(JTG E40—2007)	
	粒组划分		粒组范围(mm)	粒组划分	粒组范围(mm)
巨粒组	漂石(块石)组		>200	漂石(块石)组	>200
	卵石(碎石)组		200~60	卵石(小块石)组	200~60
粗粒组	砾粒(角砾)	粗砾	60~20	粗砾	60~20
		中砾	20~5	中砾	20~5
		细砾	5~2	细砾	5~2
	砂粒	粗砂	2~0.5	粗砂	2~0.5
		中砂	0.5~0.25	中砂	0.5~0.25
		细砂	0.25~0.075	细砂	0.25~0.074
细粒组	粉粒		0.075~0.005	粉粒	0.074~0.002
	黏粒		<0.005	黏粒	<0.002

问题:为什么要划分粒组?一般划分为哪些粒组?

(二)土的颗粒分析试验及土的颗粒级配

在自然界里,绝大多数的土都是由几种粒组混合搭配而成的,而土的性质取决于不同粒组的相对含量。土中各粒组的相对含量用各粒组占土粒总质量的百分数表示,称为土的颗粒级配。

1. 颗粒分析试验

颗粒级配是通过颗粒大小分析试验来测定的,土的颗粒大小分析试验方法有筛分法和密度计法两种。

筛分法适用于粒径大于0.075 mm的粗粒土。它是用一套从孔径依次由大到小的标准筛,如图1-8所示,将一定质量的有代表性的风干、散粒土样倒入标准筛的顶部,再经人工或机械的方法充分振摇,然后称出留在各筛上土的质量,分别算出小于某一孔径(即粒径)的土质量占土样总质量的百分数,简称为小于某粒径的质量百分数。

密度计法适用于粒径小于0.075 mm的细粒土。它是将一定质量的风干土样倒入盛纯水的1 000 mL玻璃量筒中,经过搅拌将其拌成均匀的悬液状,土粒会在悬液中靠自身下沉,土粒的大小不同在水中沉降的速度也不同,在土粒下沉过程中,用密度计测出悬液中对应不同时间不同溶液密度,如图1-9所示,根据密度计读数和土粒的下沉时间,就可以根据有关公式计算出不同土粒的粒径及小于该粒径的质量百分数。

当土中粗细粒组兼有时,可将土样用振摇法或水冲法过0.075 mm的筛子,使其分为两部分。大于0.075 mm的土样用筛分法进行分析,小于0.075 mm的土样用密度计法进行分析,然后将两种试验成果组合在一起对土样进行分析。

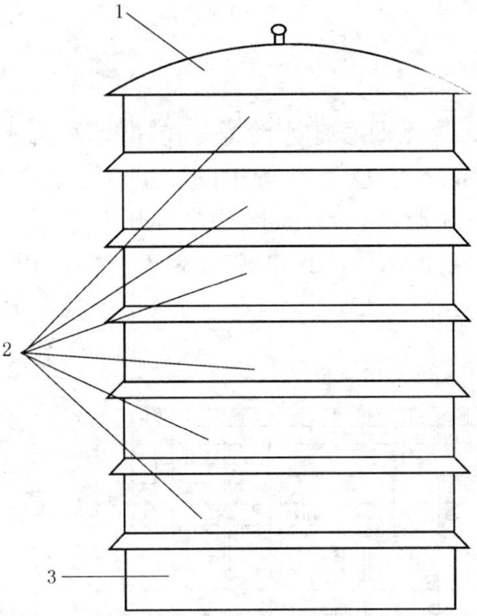

图 1-8　标准筛

1—筛盖;2—筛盘;3—底盘

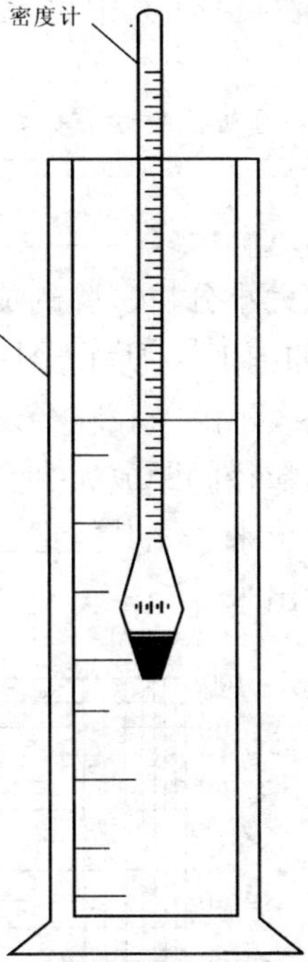

图 1-9　密度计法观测

1—量筒;2—密度计

【例 1-1】 取 1 000 g 风干散粒土样进行筛分法试验,试验结果列于表 1-3(第一行、第二行),补充完整试验表格。

表 1-3　筛分试验结果

筛孔径(mm)	2.0	1.0	0.5	0.25	0.1	0.075	底盘
留筛质量(g)	100	100	250	300	100	50	100
小于该孔径土粒质量(g)	900	800	550	250	150	100	
小于该孔径土粒百分数(%)	90	80	55	25	15	10	
粒径的范围(mm)	$d>2.0$	$2.0\geqslant d>0.5$		$0.5\geqslant d>0.25$	$0.25\geqslant d>0.075$		$d\leqslant 0.075$
各粒组土的百分数(%)	10	35		30	15		10

解:留在孔径 2.0 mm 筛上的土粒质量为 100 g,则小于该孔径土粒质量为 1 000 - 100 = 900(g),小于该孔径土粒质量的百分数为 900/1 000 = 90%;留在孔径 1.0 mm 筛上的土粒质量为 100 g,则小于该孔径土粒质量的百分数为(900 - 100)/1 000 = 80%;同样可求得小于其他孔径的土粒质量百分数。

因 $0.5\geqslant d>0.25$ 的土粒含量为 300 g,则粒径范围 $0.5\geqslant d>0.25$(中砂)的含量为 300/1 000 = 30%;同样可求得其他粒组的土粒质量百分数,所以该土样各粒组含量分别为砾 10%，砂 80%（其中粗砂 35%、中砂 30%、细砂 15%），细粒（包括粉粒和黏粒）10%。

问题：土粒分析试验方法有哪些？各适用于什么土？

2. 颗粒级配曲线

土颗粒大小分析试验的成果，通常在半对数坐标系中点绘成一条曲线，称为土的颗粒级配曲线，如图 1-10 所示，图中曲线的纵坐标为小于某粒径的土的质量百分数，横坐标为用对数尺度表示的土粒粒径。因为土中的粒径通常相差悬殊，横坐标用对数尺度可以把细粒部分的粒径间距放大，而将粗粒部分的粒径间距缩小，把粒径相差悬殊的粗、细粒的含量都表示出来。尤其能把占总质量小，但对土的性质影响较大的微小土粒部分的含量清楚地表示出来。

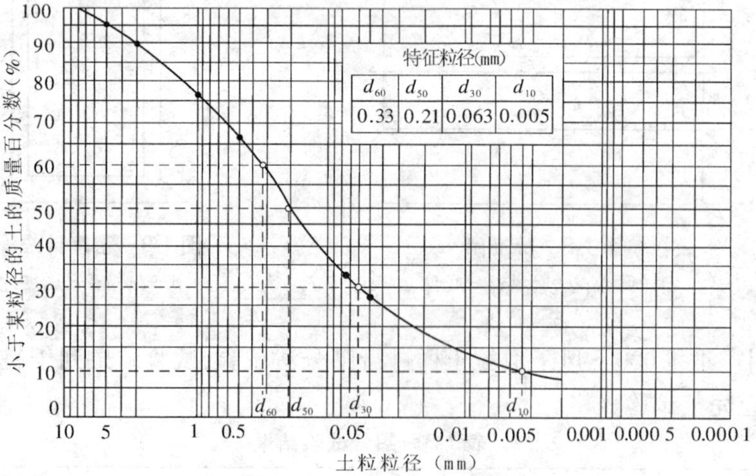

图 1-10　土的颗粒级配曲线

由于粒径相近的颗粒所组成的土，具有某些共同的成分和特性，所以常根据颗粒级配曲线计算各粒组的百分比含量，可以根据颗粒级配曲线评价土的级配是否良好，并作为对土进行工程分类的依据。

土中各粒组的相对含量为小于两个分界粒径质量百分数之差。图 1-10 中的曲线，对应各粒组的百分比含量分别为：砾（60 ~ 2 mm）占 100% − 87% = 13%；砂粒（2 ~ 0.075 mm）占 87% − 33% = 54%。

3. 良好级配的判别

在颗粒级配曲线上，可根据土粒的分布情况，定性地判别土粒的均匀程度或级配情况。如果曲线的坡度是渐变的，则表示土的颗粒大小分布是连续的，称为连续级配；如果曲线中出现水平段，则表示土中缺乏某些粒径的土粒，这样的级配称为不连续级配。如图 1-11曲线 C，粒径为 1 ~ 2 mm 曲线是水平的，说明该土缺乏这部分粒径的土粒，所以颗粒大小分布是不连续的。如果曲线形状平缓（见图 1-11 曲线 B），土粒大小变化范围大，表示土粒大小不均匀，土的级配良好，级配良好的土，粗细颗粒搭配较好，粗颗粒间的孔隙由细颗粒填充，易被压实到较高的密度。因而渗透性和压缩性较小，强度较高。如果曲线形状较陡（见图 1-11 曲线 A），土粒大小变化范围小，表示土粒均匀，土的颗粒级配不良。

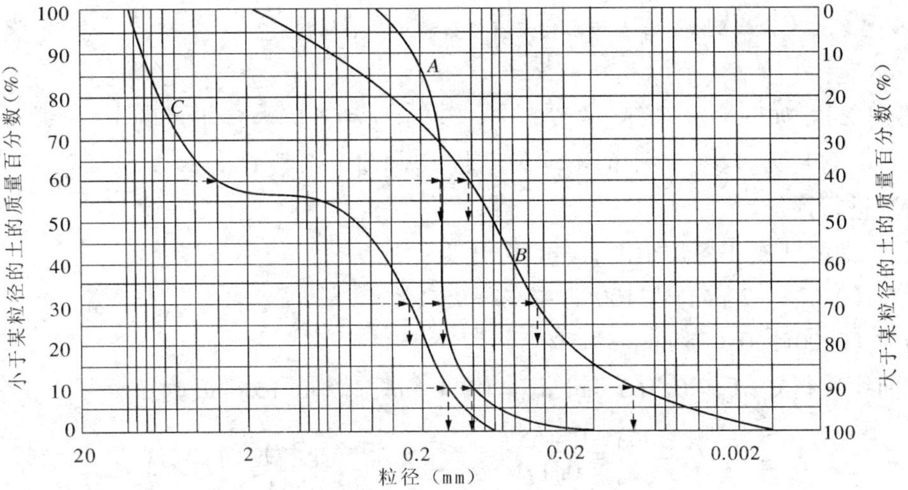

土样编号	土粒组成(%)				d_{60}	d_{10}	d_{30}	C_u	C_c
	10~2 mm	2~0.075 mm	0.075~0.005 mm	<0.005 mm					
A	0	95	5	0	0.165	0.11	0.15	1.5	1.24
B	0	52	44	4	0.115	0.012	0.044	9.6	1.40
C	43	57	0	0	3.00	0.15	0.25	20.0	0.14

图 1-11　三种不同土的颗粒级配曲线

所以，颗粒级配常作为选择筑填土料的依据，为了判断土的颗粒级配是否良好，常用不均匀系数 C_u 和曲率系数 C_c 两个判别指标来反映土颗粒级配的不均匀程度。

$$C_u = \frac{d_{60}}{d_{10}} \tag{1-1}$$

$$C_c = \frac{d_{30}^2}{d_{60}d_{10}} \tag{1-2}$$

式中　d_{60}, d_{30}, d_{10}——颗粒级配曲线上纵坐标为 60%，30%，10% 时所对应的粒径，d_{10} 称为有效粒径，d_{60} 称为控制粒径。

不均匀系数 C_u 是反映级配曲线坡度和颗粒大小不均匀程度的指标。C_u 值愈大，表示颗粒级配曲线的坡度就愈平缓，土粒粒径的变化范围愈大，土粒就愈不均匀；反之，C_u 值愈小，表示曲线的坡度就愈陡，土粒粒径的变化范围愈小，土粒也就愈均匀。工程上常将 $C_u < 5$ 的土称为均匀土，把 $C_u \geqslant 5$ 的土称为不均匀土。

曲率系数 C_c 是反映 d_{60} 与 d_{10} 之间曲线主段弯曲形状的指标，曲率系数越大，土料差别越大。一般 C_c 值为 1 ~ 3 时，表明颗粒级配曲线主段的弯曲适中，土粒大小的连续性较好；C_c 值小于 1 或大于 3 时，颗粒级配曲线都有明显弯曲而呈阶梯状。如图 1-11 中的曲线 C，颗粒级配不连续，土主要由粗颗粒和细颗粒组成，缺乏中间颗粒。

在我国水利部制定的《土工试验规程》（SL 237—1999）中规定：级配良好的土必须同

时满足两个条件，即 $C_u \geq 5$ 和 $C_c = 1 \sim 3$；如不能同时满足这两个条件，则为级配不良的土。

问题：颗粒级配曲线反映什么？级配良好有什么意义？如何判别？

【例 1-2】 如图 1-11 所示，曲线 A、B、C 表示三种不同粒径组成的土，试求 A 土中各粒组的百分含量为多少？A 土的不均匀系数 C_u 和曲率系数 C_c 为多少？并对 A 土的颗粒级配情况进行评价。

解：由曲线 A 查得各粒组的含量百分比为：

砂粒（0.075 ~ 2 mm）占 100% − 5% = 95%；

粉粒（0.005 ~ 0.075 mm）占 5%。

查曲线 A 得知：$d_{60} = 0.165$ mm，$d_{10} = 0.11$ mm，$d_{30} = 0.15$ mm，则：

$$C_u = \frac{d_{60}}{d_{10}} = \frac{0.165}{0.11} = 1.5 < 5 \qquad (\text{土粒均匀})$$

$$C_c = \frac{d_{30}^2}{d_{60}d_{10}} = \frac{0.15^2}{0.165 \times 0.11} = 1.24 \qquad (\text{在 } 1 \sim 3 \text{ 之间})$$

由于 C_u 和 C_c 不能同时满足 $C_u \geq 5$ 和 $C_c = 1 \sim 3$ 的条件，故 A 土级配不良。

第三节　土的物理性质指标

如前所述，土是由固体颗粒和孔隙及存在于孔隙中的水与气体组成的松散集合体。土中三相物质本身的特性以及它们之间的相互作用，对土的物理性质有着本质的影响，土的物理性质不仅取决于三相组成中各相的性质，而且三相之间量的相对比例关系也是一个非常重要的影响因素。把土体三相间量的相对比例关系称为土的物质性质指标，工程中常用土的物理性质指标作为评价土体工程性质优劣的基本指标，土的物理性质指标还是工程地质勘察报告中不可缺少的基本内容。

一、土的三相草图

为了更直观反映土中三相数量之间的比例关系，常常把分散的三相物质分别集中在一起，并以图 1-12 的形式表示出来，该图称为土的三相草图。

图 1-12 中各符号的意义如下：

W 表示重量，m 表示质量，V 表示体积。下标 a 表示气体，下标 s 表示土粒，下标 w 表示水，下标 v 表示孔隙。如 W_s，m_s，V_s 分别表示土粒重量、土粒质量和土粒体积。

二、土的物理性质指标

土的物理性质指标包括实测指标和换算指标两大类。

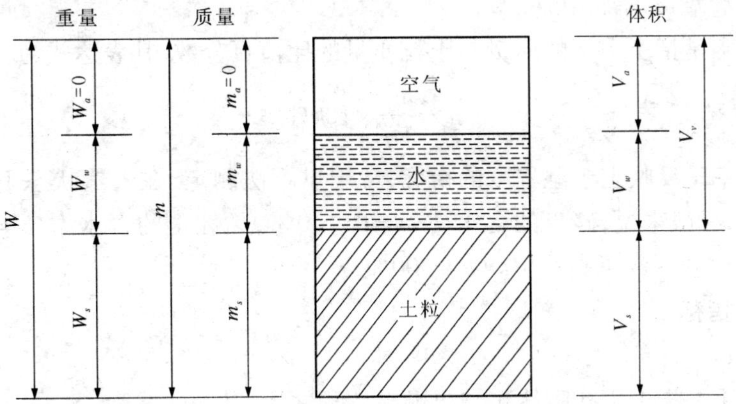

图 1-12　土的三相草图

(一)实测指标

1. 土的密度 ρ

土的质量密度(简称土的密度)是指天然状态下单位体积土的质量,单位为 g/cm³,常用 ρ 表示,其表达式为:

$$\rho = \frac{m}{V} = \frac{m_s + m_w}{V} \tag{1-3}$$

一般土的密度为 1.6 ~ 2.2 g/cm³。土的密度常用环刀法测定(试验方法详见土工试验部分)。

土的重度是指天然状态下单位土体所受的重力,单位为 kN/m³,常用 γ 表示,其表达式为:

$$\gamma = \frac{W}{V} = \frac{W_s + W_w}{V} \tag{1-4}$$

$$\gamma = \rho g \tag{1-5}$$

式中　g——重力加速度,在国际单位制中常用 9.8 m/s²,为换算方便,也可近似用 $g = 10$ m/s² 进行计算。

2. 土粒比重 G_s

土粒比重是指土在 105 ~ 110 ℃温度下烘至恒重时的质量与同体积 4 ℃时纯水的质量之比,简称比重,其表达式为:

$$G_s = \frac{m_s}{V_s \rho_w} \tag{1-6}$$

式中　ρ_w——4 ℃时纯水的密度,取 $\rho_w = 1$ g/cm³。

土粒比重常用比重瓶法来测定(试验方法详见土工试验部分)。

土粒比重主要取决于土的矿物成分和有机质含量,颗粒越细比重越大,当土中含有机质时,比重值减小。

3. 土的含水率 ω

土的含水率是指土中水的质量与土粒质量的比值百分数，其表达式为：

$$\omega=\frac{m_w}{m_s}\times 100\% \tag{1-7}$$

土的含水率是反映土干湿程度的指标，常用烘干法测定，在天然状态下，土的含水率变化幅度很大，一般来说，砂土的含水率 $\omega=0\sim40\%$，黏性土的含水率 $\omega=15\%\sim60\%$，淤泥或泥炭的含水率 ω 可高达 100% ~300%。

（二）换算指标

1. 孔隙比 e

土的孔隙比是指土中孔隙体积与土颗粒体积之比，其表达式为：

$$e=\frac{V_v}{V_s} \tag{1-8}$$

2. 孔隙率 n

土的孔隙率是指土中孔隙体积与总体积之比，常用百分数表示，其表达式为：

$$n=\frac{V_v}{V}\times 100\% \tag{1-9}$$

孔隙率表示土中孔隙体积占土的总体积的百分数，所以其值恒小于100%。

土的孔隙比主要与土粒的大小及其排列的松密程度有关。一般砂土的孔隙比为0.4~0.8，黏土为0.6~1.5，有机质含量高的土，孔隙比甚至可高达2.0以上。孔隙比和孔隙率都是反映土的密实程度的指标。对于同一种土 e 或 n 愈大，表明土愈疏松；反之，土愈密实。在计算地基沉降量和评价砂土的密实度时，常用孔隙比而不用孔隙率。

3. 饱和度 S_r

饱和度反映土中孔隙被水充满的程度，饱和度是土中水的体积与孔隙体积之比，用百分数表示，其表达式为：

$$S_r=\frac{V_w}{V_v}\times 100\% \tag{1-10}$$

理论上，当 $S_r=100\%$ 时，表示土体孔隙中全部充满了水，土是完全饱和的；当 $S_r=0$ 时，表明土是完全干燥的。实际上，土在天然状态下是极少达到完全干燥或完全饱和的。因为风干的土仍含有少量水分，即使完全浸没在水下，土中还可能会有一些封闭气体存在。

按饱和度的大小，可将砂土分为以下几种不同的湿度状态：

$S_r\leqslant 50\%$	稍湿
$50\%<S_r\leqslant 80\%$	很湿
$S_r>80\%$	饱和

4. 干密度 ρ_d 和干重度 γ_d

土的干密度是指单位土体中土粒的质量，即土体中土粒质量 m_s 与总体积 V 之比，表达式为：

$$\rho_d = \frac{m_s}{V} \quad (\text{g/cm}^3) \tag{1-11}$$

单位体积的干土所受的重力称为干重度，可按式(1-12)计算，即：

$$\gamma_d = \frac{W_s}{V} \quad (\text{kN/m}^3) \tag{1-12}$$

土的干密度(或干重度)是评价土的密实程度的指标，干密度大表明土密实，干密度小表明土疏松。因此，在填筑堤坝、路基等填方工程中，常把干密度作为填土设计和施工质量控制的指标。

5. 饱和密度ρ_{sat}和饱和重度γ_{sat}

土的饱和密度是指土在饱和状态时，单位体积土的质量。此时，土中的孔隙完全被水所充满，土体处于固相和液相的二相状态，其表达式为：

$$\rho_{sat} = \frac{m_s + m'_w}{V} = \frac{m_s + V_v\rho_w}{V} \quad (\text{g/m}^3) \tag{1-13}$$

式中　m'_w——土中孔隙全部充满水时水的质量，g；

ρ_w——水的密度，$\rho_w = 1\ \text{g/cm}^3$。

饱和重度 $\gamma_{sat} = \rho_{sat} g$。

6. 浮密度ρ'和浮重度γ'

在地下水位以下，单位体积中土粒的质量扣除同体积水的质量后，即为单位土体积中土粒的有效质量，称为土的浮密度ρ'，表达式为：

$$\rho' = \frac{m_s - V_s\rho_w}{V} \tag{1-14}$$

土在水下时，单位体积的有效重量称为土的浮重度，或称为有效重度。地下水位以下的土，由于受到水的浮力的作用，土体的有效重量应扣除水的浮力的作用，浮重度的表达式为：

$$\gamma' = \frac{W_s - V_s\gamma_w}{V} \quad (\text{kN/m}^3) \tag{1-15}$$

同一种土四种重度数值上的关系是：$\gamma_{sat} \geqslant \gamma \geqslant \gamma_d > \gamma'$。

(三)土的物理性质指标间的换算

土的密度ρ、土粒比重 G_s和含水率 ω 三个指标是通过试验测定的。在测定这三个指标后，其他各指标可根据它们的定义并利用土中三相关系导出其换算公式。例如：

$$\gamma_d = \frac{W_s}{V} = \frac{W_s}{\omega/\gamma} = \frac{\gamma\omega_s}{\omega_s + \omega_w} = \frac{\gamma}{1+\omega}$$

土的物理性质指标都是三相基本物理量间的相对比例关系，换算指标可假定 $V_s = 1$ 或 $V = 1$，根据定义利用三相草图算出各相的数值，取三相图中任一个基本物理量等于任何数值进行计算都应得到相同的指标值。

实际工程中，为了减少计算工作量，可根据表1-4给出的土的物理性质指标的关系及其最常用的计算公式，直接计算。

表1-4　土的三相比例换算公式

指标	符号	表达式	换算公式
孔隙比	e	$e=\dfrac{V_v}{V_s}$	$e=\dfrac{G_s\gamma_w(1+\omega)}{\gamma}-1$，$e=\dfrac{G_s\gamma_w}{\gamma_d}-1$，$e=\dfrac{\omega G_s}{S_r}$，$e=\dfrac{n}{1-n}$
干重度	γ_d	$\gamma_d=\dfrac{m_s g}{V}$	$\gamma_d=\dfrac{\gamma}{1+\omega}$，$\gamma_d=\dfrac{G_s\gamma_w}{1+e}$，$\gamma_d=\dfrac{nS_r}{\omega}\gamma_w$
饱和重度	γ_{sat}	$\gamma_{sat}=\dfrac{m_s g+V_v\gamma_w}{V}$	$\gamma_{sat}=\dfrac{(G_s-1)\gamma}{G_s(1+\omega)}+\gamma_w$，$\gamma_{sat}=\dfrac{(G_s+e)\gamma_w}{1+e}$，$\gamma_{sat}=\gamma'+\gamma_w$，$\gamma_{sat}=\gamma_d+n\gamma_w$
浮重度	γ'	$\gamma'=\dfrac{m_s g-V_s\gamma_w}{V}$	$\gamma'=\dfrac{(G_s-1)\gamma}{G_s(1+\omega)}$，$\gamma'=\dfrac{(G_s-1)\gamma_w}{1+e}$，$\gamma'=\gamma_{sat}-\gamma_w$，$\gamma'=(G_s-1)(1-n)\gamma_w$
饱和度	S_r	$S_r=\dfrac{V_w}{V_v}\times100\%$	$S_r=\dfrac{\omega G_s\gamma}{G_s\gamma_w(1+\omega)-\gamma}$，$S_r=\dfrac{\omega G_s}{e}$，$S_r=\dfrac{\omega G_s\gamma_d}{G_s\gamma_w-\gamma_d}$，$S_r=\dfrac{\gamma(1+e)-G_s\gamma_w}{e\gamma_w}$
孔隙率	n	$n=\dfrac{V_v}{V}\times100\%$	$n=\left[1-\dfrac{\gamma}{G_s\gamma_w(1+\omega)}\right]\times100\%$，$n=\left(1-\dfrac{\gamma_d}{G_s\gamma_w}\right)\times100\%$，$n=\dfrac{e}{1+e}\times100\%$

问题：什么是土的物理性质指标？土的物理性质指标有哪些？在工程中各有什么作用？

【例1-3】　某原状土样用环刀测密度，已知环刀体积 $V=60\ cm^3$、环刀质量是53.5 g、环刀及土的总质量是166.3 g，取质量为94.00 g的湿土，烘干后为75.63 g，测得土样的比重 $G_s=2.68$。求该土的天然重度 γ、天然含水率 ω、干重度 γ_d、孔隙比 e 和饱和度 S_r 各为多少？

解：(1)天然重度。

$$\rho = \frac{m}{V} = \frac{166.3 - 53.5}{60} = 1.88(\text{g/cm}^3)$$

$$\gamma = \rho g = 1.88 \times 9.8 = 18.4(\text{kN/m}^3)$$

(2)含水率。

$$\omega = \frac{m_w}{m_s} \times 100\% = \frac{m - m_s}{m_s} \times 100\% = \frac{94.00 - 75.63}{75.63} \times 100\% = 24.3\%$$

(3)干重度。

$$\gamma_d = \frac{\gamma}{1 + \omega} = \frac{18.4}{1 + 0.243} = 14.8(\text{kN/m}^3)$$

(4)孔隙比。

$$e = \frac{G_s \gamma_w}{\gamma_d} - 1 = \frac{2.68 \times 9.8}{14.8} - 1 = 0.775$$

(5)饱和度。

$$S_r = \frac{\omega G_s}{e} \times 100\% = \frac{0.243 \times 2.68}{0.775} \times 100\% = 84.0\%$$

【例 1-4】 某一干砂试样的密度为 1.66 g/m³,土粒的比重为 2.70,将此干砂试样置于雨中,若砂样体积不变,饱和度增加到 60%,试计算此湿砂的密度和含水率。

解:由 $\rho_d = \frac{m_s}{V} = \frac{G_s \rho_w}{1 + e}$得:

$$e = \frac{G_s \rho_w}{\rho_d} - 1 = \frac{2.70 \times 1}{1.66} - 1 = 0.627$$

由 $S_r = \frac{V_w}{V_v} = \frac{\omega G_s}{e}$得:

$$\omega = \frac{S_r e}{G_s} = \frac{0.6 \times 0.627}{2.70} = 13.9\%$$

$$\rho = \frac{m}{V} = \frac{G_s(1 + \omega)\rho_w}{1 + e} = \frac{2.70 \times (1 + 0.139) \times 1}{1 + 0.627} = 1.89(\text{g/cm}^3)$$

【例 1-5】 某原状土样,经试验测得土的湿重度 $\gamma = 18.4$ kN/m³,天然含水率 $\omega = 24.3\%$,土粒的比重 $G_s = 2.68$,试利用三相草图求该土样的干重度 γ_d、饱和重度 γ_{sat}、孔隙比 e 和饱和度 S_r 等指标值。

解:1. 求基本物理量

设 $V = 1$ m³,求三相草图 1-12 中各相的数值。

(1)求 W_s, W_w, W。

由 $\gamma = \frac{W}{V}$得:

$$W = \gamma V = 18.4 \times 1 = 18.4(\text{kN})$$

又由 $\omega = \frac{W_w}{W_s}$得:

$$W_w = \omega W_s = 0.243 W_s \qquad ①$$

$$W = W_s + W_w \quad ②$$

式①代入式②得：

$$18.4 = W_s + 0.243W_s$$

$$W_s = \frac{18.4}{1.243} = 14.8(\text{kN})$$

$$W_w = 0.243W_s = 0.243 \times 14.8 = 3.60(\text{kN})$$

(2)求 V_s, V_w, V_v。

由 $G_s = \frac{W_s}{V_s\gamma_w}$ 得：

$$V_s = \frac{W_s}{G_s\gamma_w} = \frac{14.8}{2.68 \times 9.8} = 0.564(\text{m}^3)$$

又由 $\gamma_w = \frac{W_w}{V_w}$ 得：

$$V_w = \frac{W_w}{\gamma_w} = \frac{3.60}{9.8} = 0.367(\text{m}^3)$$

$$V_v = V - V_s = 1 - 0.564 = 0.436(\text{m}^3)$$

2. 求 γ_d, e, S_r

$$\gamma_d = \frac{W_s}{V} = \frac{14.8}{1} = 14.8(\text{kN/m}^3)$$

$$\gamma_{sat} = \frac{W_s + V_v\gamma_w}{V} = \frac{14.8 + 0.436 \times 9.8}{1.0} = 19.1(\text{kN/m}^3)$$

$$e = \frac{V_v}{V_s} = \frac{0.436}{0.564} = 0.773$$

$$S_r = \frac{V_w}{V_v} \times 100\% = \frac{0.367}{0.436} \times 100\% = 84.2\%$$

第四节　土的物理状态指标

土的三相比例反映着土的物理状态，如干燥或潮湿、疏松或紧密。土的物理状态对土的工程性质(如强度、压缩性)影响较大，类别不同的土所表现出的物理状态特征也不同。如无黏性土，其力学性质主要受密实程度的影响；而黏性土则主要受含水率变化的影响。因此，不同类别的土具有不同的物理状态指标，不同状态的土具有不同的工程性质。

一、黏性土的稠度

(一)黏性土的稠度状态

所谓稠度，是指黏性土在某一含水率时的稀稠程度或软硬程度，黏性土处在某种稠度时所呈现出的状态，称稠度状态。黏性土有四种稠度状态，即固态、半固态、可塑状态和流动状态，土的状态不同，稠度不同，强度及变形特性也不同，土的工程性质不同。

所谓界限含水率是指黏性土从一个稠度状态过渡到另一个稠度状态时的分界含水率，也称稠度界限。黏性土的物理状态随其含水率的变化而有所不同，四种稠度状态之间有三个界限含水率，分别叫做缩限 ω_S、塑限 ω_P 和液限 ω_L，如图 1-13 所示。

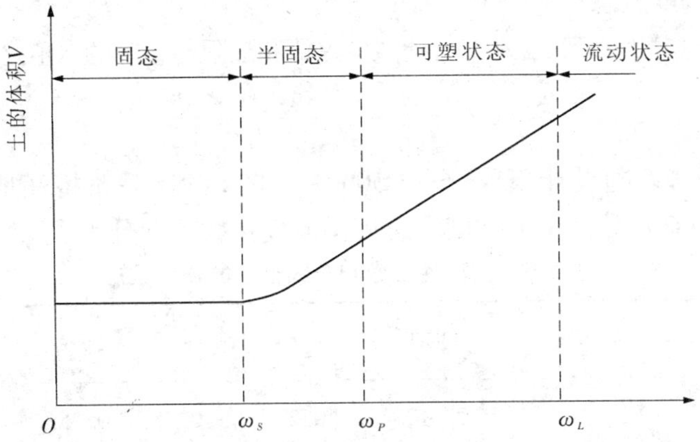

图 1-13　黏性土的稠度状态

(1)缩限 ω_S。指固态与半固态之间的界限含水率。当含水率小于缩限 ω_S 时，土体的体积不随含水率的减小而缩小。

(2)塑限 ω_P。指半固态与可塑状态之间的界限含水率。

(3)液限 ω_L。指可塑状态与流动状态之间的界限含水率。

如图 1-13 所示，当土中含水率很小时，水全部为强结合水，此时土粒表面的结合水膜很薄，土颗粒靠得很近，颗粒间的结合水联结很强，因此当土粒之间只有强结合水时，按水膜厚薄不同，土呈现为坚硬的固态或半固态；随着含水率的增加，土粒周围结合水膜加厚，结合水膜中除强结合水外还有弱结合水，此时，土处于可塑状态。土在这一状态范围内，具有可塑性，即被外力塑成任意形状而土体表面不发生裂缝或断裂，外力去掉后仍能保持其形变的特性。黏性土只有在可塑状态时，才表现出可塑性；当含水率继续增加，土中除结合水外还有自由水时，土粒多被自由水隔开，土粒间的结合水联结消失，土就处于流动状态。

(二)塑性指数与液性指数

1. 塑性指数 I_P

塑性指数 I_P 是指液限与塑限的差值，其表达式为：

$$I_P = \omega_L - \omega_P \tag{1-16}$$

塑性指数表明了黏性土处在可塑状态时含水率的变化范围，习惯上用直接去掉%的数值来表示，它的大小与土的黏粒含量及矿物成分有关，土的塑性指数愈大，说明土中黏粒含量愈多，土处在可塑状态时含水率变化范围也就愈大，I_P 值也愈大；反之，I_P 值愈小。所以，塑性指数是一个能反映黏性土性质的综合性指数，工程上可采用塑性指数对黏性土进行分类和评价。按塑性指数大小，《建筑地基基础设计规范》(GB 50007—2002)对黏性土的分类标准为：黏土($I_P > 17$)，粉质黏土($10 < I_P \leqslant 17$)。

2. 液性指数 I_L

土的含水率在一定程度上可以说明土的软硬程度。只知道土的天然含水率还不能说明土所处的稠度状态，还必须把天然含水率 ω 与这种土的塑限 ω_P 和液限 ω_L 进行比较，才能判定天然土的稠度状态。

黏性土的液性指数为天然含水率与塑限的差值和液限与塑限的差值之比。其表达式为：

$$I_L=\frac{\omega-\omega_P}{\omega_L-\omega_P}=\frac{\omega-\omega_P}{I_P} \tag{1-17}$$

根据《建筑地基基础设计规范》(GB 50007—2002)和《公路桥涵地基与基础设计规范》(JTG D63—2007)，黏性土的稠度状态可按液性指数 I_L 划分为表 1-5 的五种状态。

表 1-5　按液性指数划分黏性土的稠度状态

稠度状态	坚硬	硬塑	可塑	软塑	流塑
液性指数 I_L	$I_L\leqslant0$	$0<I_L\leqslant0.25$	$0.25<I_L\leqslant0.75$	$0.75<I_L\leqslant1$	$I_L>1$

值得注意的是，黏性土的塑限与液限都是将土样扰动后测定的，没有考虑土的原状结构对强度的影响，用于评价原状土的天然稠度状态，往往偏于保守。

问题：用什么指标反映黏性土黏性的大小？用什么指标评价其软硬程度？

【例 1-6】　从某地基中取原状土样，测得土的液限 $\omega_L=46.8\%$，塑限 $\omega_P=26.7\%$，天然含水率 $\omega=38.4\%$，根据《建筑地基基础设计规范》(GB 50007—2002)，问：该地基土为何种土？该地基土处于什么状态？

解：塑性指数为：

$$I_P=\omega_L-\omega_P=46.8-26.7=20.1$$

液性指数为：

$$I_L=\frac{\omega-\omega_P}{\omega_L-\omega_P}=\frac{38.4-26.7}{46.8-26.7}=0.58$$

根据《建筑地基基础设计规范》(GB 50007—2002)，$I_P=20.1>17$，所以该土为黏土；$I_L=0.58$，$0.25<I_L<0.75$，所以该土处于可塑状态。

二、无黏性土的密实状态

无黏性土是单粒结构的散粒体，它的密实状态对其工程性质影响很大。密实的砂土，结构稳定，强度较高，压缩性较小，是良好的天然地基。疏松的砂土，特别是饱和的松散粉细砂，结构常处于不稳定状态，容易产生流砂，在振动荷载作用下，可能会发生液化，对工程建筑不利。所以，常根据密实度来判定天然状态下无黏性土的工程性质。

（一）孔隙比 e 判别

判别无黏性土密实度最简便的方法是用孔隙比 e，孔隙比愈小，土愈密实；孔隙比愈大，土愈疏松。但由于颗粒的形状和级配对孔隙比的影响很大，而孔隙比没有考虑颗粒级配这一重要因素的影响，故应用时存有缺陷。

（二）相对密度 D_r 判别

为弥补用孔隙比判别的缺陷，在工程上采取相对密度 D_r 判别，相对密度是将天然状态的孔隙比 e 与最疏松状态的孔隙比 e_{max} 和最密实状态的孔隙比 e_{min} 进行对比，作为衡量无黏性土密实度的指标，其表达式为：

$$D_r = \frac{e_{max} - e}{e_{max} - e_{min}} \tag{1-18}$$

显然，相对密度越大，土越密实。当 $D_r = 0$ 时，表示土处于最疏松状态；当 $D_r = 1$ 时，表示土处于最紧密状态。工程中根据相对密度 D_r，将无黏性土的密实程度划分为密实、中密和疏松三种状态，其标准如下：

$D_r > 0.67$　　密实

$0.33 < D_r \leqslant 0.67$　　中密

$D_r \leqslant 0.33$　　疏松

相对密度 D_r 由于考虑了颗粒级配的影响，所以在理论上是较完善的，但在测定 e_{max} 和 e_{min} 时人为因素影响很大，试验结果不稳定。

（三）标准贯入试验锤击数 N 判别

对于天然土体，较普遍的做法是采用标准贯入试验锤击数 N 来现场判定砂土的密实度。标准贯入试验是在现场进行的原位试验。该法是用质量为63.5 kg的穿心锤，以一定高度（76 cm）的落距将贯入器打入土中30 cm所需要的锤击数作为判别指标，称为标准贯入锤击数 N。显然，锤击数 N 愈大，表明土层愈密实；反之，N 愈小，表明土层愈疏松。按标准贯入锤击数 N 划分砂土密实度的标准如表1-6所示。

表1-6　砂土的密实度

密实度	密实	中密	稍密	松散
标准贯入锤击数 N	$N > 30$	$15 < N \leqslant 30$	$10 < N \leqslant 15$	$N \leqslant 10$

【例1-7】　某砂层的天然重度 $\gamma = 18.2\ kN/m^3$，含水率 $\omega = 13\%$，土粒的比重 $G_s = 2.65$，最小孔隙比 $e_{min} = 0.40$，最大孔隙比 $e_{max} = 0.85$，该土层处于什么状态？

解：土层的天然孔隙比 e 为：

$$e = \frac{G_s \gamma_w (1 + \omega)}{\gamma} - 1 = \frac{2.65 \times 9.81 \times (1 + 0.13)}{18.2} - 1 = 0.614$$

相对密度 D_r 为：

$$D_r = \frac{e_{max} - e}{e_{max} - e_{min}} = \frac{0.85 - 0.614}{0.85 - 0.40} = 0.524$$

因为 $0.33 < D_r < 0.67$，故该砂层处于中密状态。

问题：用 e，D_r，N 判断无黏性土的密实度各有何优缺点？

第五节　土的击实性

在工程建设中，常用土料填筑土堤、土坝、路基和地基等，土料是由固体颗粒和孔隙及存在于孔隙中的水和气体组成的松散集合体。土的击实性就是指土体在一定的击实功能作用下，土颗粒克服粒间阻力，产生位移，颗粒重新排列，使土的孔隙比减小、密度增大，从而提高土料的强度，减小其压缩性和渗透性。对土料击实的方法主要有碾压、夯实和振动三类，但在击实过程中，即使采用相同的击实功能，对于不同种类、不同含水率的土，击实效果也不完全相同。因此，为了技术上可靠和经济上合理，必须对填土的击实性进行研究。

一、土的击实特征

（一）击实试验

研究土的击实性的方法有两种：一种是在室内用标准击实仪进行击实试验；另一种是在现场用碾压机具进行碾压试验，施工时以施工参数（包括碾压设备的型号、振动频率及重量，铺土厚度，加水量，碾压遍数等）及干密度同时控制。

室内击实试验标准击实仪如图 1-14 所示，该击实仪主要由击实筒、击锤和导筒组成。

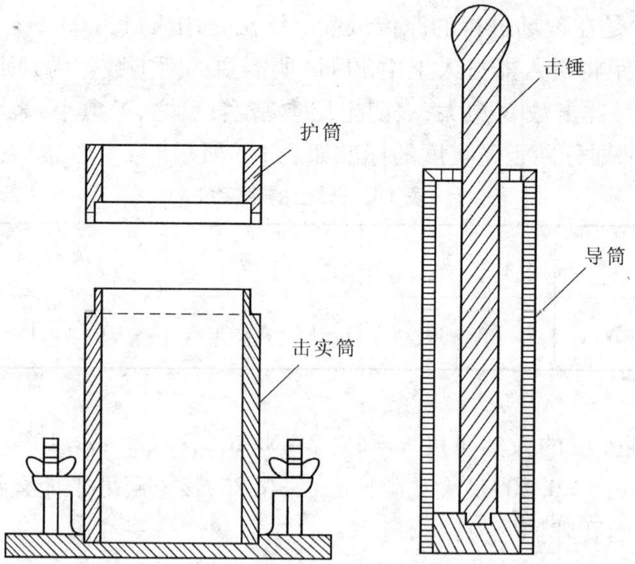

图 1-14　标准击实仪

击实试验时，先将待测的土料按不同的预定含水率（不少于 5 个）制备成不同的试样。取制备好的某一试样，分三层装入击实筒，在相同击实功（即锤重、锤落高度和锤击数三者的乘积）下击实试样，称筒和筒土质量，根据已知击实筒的体积测算出试样湿密度，用推土器推出试样，测试样含水率，然后计算出该试样的干密度，不同试样得到不同的

干密度 ρ_d 和含水率 ω。以干密度为纵坐标、含水率为横坐标，绘制干密度 ρ_d 与含水率 ω 的关系曲线，如图 1-15 所示即为土的击实曲线，击实试验的目的就是用标准击实方法，测定土的干密度和含水率的关系，从击实曲线上确定土的最大干密度 $\rho_{d\max}$ 和相应的最优含水率 ω_{op}，为填土的设计与施工提供重要的依据。

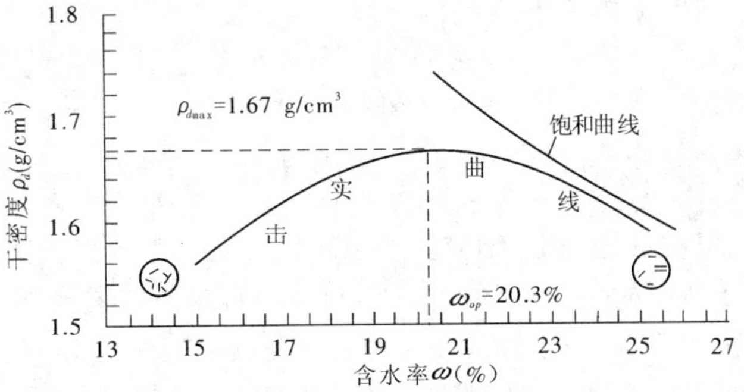

图 1-15 $\rho_d \sim \omega$ 击实曲线

(二)影响土击实性的因素

1. 土的含水率

击实曲线上的干密度随着含水率的变化而变化，在含水率较小时，土粒周围的结合水膜较薄，土粒间的结合水的联结力较大，可以抵消部分击实功的作用，土粒不易产生相对移动而挤密，所以土的干密度较小。如果土的含水率过大，使孔隙中出现了自由水并将部分空气封闭，在击实瞬时荷载作用下，不可能使土中多余的水分和封闭气体排出，从而孔隙水压力不断升高，抵消了部分击实功，击实效果反而下降，结果是土的干密度减小。当 ω 在 ω_{op} 附近时，由于含水率适当，水在土体中起一种润滑作用，土粒间结合水的联结力和摩阻力较小，土中孔隙水压力和封闭气体的抵消作用也较小，土粒间易于移动而挤密，故土的干密度增大；在相同的击实功下，土粒易排列紧密，可得到较大的干密度。黏性土的最优含水率一般接近黏性土的塑限，可近似取为 $\omega_{op} = \omega_P + 2$。

将不同含水率及所对应的土体达到饱和状态时的干密度点绘于图 1-15 中，得到饱和度 $S_r = 100\%$ 的饱和曲线。从图 1-15 中可见，试验的击实曲线在峰值以右逐渐接近于饱和曲线，并且大体上与它平行，但永不相交。这是因为在任何含水率下，填土都不会被击实到完全饱和状态，土内总存留一定量的封闭气体，故填土是非饱和状态。试验证明，一般黏性土在其最佳击实状态下(击实曲线峰点)，其饱和度通常为 80% 左右。

2. 击实功

同一种土用不同击实功进行击实试验表明，击实功愈大击实干密度也愈大，而土的最优含水率则愈小。但是这种增大击实功是有一定限度的，超过这一限度，即使增加击实功，土的干密度的增加也不明显，另外在排水不畅的情况下，经历多次的反复击实，甚至会导致土体密度不加大而土体结构被破坏的结果出现，即工程上所谓的“橡皮土”现象。

(三)土粒级配

在相同的击实功条件下，级配不同的土，其击实特性是不相同的。对粗粒含量多、颗粒级配良好的土，最大干密度较大，最优含水率较小。

粗粒土的击实性也与含水率有关。一般在完全干燥或者充分洒水饱和的状态下，容易击实到较大的干密度，而在潮湿状态，由于毛细压力的作用，增加了土粒间的联结，填土不易击实，干密度显著降低，在击实功一定时，对其充分洒水使土料接近饱和，击实后得到的密度较大，粗粒土一般不做击实试验。

问题：击实试验的目的是什么？影响土击实性的因素有哪些？

二、填土击实质量控制

土料的填筑，施工质量是关键，细粒土的填筑标准通常是根据击实试验确定的。最大干密度是评价土的压实度的一个重要指标，它的大小直接决定着现场填土的压实质量是否符合施工技术规范的要求，由于黏性填土存在着最优含水率，因此在填土施工时应将土料的含水率控制在最优含水率左右，以期用较小的能量获得最好的压实效果。故在确定土的施工含水率时，应根据土料的性质、填筑部位、施工工艺和气候条件等因素综合考虑，一般在最优含水率 ω_{op} 的 $-2\% \sim +3\%$ 内选取。

在工程实践中常用压实度 P 来控制施工质量，压实度是设计填筑干密度 ρ_d 与室内击实试验的最大干密度 $\rho_{d\max}$ 的比值，即：

$$P = \frac{\rho_d}{\rho_{d\max}} \tag{1-19}$$

未经击实的松土，干密度一般为 $1.12 \sim 1.33\ g/cm^3$，击实后可达 $1.58 \sim 1.83\ g/cm^3$，大多为 $1.63 \sim 1.73\ g/cm^3$。我国土石坝工程设计规范中规定，黏性土料 1、2 级坝和高坝，填土的压实度应不低于 0.97～0.99，3 级及其以下的中坝，压实度应不低于 0.95～0.97，压实度越接近 1，表示击实质量越高。

施工质量的检查方法一般可以 200 ～ 500 cm^3 环刀（环刀压入碾压土层的 2/3 深度处）或灌砂（水）法测湿密度、含水率并计算其干密度。土料碾压筑堤击实质量合格标准见表 1-7。

表 1-7　土料碾压筑堤击实质量合格标准

项次	填筑类型	筑堤材料	击实干密度合格率下限（%）	
			1、2 级土堤	3 级土堤
1	新填筑堤	黏性土	85	80
		少黏性土	90	85
2	老堤加高培厚	黏性土	85	80
		少黏性土	85	80

注：1. 不合格干密度不得低于设计干密度值的 96%。

2. 不合格土样不得集中在局部范围内。

另外，级配情况对砂土、砂砾土等粗粒土的击实性影响较大，粗粒土的密实程度是用其相对密度 D_r 的大小来衡量的。

问题：干密度的计算公式是什么？如何测填土的干密度？

【例1-8】 某一施工现场需要填土，基坑的体积为2 000 m^3，土场从附近土丘开挖，经勘察，土的比重为2.70，含水率为15%，孔隙比为0.60；要求填土的含水率为17%，干密度为1.76 t/m^3。

问：(1)取土场土的密度、干密度和饱和度各是多少？

(2)应从土场开采多少立方米土？

(3)碾压时应洒多少水？填土的孔隙比是多少？

解：(1)求取土场土的密度ρ、干密度ρ_d和饱和度S_r。

干密度为：
$$\rho_d = \frac{G_s\rho_w}{1+e} = \frac{2.70\times 1}{1+0.6} = 1.69(t/m^3)$$

由$\rho_d = \frac{\rho}{1+\omega}$得，土的密度和饱和度分别为：

$$\rho = \rho_d(1+\omega) = 1.69\times(1+0.15) = 1.94(t/m^3)$$

$$S_r = \frac{\omega G_s}{e} = \frac{0.15\times 2.70}{0.60} = 67.5\%$$

(2)求应从土场开采的土体积V。

由$\rho_d = \frac{m_s}{V}$得，$m_s = \rho_d V = 1.76\times 2\ 000 = 3\ 520(t)$，则应从土场开采的土方数为：

$$V = \frac{m_s}{\rho_d} = \frac{3\ 520}{1.69} = 2\ 082.8(m^3)$$

(3)求碾压时应洒的水量。

由$\omega = \frac{m_w}{m_s}$得，碾压时应洒的水量为：

$$m_w = 3\ 520\times(0.17-0.15) = 70.4(t)$$

填土的孔隙比为：

$$e = \frac{G_s\rho_w}{\rho_d} - 1 = \frac{2.70\times 1}{1.76} - 1 = 0.534$$

第六节　土的工程分类

自然界的土类众多，其成分和工程性质变化很大。土的工程分类的目的就是将工程性质相近的土归成一类并予以定名，以便于对土进行合理的评价和研究，又能使工程技术人员对土有一个共同的认识，利于经验交流。

土的分类法有两大类：一类是实验室分类法，该分类方法主要是根据土的颗粒级配及塑性等进行分类，常在工程技术设计阶段使用；另一类是目测法，是在现场勘查中根据经验和简易的试验，由土的干强度、手捻感觉、搓条、摇振反应和韧性等，对土进行简易分类。下面主要介绍实验室分类法。

人们对土已提出过不少的分类系统，如地质分类、土壤分类、结构分类等，每个分类系统反映了土某些方面的特征。对同样的土如果采用不同的规范分类,定出的土名可能会有差别。所以,在使用规范时必须先确定工程所属行业,根据有关行业规范,确定建筑物地基土的工程分类。

本书将介绍水利工程水利部颁发的《土工试验规程》(SL 237—1999)、建筑工程建设部颁发的《建筑地基基础设计规范》(GB 50007—2002)及公路工程交通部颁发的《公路土工试验规程》(JTG E40—2007)和《公路桥涵地基与基础设计规范》(JTG D63—2007)三个行业土的工程分类标准。

一、水利部《土工试验规程》(SL 237—1999)分类法

(一)分类符号及符号构成

1. 分类符号

《土工试验规程》(SL 237—1999)对各类土的分类名称都配有以英文字母组合的分类符号,以表示组成土的成分和级配特征(见表1-8)。

表1-8　土的分类符号

土类	漂石（块石）	卵石（碎石）	砾（角砾）	砂	粉土	黏土	细粒土
符号	B	Cb	G	S	M	C	F
土类	混合土	有机质土	级配良好	级配不良	高液限	低液限	
符号	SI	O	W	P	H	L	

注:细粒土为黏土和粉土的合称,混合土为粗粒土与细粒土的合称。

2. 符号构成

表示土类的符号按下列规定构成:

(1)由1个符号构成时,即表示土的名称。例如:S——砂;M——粉土。

(2)由2个符号构成时,第一个符号表示土的主要成分,第二个符号表示土的特征指标(土的液限或级配)。例如:GW——级配良好砾,SP——级配不良砂。

(3)由3个符号构成时,第一个符号表示土的主要成分,第二个符号表示液限的高低(或级配的好坏),第三个符号表示土中所含的次要成分。例如:CHS——含砂高液限黏土;MLG——含砾低液限粉土。

(4)有机质土,第一个符号表示土的主要成分,第二个符号表示液限的高低(或级配的好坏),再在各相应土类代号之后缀以代号O,如CHO——有机质高液限黏土,MLO——有机质低液限粉土。

(二)一般土的分类

水利部颁发的《土工试验规程》(SL 237—1999)的分类法,土的总分类体系见

图 1-16，分类时应以图 1-16 从左到右分三大步确定土的名称。

- 一般土
  - 无机土
    - 巨粒类土
      - 巨粒土
        - 漂石
        - 卵石
      - 混合巨粒土
        - 混合土漂石
        - 混合土卵石
    - 含巨粒土
      - 漂石混合土
      - 卵石混合土
    - 粗粒类土
      - 砾类土
      - 砂类土
    - 细粒类土
      - 细粒土
        - 粉土
        - 黏土
      - 含粗粒的细粒土
      - 有机质土
  - 有机土

图 1-16　土的总分类体系

1. 鉴别有机土和无机土

根据土中完全分解、部分分解到未分解的动植物残骸和无定型物质判断是有机土还是无机土。一般有机土呈黑色、青黑色或暗色，有臭味，含纤维质，手触有弹性和海绵感。有机土有机质含量 $Q_u > 10\%$；有机质含量 $5\% \leqslant Q_u \leqslant 10\%$ 的土称有机质土。

2. 鉴别巨粒类土、含巨粒土、粗粒类土和细粒类土

对无机土，先根据该土样的颗粒级配曲线，把土分为巨粒类土、含巨粒土、粗粒类土和细粒类土。

当土样中巨粒组质量大于总质量的 50% 时，该土称为巨粒类土。

当土样中巨粒组质量为总质量的 15% ~50% 时，该土称为巨粒混合土。

当粗粒组（$0.075\ \text{mm} < d \leqslant 60\ \text{mm}$）质量大于总质量的 50% 时，该土称为粗粒类土。

当细粒质量大于或等于总质量的 50% 时，该土称为细粒类土。

（三）巨粒类土、含巨粒土、粗粒类土和细粒类土的进一步分类

1. 巨粒类土、含巨粒土的分类和命名

巨粒类土、含巨粒土的分类和命名见表 1-9。

表 1-9　巨粒类土和含巨粒土的分类

土类	粒组含量		土代号	土名称
巨粒土	巨粒含量 75% ~100%	漂石粒含量 >50%	B	漂石
		漂石粒含量≤50%	Cb	卵石
混合巨粒土	巨粒含量小于 75%，大于 50%	漂石粒含量 >50%	BSl	混合土漂石
		漂石粒含量≤50%	CbSl	混合土卵石
巨粒混合土	巨粒含量 15% ~50%	漂石含量 > 卵石含量	SlB	漂石混合土
		漂石含量≤卵石含量	SlCb	卵石混合土

2. 粗粒类土的分类和命名

粗粒组（0.075 mm < d≤60 mm）质量大于总质量的50%的粗粒类土又分为砾类土和砂类土。当粗粒类土中砾粒组（2 mm < d≤60 mm）质量大于总质量的50%的土称为砾类土，砾粒组质量小于或等于总质量的50%的土称为砂类土。砾类土和砂类土又根据其中的细粒含量与类别以及粗粒组的级配再细分，详见表1-10、表1-11。

表1-10　砾类土的分类

土类	粒组含量		土代号	土名称
砾	细粒含量小于5%	级配：C_u≥5，C_c = 1 ~ 3	GW	级配良好砾
		级配：不同时满足上述要求	GP	级配不良砾
含细粒土砾	细粒土含量5% ~ 15%		GF	含细粒土砾
细粒土质砾	15% < 细粒含量≤50%	细粒为黏土	GC	黏土质砾
		细粒为粉土	GM	粉土质砾

表1-11　砂类土的分类

土类	粒组含量		土代号	土名称
砂	细粒含量小于5%	级配：C_u > 5，C_c = 1 ~ 3	SW	级配良好砂
		级配：不同时满足上述要求	SP	级配不良砂
含细粒土砂	细粒含量5% ~ 15%		SF	含细粒土砂
细粒土质砂	15% < 细粒含量≤50%	细粒为黏土	SC	黏土质砂
		细粒为粉土	SM	粉土质砂

注：表中细粒土质砂土类，应按细粒土在塑性图中位置定名。

3. 细粒类土的分类和命名

细粒质量大于或等于总质量的50%的细粒类土又分为细粒土、含粗粒的细粒土和有机质土。粗粒组质量小于总质量的25%的土称为细粒土，粗粒组质量为总质量的25% ~ 50%的土称为含粗粒的细粒土，有机质含量5%≤Q_u≤10%的称为有机质土。细粒土、含粗粒的细粒土和有机质土的细分如下。

1）细粒土的分类

细粒土应根据塑性图分类。

塑性图以土的液限 ω_L 为横坐标、塑性指数 I_P 为纵坐标，见图1-17。塑性图中有 A、B 两条线，A 线方程式 I_P = 0.73（ω_L − 20），A 线上侧为黏土，下侧为粉土。B 线方程式为 ω_L = 50%，ω_L < 50%为低液限，ω_L≥50%为高液限。这样，A、B 两条线将塑性图划分

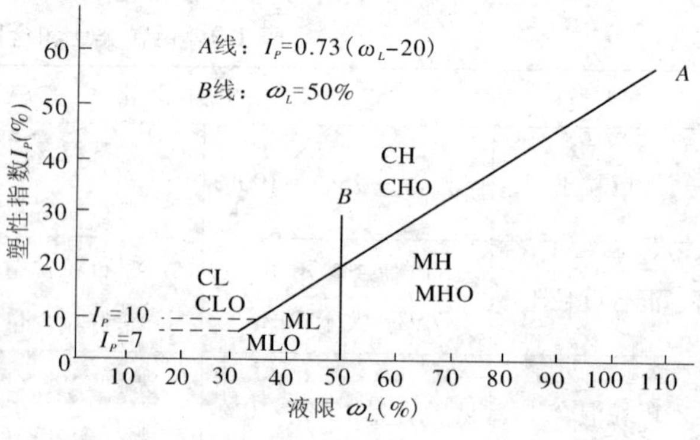

图1-17　塑性图

为四个区域,每个区域都标出两种土类名称的符号。应用时,根据土的 ω_L 和 I_P 值可在图1-17 中得到相应的交点。按照该点所在区域的符号,由表 1-12 便可查出土的典型名称。

表 1-12 细粒土分类表

土的塑性指数在图中的位置		土代号	土名称
塑性指数 I_P	液限 ω_L		
$I_P \geqslant 0.73(\omega_L - 20)$	$\omega_L \geqslant 50\%$	CH	高液限黏土
	$\omega_L < 50\%$	CL	低液限黏土
$I_P < 0.73(\omega_L - 20)$	$\omega_L \geqslant 50\%$	MH	高液限粉土
	$\omega_L < 50\%$	ML	低液限粉土

2)含粗粒的细粒土分类

含粗粒的细粒土应先按表 1-12 的规定确定细粒土名称,再按下列规定最终定名:

(1)粗粒中砾粒占优势,称含砾细粒土,土代号后缀以代号 G,如 CHG——含砾高液限黏土。

(2)粗粒中砂粒占优势,称含砂细粒土,土代号后缀以代号 S,如 MLS——含砂低液限粉土。

3)有机质土的分类

有机质土是按表 1-12 规定定出细粒土名称,再在各相应土类代号之后缀以代号 O,如 CHO——有机质高液限黏土。也可直接从塑性图中查出有机质土的定名。

自然界中还分布有许多特殊性质的土,如黄土、红黏土、膨胀土、冻土等特殊土。工程实践中遇到时,可选择相应的规范查用。

【例 1-9】 从某无机土样的颗粒级配曲线上查得大于 0.075 mm 的颗粒含量为 97%,大于 2 mm 的颗粒含量为 63%,大于 60 mm 的颗粒含量为 7%,$d_{60}=3.55$ mm,$d_{30}=1.65$ mm,$d_{10}=0.3$ mm。试按 SL 237—1999 对土分类定名。

解:(1)因该土样的粗粒组含量为:97% - 7% = 90%,大于 50%,该土属于粗粒类土。

(2)因该土样砾粒组含量为:63% - 7% = 56%,大于 50%,该土属于砾类土。

(3)因该土样细粒组含量为:100% - 97% = 3%,小于 5%,查表 1-10,该土属于砾。需根据级配情况进行细分。

(4)该土的不均匀系数和曲率系数分别为:

$$C_u = \frac{d_{60}}{d_{10}} = \frac{3.55}{0.3} = 11.8 > 5$$

$$C_c = \frac{d_{30}^2}{d_{60}d_{10}} = \frac{1.65^2}{3.55 \times 0.3} = 2.56 \quad \text{在 } 1 \sim 3 \text{ 之间}$$

故属良好级配,因此该土定名为级配良好砾,即 GW。

二、建设部《建筑地基基础设计规范》(GB 50007—2002)分类法

建设部颁发的《建筑地基基础设计规范》(GB 50007—2002)与《岩土工程勘察规范》

(GB 50021—2001),两规范对各类土的分类方法和分类标准基本相同,差别不大。现将《建筑地基基础设计规范》(GB 50007—2002)分类标准介绍如下。

《建筑地基基础设计规范》(GB 50007—2002)将作为建筑地基的土(岩)分为岩石、碎石土、砂土、粉土、黏性土和人工填土六大类,另有淤泥质土、红黏土、膨胀土、湿陷性黄土等特殊土。

(一)岩石

作为建筑地基的岩石根据其坚硬程度和完整程度分类。岩石按饱和单轴抗压强度标准值分为坚硬岩、较硬岩、较软岩、软岩和极软岩五个等级,详见表1-13,岩石风化程度可分为未风化、微风化、中等风化、强风化和全风化,详见表1-14。

表1-13 岩石坚硬程度的划分

坚硬程度类别	坚硬岩	较硬岩	较软岩	软岩	极软岩
饱和单轴抗压强度标准值f_{rk}(MPa)	$f_{rk}>60$	$30<f_{rk}\leqslant 60$	$15<f_{rk}\leqslant 30$	$5<f_{rk}\leqslant 15$	$f_{rk}\leqslant 5$

表1-14 岩石风化程度划分

风化程度	特征
未风化	岩质新鲜,偶见风化痕迹
微风化	结构基本未变,仅节理面有渲染或略有变色,有少量风化裂隙
中等风化	1. 结构部分破坏,沿节理面有次生矿物 2. 风化裂隙发育,岩体被切割成块状 3. 用镐难挖,用岩心钻方可钻进
强风化	1. 结构大部分破坏,矿物成分显著变化 2. 风化裂隙很发育,岩体破碎 3. 用镐可挖,干钻不易钻进
全风化	1. 结构基本破坏,但尚可辨认 2. 有残余结构强度 3. 可用镐挖,干钻可钻进

(二)碎石土

粒径大于2 mm的颗粒含量超过总质量的50%的土为碎石土,根据粒组含量及颗粒形状可进一步分为漂石或块石、卵石或碎石、圆砾或角砾。分类标准见表1-15。

(三)砂土

粒径大于2 mm的颗粒含量不超过总质量的50%、粒径大于0.075 mm的颗粒含量超过总质量的50%的土为砂土。根据粒组含量可进一步分为砾砂、粗砂、中砂、细砂和粉砂,分类标准见表1-16。

表 1-15 《建筑地基基础设计规范》(GB 50007—2002)中碎石土的分类标准

土的名称	颗粒形状	粒组含量
漂　石 块　石	圆形及亚圆形为主 棱角形为主	粒径大于 200 mm 的颗粒含量超过全重 50%
卵　石 碎　石	圆形及亚圆形为主 棱角形为主	粒径大于 20 mm 的颗粒含量超过全重 50%
圆　砾 角　砾	圆形及亚圆形为主 棱角形为主	粒径大于 2 mm 的颗粒含量超过全重 50%

注:分类时,应根据粒组含量由上到下以最先符合者确定。

表 1-16 《建筑地基基础设计规范》(GB 50007—2002)中砂土的分类标准

土的名称	粒组含量
砾　砂	粒径大于 2 mm 的颗粒含量占全重 25% ~50%
粗　砂	粒径大于 0.5 mm 的颗粒含量超过全重 50%
中　砂	粒径大于 0.25 mm 的颗粒含量超过全重 50%
细　砂	粒径大于 0.075 mm 的颗粒含量超过全重 85%
粉　砂	粒径大于 0.075 mm 的颗粒含量超过全重 50%

注:1. 定名时应根据颗粒级配由大到小以最先符合者确定。

2. 当砂土中小于 0.075 mm 的土的塑性指数大于 10 时,应冠以“含黏性土”定名,如含黏性土的粗砂等。

(四)粉土

塑性指数 $I_P \leqslant 10$ 且粒径大于 0.075 mm 的颗粒含量不超过全重 50% 的土为粉土。

(五)黏性土

塑性指数 $I_P > 10$ 的土为黏性土。黏性土按塑性指数大小又分为:黏土($I_P > 17$);粉质黏土($10 < I_P \leqslant 17$)。

(六)人工填土

人工填土是指由于人类活动而形成的堆积物。人工填土物质成分较复杂,均匀性也较差,按堆积物的成分和成因可分为:

(1)素填土。由碎石、砂土、粉土或黏性土所组成的填土。

(2)杂填土。含有建筑物垃圾、工业废料及生活垃圾等杂物的填土。

(3)冲填土。由水力冲填泥沙形成的填土。

在工程建设中所遇到的人工填土,各地区往往不一样。在历代古城,一般都保留有人类文化活动的遗物或古建筑的碎石、瓦砾。在山区常是由于平整场地而堆积、未经击实的素填土。城市建设常遇到的是煤渣、建筑垃圾或生活垃圾堆积的杂填土,一般是不良地基,多需进行处理。

（七）特殊土

《建筑地基基础设计规范》（GB 50007—2002）又把淤泥、淤泥质土、红黏土和膨胀土及湿陷性黄土单独制定了它们的分类标准。

（1）淤泥和淤泥质土。淤泥和淤泥质土是指在静水或缓慢流水环境中沉积，经生物化学作用形成的黏性土。①天然含水率大于液限，天然孔隙比 $e \geqslant 1.5$ 的黏性土称为淤泥；②天然含水率大于液限而天然孔隙比 $1 \leqslant e < 1.5$ 为淤泥质土。

淤泥和淤泥质土的主要特点是含水率大、强度低、压缩性高、透水性差，固结需时间长。一般地基需要预压加固。

（2）红黏土。红黏土是指碳酸盐岩系出露的岩石，经风化作用而形成的褐红色的黏性土的高塑性黏土。其液限一般大于50%，具有上层土硬、下层土软，失水后有明显的收缩性及裂隙发育的特性。红黏土经再搬运后，仍保留其基本特征，其液限 ω_L 大于45%的土称为次红黏土。针对以上红黏土地基情况，可采取换土、将起伏岩面进行必要的清除、对孔洞予以充填的措施或注意采取防渗及排水措施等。

（3）膨胀土。土中黏粒成分主要由亲水性矿物组成，同时具有显著的吸水膨胀性和失水收缩性，其自由胀缩率大于或等于40%的黏性土为膨胀土。膨胀土一般强度较高，压缩性较低，易被误认为工程性能较好的土，但由于具有胀缩性，在设计和施工中如果没有采取必要的措施，会对工程造成危害。

（4）湿陷性黄土。黄土广泛分布于我国西北地区（华北也有），是一种第四纪时期形成的黄色粉状土，当土体浸水后沉降，其湿陷系数大于或等于0.015的土称为湿陷性黄土。天然状态下的黄土质地坚硬、密度低、含水量低、强度高。但一些黄土一旦浸水后，土粒间的可溶盐类会被水溶解或软化，在土的自重应力和建筑物荷载作用下使土粒间原有结构遭到破坏，并发生显著的沉陷，其强度也迅速降低，对湿陷性黄土地基一般采取防渗、换填、预浸等处理措施。

三、交通部《公路土工试验规程》（JTG E40—2007）和《公路桥涵地基与基础设计规范》（JTG D63—2007）分类法

交通部颁发的《公路土工试验规程》（JTG E40—2007）与《公路桥涵地基与基础设计规范》（JTG D63—2007）这两个规范虽出自同一行业，但分类体系完全不同，差别很大。

《公路土工试验规程》（JTG E40—2007）在土的工程分类中，采用的分类体系与《土工试验规程》（SL 237—1999）的分类体系完全相同，都是把土分为巨粒土、粗粒土和细粒土三大类。对各类土进一步细分时，采用的分类标准也与《土工试验规程》（SL 237—1999）中对应各类土采用的分类标准相同，这里不再重复列出，即巨粒类土采用表1-9中的分类标准，粗粒类土采用表1-10或表1-11中的分类标准，细粒土采用塑性图或表1-12中的分类标准进行细分。

现将《公路桥涵地基与基础设计规范》（JTG D63—2007）的分类方法介绍如下：

《公路桥涵地基与基础设计规范》（JTG D63—2007）将地基土分为岩石、碎石土、砂土、粉土、黏性土和特殊岩土。

（一）岩石

岩石按饱和单轴抗压强度标准值分为坚硬岩、较硬岩、较软岩、软岩和极软岩五个等级，同表1-13；根据岩石风化程度又可分为未风化、微风化、中等风化、强风化和全风化五个大类同表1-14。

（二）碎石土

碎石土是指粒径大于2 mm的颗粒含量超过总质量50%的土。《公路桥涵地基与基础设计规范》（JTG D63—2007）对碎石土的定名和划分标准与《建筑地基基础设计规范》（GB 50007—2002）采用的完全相同，都是将碎石土分为漂石和块石、卵石和碎石、圆砾和角砾，划分标准与表1-15中相同。

（三）砂土

砂土是指粒径大于2 mm的颗粒含量不超过总质量的50%，且粒径大于0.075 mm的颗粒含量超过总质量50%的土。砂土也可再分为砾砂、粗砂、中砂、细砂和粉砂，划分标准与表1-16相同。

（四）粉土

粉土为塑性指数$I_P \leqslant 10$且粒径大于0.075 mm的颗粒含量不超过总质量50%的土。

（五）黏性土

黏性土为$I_P > 10$且粒径大于0.075 mm的颗粒含量不超过总质量50%的土。黏性土根据塑性指数分为黏土和粉质黏土，划分标准同《建筑地基基础设计规范》（GB 50007—2002）。

（六）特殊岩土

特殊岩土是具有一些特殊成分、结构和性质的区域性地基土，包括软土、膨胀土、湿陷性土、红黏土、冻土、盐渍土的填土等，详见《公路桥涵地基与基础设计规范》（JTG D63—2007）。

【例1-10】 已知从某土样的颗粒级配曲线上查得：大于0.075 mm的颗粒含量为64%，大于2 mm的颗粒含量为8.5%，大于0.25 mm的颗粒含量为38.5%，并测得该土样细粒部分的液限$\omega_L = 38\%$，塑限$\omega_P = 19\%$，试按《土工试验规程》（SL 237—1999）和《建筑地基基础设计规范》（GB 50007—2002）对土分类定名。

解：（1）按《土工试验规程》（SL 237—1999）对土分类定名。

①因该土样粗粒组含量为64% >50%，所以该土属于粗粒类土；

②因该土样砾粒组含量为8.5% <50%，所以该土属于砂类土；

③因该土样细粒土含量为100% − 64% = 36%，在15% ~ 50%，查表1-11，所以该土为细粒土质砂，应根据塑性图进一步细分；

④因该土的塑性指数$I_P = 38 - 19 = 19$，$\omega_L = 38\%$，查塑性图（见图1-17），坐标交点落在CL区，故该土的最后定名为黏土质砂，即SC。

（2）按《建筑地基基础设计规范》（GB 50007—2002）对土分类定名。

①因该土样大于0.075 mm的颗粒含量为64% >50%，而且大于2 mm的颗粒含量为8.5% <50%，所以该土属于砂土；

②因大于0.25 mm的颗粒含量为38.5% <50%，大于0.075 mm的颗粒含量为

64%，查表 1-16，该土定名为粉砂。

问题：什么叫粗粒土和细粒土？实验室对粗粒土和细粒土分类的依据是什么？

小　结

土的物理性质与工程分类是土力学的基本内容之一，土的类型及其基本物理性质指标也是建筑物基础设计计算所必需的基本资料。

本章内容主要包括土的成因、组成与结构、物理性质指标、物理状态指标、击实性以及土的工程分类。

(1)土是岩石经风化的产物，是由各种大小不同的土颗粒按一定比例组成的松散集合体。大多数土都是在第四纪地质历史时期内形成的，又称第四纪沉积物。沉积年代不同、地质作用不同、成土的岩石不同，使各种土的工程性质有很大的差别。

(2)一般情况下，天然状态的土由固相(土颗粒)、液相(土中水)和气相(土中气体)三部分组成，称为土的三相组成。

(3)土的固相(包括土粒的成分、土粒大小与级配以及土的结构等)对土的工程性质起决定作用。土粒分为无机矿物颗粒与有机质，无机矿物颗粒由原生矿物和次生矿物组成；土的颗粒大小分析试验方法有筛分法和密度计法两种，筛分法适用于粗粒土，密度计法适用于细粒土；土的颗粒级配好坏可用不均匀系数 C_u 和曲率系数 C_c 判别，级配良好的土必须同时满足两个条件，即 $C_u \geq 5$ 和 $C_c = 1 \sim 3$，如不能同时满足这两个条件，则为级配不良的土；土的结构类型主要取决于土的颗粒大小，通常有单粒结构、蜂窝结构和絮状结构三种类型。

(4)土中水(包括结合水与自由水)对黏性土的工程性质也有很大的影响。结合水是指受土粒表面电场力作用失去自由活动的水，包括强结合水和弱结合水两种类型；自由水是指土孔隙中位于结合水以外的水，包括毛细水和重力水两种类型。

(5)土中气体(包括自由气体和封闭气体)对土的工程性质影响较小。

(6)土的物理性质指标包括实测指标(如土的密度、含水率和土粒比重)和换算指标(如土的干重度、饱和重度、浮重度、孔隙比、孔隙率和饱和度等)两大类。

(7)无黏性土的密实程度对其工程性质有很大的影响，砂土的密实度可用孔隙比 e、相对密度 D_r 或标准贯入试验锤击数 N 来判别；黏性土的工程性质与其含水率的大小关系密切，其界限含水率液限 ω_L 与塑限 ω_P 可通过试验测定，塑性指数 I_P 是黏性土分类的重要指标，液性指数 I_L 是判别黏性土软硬程度的一个物理指标。

(8)黏性土的击实性可通过室内击实试验成果来研究，击实试验所得到的最优含水率 ω_{op} 和最大干密度 $\rho_{d\max}$ 是填土施工质量的重要控制指标。

(9)土的工程分类不同行业有不同的分类标准，按照《建筑地基基础设计规范》(GB 50007—2002)地基土主要有碎石土、砂土、粉土、黏性土、人工填土以及淤泥质土、红黏土、膨胀土、黄土等特殊土。

习　题

1-1　根据图 1-11 所示颗粒级配曲线上不同粒径组成的土，试求 B、C 两种土中各粒组的百分含量、土的不均匀系数 C_u 和曲率系数 C_c，并对各种土的颗粒级配情况进行评价。

（参考答案：① 砂粒 52%，粉粒 44%，黏粒 4%，$C_u=9.6$，$C_c=1.4$，级配良好；
② 砾 43%，砂 57%，$C_u=20$，$C_c=0.14$，级配不良）

1-2　试按三相草图推证下列两个关系式：

(1) $S_r=\dfrac{G_s\omega}{e}$。

(2) $e=\dfrac{G_s\gamma_w(1+\omega)}{\gamma}-1$。

1-3　某饱和黏性土的含水率为 $\omega=38\%$，比重 $G_s=2.71$，试利用三相草图求土的孔隙比 e 和干重度 γ_d。

（参考答案：$e=1.03$，$\gamma_d=13.1\ \text{kN/m}^3$）

1-4　某地基土测得：比重 $G_s=2.68$，含水率 $\omega=28\%$，湿密度 $\rho=1.86\ \text{g/cm}^3$，试求该土的干密度 ρ_d、饱和密度 ρ_{sat}、浮密度 ρ'、孔隙比 e、孔隙率 n。

（参考答案：$\rho_d=1.45\ \text{g/cm}^3$，$\rho_{sat}=1.91\ \text{g/cm}^3$，$\rho'=0.91\ \text{g/cm}^3$，$e=0.844$，$n=44.8\%$）

1-5　某工程取土样进行液塑限试验，测得液限 $\omega_L=40\%$，塑限 $\omega_P=25\%$，天然含水率 $\omega=20\%$。求：塑性指数 I_P 和液性指数 I_L；该地基土处于什么状态？

（参考答案：$I_P=1.33$，$I_L=-0.33$，坚硬状态）

1-6　补充完整某土体填筑击实试验记录表（见表 1-17），绘击实曲线，如果碾压压实度按 96% 控制，填筑干密度应该是多少？

表 1-17　击实试验记录表

试验序号	最优含水率（%）　最大干密度（g/cm³）　筒体积 997 cm³												
	筒加试样质量（g）	筒质量（g）	试样质量（g）	湿密度（g/cm³）	干密度（g/cm³）	盒号	盒重（g）	盒加湿土质量（g）	盒加干土质量（g）	水分质量（g）	干土质量（g）	含水率（%）	平均含水率（%）
1	2 981.8	1 103	1 878.8			02	20	35.60	34.16				
						05	20	35.44	34.02				
2	3 057.1	1 103	1 954.1			08	20	33.93	32.45				
						03	20	33.69	32.26				
3	3 130.9	1 103	2 027.9			01	20	32.88	31.40				
						06	20	33.16	31.64				

续表 1-17

试验序号	最优含水率(%)　最大干密度(g/cm³)　筒体积 997 cm³												
	筒加试样质量(g)	筒质量(g)	试样质量(g)	湿密度(g/cm³)	干密度(g/cm³)	盒号	盒重(g)	盒加湿土质量(g)	盒加干土质量(g)	水分质量(g)	干土质量(g)	含水率(%)	平均含水率(%)
4	3 215. 8	1 103	2 112. 8			04	20	33. 13	31. 36				
						07	20	34. 09	32. 15				
5	3 191. 1	1 103	2 088. 1			09	20	36. 96	24. 28				
						12	20	38. 31	35. 36				

(参考答案：$\omega_{op}=15.0\%$，$\rho_{d\max}=1.83\ \text{g/cm}^3$，$\rho_d=1.76\ \text{g/cm}^3$)

1-7　某土料场土料低液限黏土，天然含水率 $\omega=21\%$，比重 $G_s=2.70$，室内标准击实试验得到最大干密度 $\rho_{d\max}=1.85\ \text{g/cm}^3$。设计取压实度 $P=0.95\ \text{g/cm}^3$，并要求压实后土的饱和度 $S_r\leqslant90\%$，问土料的天然含水率是否适于填筑？碾压时土料应控制多大的含水率？

(参考答案：料场含水率 ω 为 21%，应进行翻晒处理；控制含水率 ω 应为 17.8%)

1-8　从某土样颗粒级配曲线上查得：大于 0.075 mm 的颗粒含量为 38%，大于 2 mm 的颗粒含量为 13%，并测得该土样细粒部分的液限 $\omega_L=46\%$，塑限 $\omega_P=28\%$，试按 SL 237—1999 和 GB 50007—2002 对土分类定名。

(参考答案：按 SL 237—1999 定名为含砂低液限黏土，按 GB 50007—2002 定名为黏土)

第二章　土的渗透性

本章提要　在建筑的基础工程中，地下水在水头差的作用下，通常会透过土体的孔隙发生流动，这种现象称为渗透或渗流，而土体被水透过的性能称为土的渗透性。水的渗透将引起渗漏和渗透变形两个方面的问题。渗漏将造成水量损失，影响闸坝蓄水的工程效益；渗透变形将引起土体内部应力状态发生变化，改变其稳定条件，甚至危及整个建筑物的安全。

地基土的渗透性问题是土力学研究的重要问题之一，本章主要讨论水在土中渗透的基本规律、渗透性指标及土体的渗透变形问题。

本章的重点是达西定律、渗透系数及其测定方法和土体的渗透变形问题。

第一节　达西定律及其适用范围

一、达西定律

试验证明：一般土（如砂土）由于土的孔隙通道较小，水在其中流动时的流速缓慢，渗流属层流。但具有较大孔隙的砾石或岩石的空洞中，水的流速较大，流线之间相互掺混，渗流属紊流或混合流。下面研究流动状态为层流时地下水的运动规律。

早在1856年法国学者达西就对砂土的渗透性进行了研究，发现水的渗透速度与水力坡降成正比，即：

$$v = ki \tag{2-1}$$

或

$$Q = vAt = kiAt \tag{2-2}$$

式中　v——渗透速度，cm/s；

i——水力坡降（或称水头梯度），是水头差 h 与渗透路径 L 之比，即 h/L，无因次；

k——渗透系数，cm/s；

Q——渗透水量，cm^3；

A——土样的截面面积，cm^2；

t——时间，s。

式(2-1)表达渗透速度与水力坡降的线性关系（见图2-1(a)），即达西定律。

由式(2-1)可知：当 $i=1$ 时，则 $v=k$，它表明渗透系数 k 是单位水力坡降时的渗透速度。它是表示土体渗透性强弱的重要指标，其大小主要取决于土的种类和透水性质（见表2-1）。

应该指出，达西定律中的渗透速度 v 为土样全截面时的平均流速，并非渗流在土孔隙中运动的实际流速 v'，由于实际过水截面小于土体全截面，因此实际平均流速 v' 大于达西定律中的平均渗透速度 v，两者的关系为：

$$v' = v/n \tag{2-3}$$

式中　n——土的孔隙率。

但为了简便,在工程设计中,除特别指出外,常用达西定律中计算的平均渗透速度 v。

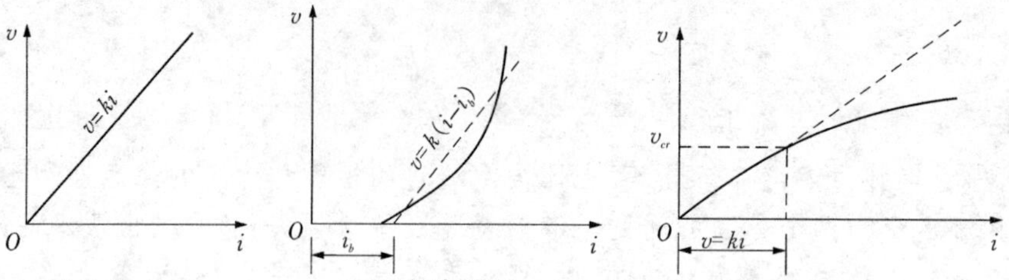

(a)砂土　　(b)密实黏土　　(c)粗粒土

图 2-1　土的渗透流速与水力坡降的关系

表 2-1　各种土的渗透系数参考值

土的类别	渗透系数 k		土的类别	渗透系数 k	
	m/d	cm/s		m/d	cm/s
黏土	< 0.005	$< 6 \times 10^{-6}$	细砂	1.0 ~ 5	$1 \times 10^{-3} \sim 6 \times 10^{-3}$
粉质黏土	0.005 ~ 0.1	$6 \times 10^{-6} \sim 1 \times 10^{-4}$	中砂	5 ~ 20	$6 \times 10^{-3} \sim 2 \times 10^{-2}$
粉土	0.1 ~ 0.5	$1 \times 10^{-4} \sim 6 \times 10^{-4}$	粗砂	20 ~ 50	$2 \times 10^{-2} \sim 6 \times 10^{-2}$
黄土	0.25 ~ 0.5	$3 \times 10^{-4} \sim 6 \times 10^{-4}$	圆砾	50 ~ 100	$6 \times 10^{-2} \sim 1 \times 10^{-1}$
粉砂	0.5 ~ 1.0	$6 \times 10^{-4} \sim 1 \times 10^{-3}$	卵石	100 ~ 500	$1 \times 10^{-1} \sim 6 \times 10^{-1}$

问题:达西定律中的渗透速度与土中的实际渗透速度有什么不同?

二、达西定律的适用范围

达西定律适用于地下水的流动状态属于层流的大多数情况。砂土、砂粒含量较高的黏性土,其渗透规律符合达西定律(见图 2-1(a))。在实际工程中,对砂性土和较疏松的黏性土,如坝基和灌溉渠道的渗透量以及基坑、水井的涌水量均可用达西定律来解决。

对于密实黏土,因为其孔隙主要为结合水所填充,由于结合水膜的黏滞阻力,当水力坡降较小时,渗透速度与水力坡降呈非线性关系,甚至不发生渗流,只有当水力坡降达到某一数值,克服了结合水膜的黏滞阻力以后,才发生渗流,引起发生渗流的水力坡降称为密实黏土起始水力坡降,以 i_b 表示(见图 2-1(b))。为了简化,这时达西定律公式可写为:

$$v = k(i - i_b) \tag{2-4}$$

对于粗粒土(如砾石、卵石等),当水力坡降较小时,其渗透规律符合达西定律,而当水力坡降大于某值后,渗透速度与水力坡降的关系就表现为非线性的紊流规律(见图 2-1(c)),此时达西定律已不适用。

问题:达西定律的含义是什么? 适用于什么情况?

三、渗透系数的测定方法

渗透系数 k 是衡量土体渗透性强弱的一个重要力学性质指标，也是渗透计算时用到的一个基本参数。由于自然界中土的沉积条件复杂，渗透系数 k 值相差很大，因此渗透系数难以用理论计算求得，只能通过试验直接测定。

渗透系数测定方法可分为室内渗透试验和现场渗透试验两大类。室内渗透试验可根据土的类别，选择不同的仪器进行试验；现场渗透试验可采用试坑（或钻孔）注水法（测定非饱和土的渗透系数）或抽水法（测定饱和土的渗透系数）进行试验。室内渗透试验与现场渗透试验的基本原理相同，均以达西定律为依据。关于现场渗透试验，可参考水文地质方面的书籍，我们在这里将主要介绍室内渗透试验。

室内渗透试验的仪器种类和试验方法较多，按试验原理可划分为常水头试验法和变水头试验法两种。

（一）常水头试验法

常水头试验法适用于透水性较强的粗粒土。常水头试验法是指在整个试验过程中，水头差 h 保持不变，其试验装置如图 2-2 所示，计算公式为：

$$Q = kiAt = k(h/L)At$$

即：

$$k = \frac{QL}{Aht} \tag{2-5}$$

式中 Q——时间 t 秒内流经土样的水量，cm^3；

L——土样厚度（即渗透路径），cm；

A——土样的横截面面积，cm^2；

t——试验经过的时间，s。

（二）变水头试验法

由于细粒土的渗透性很小，在短时间内流经土样的水量少，若采用常水头试验法，难以准确测定其渗透系数，因此细粒土（如粉土和黏土）常采用变水头试验法测定渗透系数。变水头试验就是在试验过程中，渗透水头随时间而变化的一种试验方法。其试验装置如图 2-3 所示。计算公式为：

$$k = \frac{aL}{At}\ln\frac{h_1}{h_2} \tag{2-6}$$

式中 a——变水头管截面面积，cm^2；

h_1——开始时的水头，cm；

h_2——终止时的水头，cm；

其余符号意义同前。

问题：为何选用不同的渗透试验方法？各适用于什么情况？

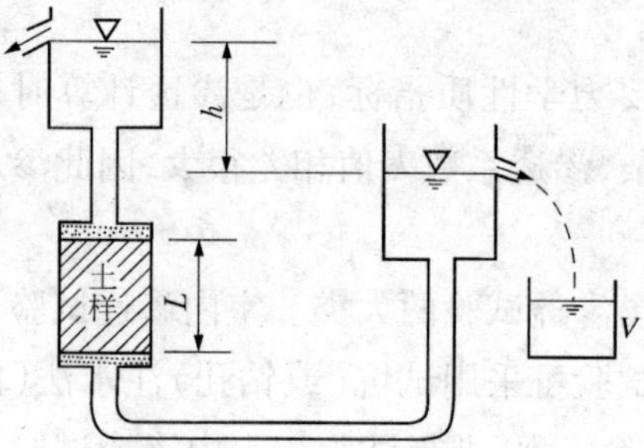

图 2-2　常水头试验装置

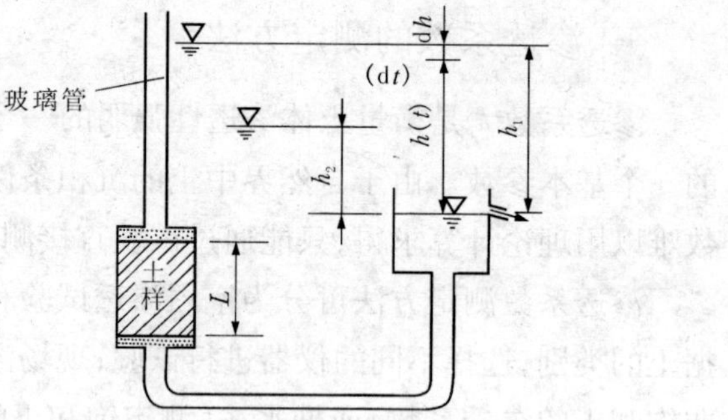

图 2-3　变水头试验装置

(三)成层土的渗透系数

天然地基往往由渗透性不同的土层组成,其各向渗透性也不尽相同。对于成层土,应分别测定各层土的渗透系数,然后根据渗流方向求出与层面平行或与层面垂直时的平均渗透系数。

1. 与层面平行的渗流情况

如图 2-4 所示,假如各层土的渗透系数各向同性,分别为 $k_1, k_2, \cdots, k_n$,厚度为 $H_1, H_2, \cdots, H_n$,总厚度为 H。与层面平行的渗流,若流经各层土单位宽度的渗流量为 $q_{x1}, q_{x2}, \cdots, q_{xn}$,则总单宽渗流量 q_x 应为:

$$q_x = q_{x1} + q_{x2} + \cdots + q_{xn}$$

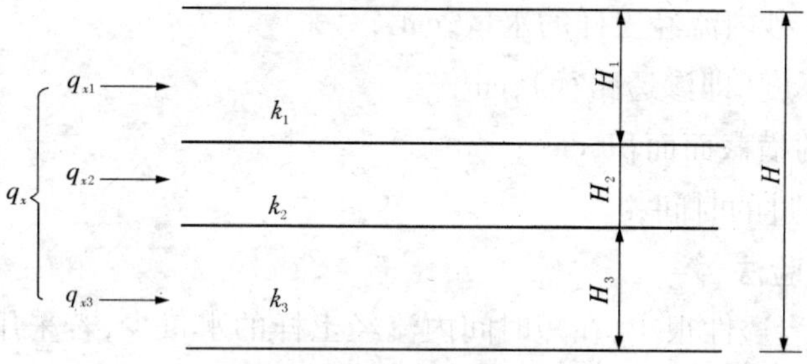

图 2-4　与层面平行的渗流

根据达西定律有:

$$q_x = k_x iH$$

$$q_{xi} = k_i i_i H_i$$

式中　k_x——与层面平行渗流的平均渗透系数;

i——成层土的平均水力坡降。

对于平行层面的渗流,流经各层土相同距离的水头损失均相等,即各层土的水力坡降 i_i 相等。

$$k_x iH = k_1 iH_1 + k_2 iH_2 + \cdots + k_n iH_n$$

即与层面平行渗流的平均渗透系数为:

$$k_x = \frac{1}{H}(k_1 H_1 + k_2 H_2 + \cdots + k_n H_n) \tag{2-7}$$

2. 与层面垂直的渗流情况

如图 2-5 所示，流经各土层的渗流量为 $q_{y1}, q_{y2}, \cdots, q_{yn}$，根据水流连续原理，流经整个土层的单宽渗流量应为：

$$q_y = q_{y1} = q_{y2} = \cdots = q_{yn} \tag{2-8}$$

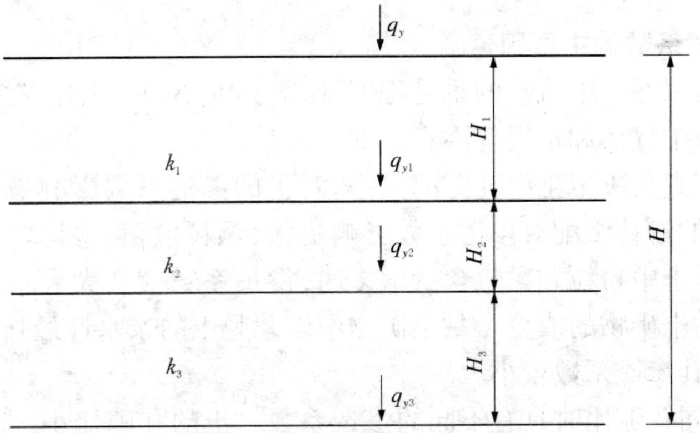

图 2-5　与层面垂直的渗流

设渗流通过厚度为 H 的土层时总水头损失为 h，各土层的厚度为 $H_1, H_2, \cdots, H_n$，水头损失分别为 $h_1, h_2, \cdots, h_n$，则各土层的水力坡降为 $i_1, i_2, \cdots, i_n$，整个土层的平均水力坡降为 i，根据达西定律可得各土层的渗流量与总渗流量关系，即：

$$q_y = q_{y1} = q_{y2} = \cdots = q_{yn}$$

$$q_{yi} = k_i i_i A = k_i \frac{h_i}{H_i} A$$

$$h_i = \frac{q_{yi} H_i}{k_i A} \tag{2-9}$$

$$q_y = k_y i A = k_y \frac{h}{H} A$$

$$h = \frac{q_y H}{k_y A} \tag{2-10}$$

式中　k_y——与层面垂直渗流的平均渗透系数；

A——渗流截面面积。

对于垂直于层面的渗流，通过整个土层的总水头损失应等于各层水头损失之和，即：

$$h = \sum h_i \tag{2-11}$$

将式(2-9)、式(2-10)代入式(2-11)中，经整理后可得与层面垂直渗流的平均渗透系数为：

$$k_y = \frac{H}{\frac{H_1}{k_1} + \frac{H_2}{k_2} + \cdots + \frac{H_n}{k_n}} \tag{2-12}$$

比较式(2-7)与式(2-12)可知，成层土平行方向渗流的平均渗透系数取决于最透水土层的渗透系数和厚度;垂直方向渗流的平均渗透系数取决于最不透水土层的渗透系数和厚度。因此,平行层面渗流的平均渗透系数总是大于垂直层面渗流的平均渗透系数。

问题:成层土渗透有何特点?对此如何加以利用?

(四)影响渗透系数的主要因素

渗透系数表明水在土中流动的难易程度,影响其大小的因素比较多,主要有土的颗粒级配、孔隙比、孔隙中气体和水温等因素。

土的颗粒级配直接决定土中孔隙的大小,对土的渗透系数影响最大。对于粗颗粒的砾石土和砂土,土的颗粒级配对渗透系数影响更大,颗粒愈粗、愈均匀、磨圆度愈好,土的渗透系数愈大。砂土中粉粒和黏粒含量增多时,渗透系数就会大大减小。黏性土的渗透系数主要取决于黏土矿物的成分。黏土矿物中以蒙脱土的亲水性最强,膨胀性最大,故含蒙脱土较多的土,其渗透系数较小。

同一种土,不同孔隙比时具有不同的渗透系数。土的孔隙比小,即土体较密实,土的渗透性随之减小。因此,在测定渗透系数时,必须考虑实际土的密实状态,并控制土样孔隙比与实际相同,或者在不同孔隙比下测定土的渗透系数,绘出孔隙比与渗透系数的关系曲线,从中查出所需孔隙比下的渗透系数。

土中封闭气泡的存在,使土的有效渗透面积减小,渗透系数降低。封闭气泡含量愈多,土的渗透性愈弱。渗透试验时,土的渗透系数受土体饱和度影响,饱和度低的土,可能有封闭气泡,渗透系数减小。为了保证试验的可靠性,要求土样必须充分饱和。

渗透系数直接受水的动力黏滞系数影响。而不同水温情况,水的动力黏滞系数变化较大,水温愈高,水的动力黏滞系数就愈小,水在土中的渗透速度则愈大,所以同一种土在不同的温度下渗透系数值不同。在工程上常以水温为 20 ℃时的渗透系数作为标准,在任一温度 T ℃下测定的渗透系数 k_T,应按式(2-13)校正为标准温度下的渗透系数 k_{20},即

$$k_{20} = k_T \frac{\eta_T}{\eta_{20}} \tag{2-13}$$

问题:什么是土的渗透系数?影响土的渗透系数的因素是什么?

第二节　渗透力与渗透变形

一、渗透力

水在土体中流动时,将会引起水头损失,而这种水头损失是由于水在土体孔隙中流动时力图拖曳土粒而消耗能量的结果。根据牛顿第三定律可知,水在土体中流动时受到土骨架阻力的同时,水必然对土骨架产生一个相等的反作用力。我们将渗流时水作用在单位土体上的作用力称为单位渗透力,简称渗透力,以 j 表示。

在图 2-6 中沿渗流方向取一个长度为 L、横截面面积为 A 的柱体来研究。因 $h_1 > h_2$,

水从截面 1 流向截面 2，水头差为 h。由于土中渗透速度一般很小，其流动水流惯性力可以忽略不计。现假设所取土柱孔隙中完全充满水，并考虑土柱中的土颗粒对渗流阻力的影响，则作用于土柱中水体上的力有：

(1) 截面 1 上的总水压力 $P_1=\gamma_w h_1 A$，其方向与渗流方向一致。

(2) 截面 2 上的总水压力 $P_2=\gamma_w h_2 A$，其方向与渗流方向相反。

(3) 土柱中的土颗粒对渗流水的总阻力 F，其大小应和总渗透力 J 相等，即 $F=J=jLA$，方向与渗流方向相反。

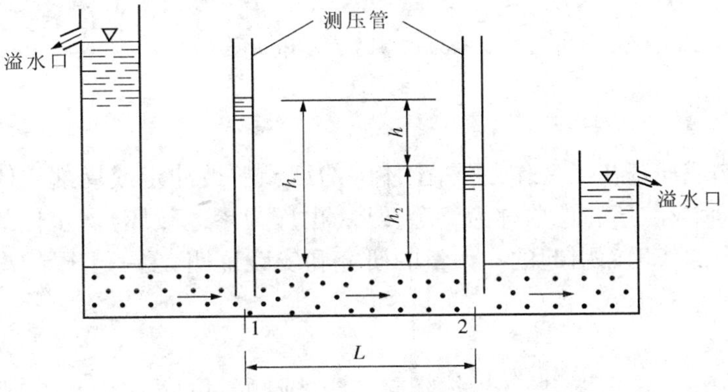

图 2-6　渗透力计算示意图

根据渗流方向力的平衡条件得：

$$J=P_1-P_2$$

或

$$jLA=\gamma_w(h_1-h_2)A$$

则渗透力为：

$$j=\gamma_w\frac{h_1-h_2}{L}=\gamma_w\frac{h}{L}=\gamma_w i \tag{2-14}$$

因此，渗透力是一种体积力，单位为 kN/m^3，其大小与水力坡降成正比，方向与渗流方向一致。

由于渗透力的方向与渗流方向一致，因此它对土体稳定性有着很大的影响。如图 2-7所示的水闸地基，渗流的进口处 A 点受到向下渗流的作用，渗透力与土的有效重力

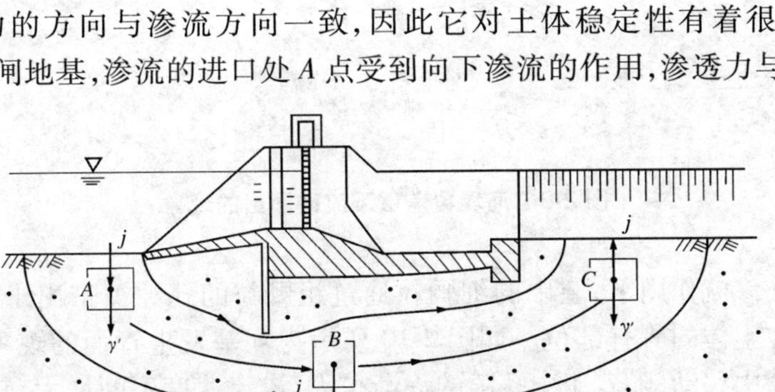

图 2-7　渗流对闸基土的作用

方向一致,渗透力增大了土有效重力的作用,对土体稳定有利;在渗流近似水平部位的 B 点处,渗透力与土的有效重力近似正交,它使土粒产生向下游移动的趋势,对土体稳定不利;在渗流的出逸处 C 点,受向上的渗流作用,渗透力与土的有效重力方向相反,渗透力起到了减轻土有效重力的作用,对土体的稳定不利,渗透力愈大,渗流对土体稳定性的影响就愈大,在渗流出口处,当向上的渗透力大于土的有效重力时,则土粒将会被渗流挟带向上涌出,土体失去稳定,发生渗透破坏。因此,在对闸坝地基、土坝、基坑开挖等情况进行土体稳定分析时,应考虑渗透力的影响。

问题:渗透力对土的稳定性有何影响?为何渗透力与体积有关?

二、渗透变形

土工建筑物或地基在渗流作用下,土体中的细颗粒被冲走或局部土体同时浮起而流失,导致土体变形或破坏的现象称为渗透变形(也称为渗透破坏)。土体的渗透变形实质上是由于渗透力的作用而引起的。大量的研究和实践证明,单一土层的渗透变形通常有流土和管涌两种基本形式。

(一)流土

流土是指在渗流作用下,局部土体隆起、浮动或颗粒群同时发生移动而流失的现象。流土一般发生在无保护的渗流出口处,而不会发生在土体内部。开挖基坑或渠道时出现的所谓流砂现象,就是流土的常见形式。如图 2-8 所示,河堤覆盖层下流砂涌出的现象是由于覆盖层下有一强透水砂层,而堤内、外水头差大,从而弱透水层的薄弱处被冲溃,大量砂土涌出,危及河堤的安全;在图 2-9 中,由于细砂层的承压水作用,当基坑开挖至细砂层时,在渗透力的作用下,细砂向上涌出,出现大量流土,引起房屋地基不均匀变形,上部结构开裂,影响房屋的正常使用。流土的发生一般是突发性的,对工程危害较大。

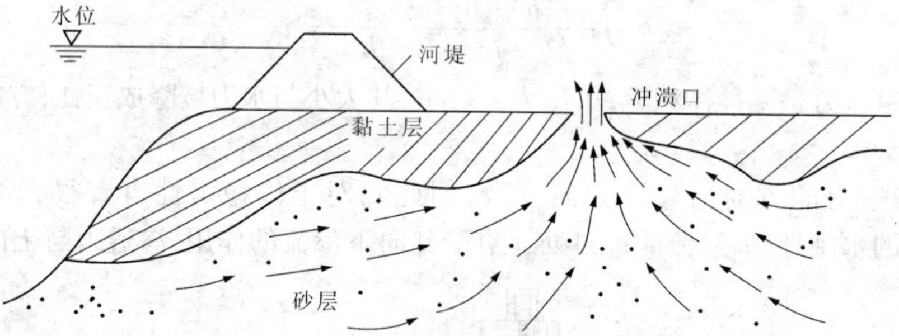

图 2-8　河堤覆盖层下流砂涌出的现象

(二)管涌

管涌是指在渗流作用下,土中的细颗粒通过粗颗粒的孔隙被带出土体以外的现象。管涌可以发生在土体的所有部位。如图 2-10 所示为坝基发生管涌的现象。首先细颗粒在粗颗粒的孔隙中移动;随着土中孔隙的逐渐扩大,渗流速度不断增大,较粗的颗粒也被水流逐渐冲走;最后导致土体内部形成贯通的渗流通道,酿成溃坝(堤)的严重后果。由此可见,管涌的发生要有一定的发展过程,因而是一种渐进性的破坏。

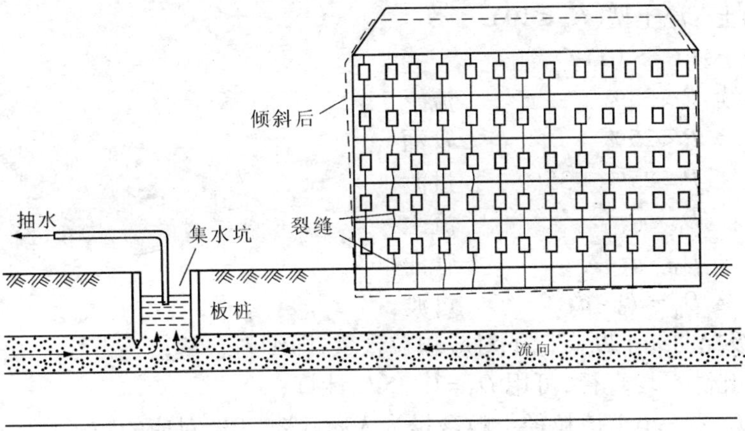

图 2-9　流砂涌向基坑引起房屋不均匀下沉的现象

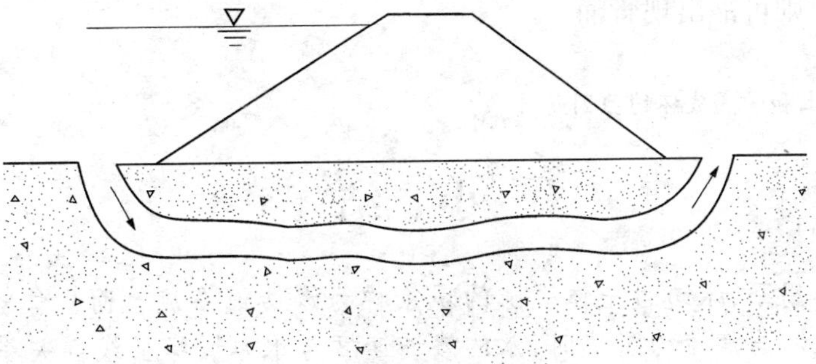

图 2-10　坝基发生管涌的现象

问题：渗透变形有哪两种基本形式？它们有什么区别？

渗透变形的两种基本形式是水力坡降较大的情况下，土体表现出来的两种不同的破坏现象。渗透变形的形式与土的性质有关。一般来说，黏性土细颗粒呈粒团存在，颗粒间具有较大的黏聚力，且孔隙直径极小，细颗粒不会在孔隙中随渗流移动并带出，所以不会发生管涌破坏，而多在渗透坡降大时以流土形式出现。无黏性土的渗透变形形式主要决定于颗粒组成。研究表明，不均匀系数 $C_u \leqslant 10$ 的匀粒砂土，只可能出现流土破坏形式；$C_u > 10$ 的砂砾土，既可能发生管涌，也可能发生流土，主要取决于土的级配情况与细料含量。对于缺乏中间粒径的不连续级配土，其渗透变形形式主要决定于细料含量（细料含量是指级配曲线水平段下限的粒径所对应的纵坐标）。当细料含量小于 25% 时，不能充满粗料所形成的孔隙，细颗粒可以很容易地在孔隙中移动，渗透变形常以管涌形式出现；当细料含量在 35% 以上时，细料填满粗料孔隙，粗、细料形成一个整体，细颗粒移动困难，多发生流土破坏。对于级配连续的不均匀土，我国有些学者根据试验研究提出，用土的孔隙直径比较法，以判别土的渗透变形的形式，当土中有 5% 以上细颗粒的粒径小于孔隙平均直径时，在较小的水力坡降下细颗粒将会被渗流带走，而形成管涌破坏；当土中对应 3% 细颗粒的粒径大于孔隙平均直径时，细颗粒很少流失，不会发生管涌，渗透变形呈流土形式。

综上所述，天然无黏性土渗透破坏形式的判别准则可概括为下列形式。

较均匀的土：流土型（$C_u \leqslant 10$）

不均匀的土：（$C_u > 10$）

级配不连续：	$P > 35\%$	流土
	$P < 25\%$	管涌
	$P = 25\% \sim 35\%$	过渡
级配连续：	$D_0 < d_3$	流土
	$D_0 > d_5$	管涌
	$D_0 = d_3 \sim d_5$	过渡

其中　P——级配曲线上断点以下对应颗粒含量，即细料含量；

D_0——孔隙平均直径，可用 $D_0 = 0.25d_{20}$ 计算；

d_3, d_5, d_{20}——小于该粒径土粒含量为3%，5%，20%对应的粒径。

另外，无黏性土的渗透变形还与土的密度有关，有些土在较大密度下可能发生流土，而在较小密度下则可能出现管涌。

问题：引起流土和管涌破坏的原因是什么？

小　结

在水头差作用下，水透过土体孔隙的现象称为渗透或渗流。而土体被水透过的性能称为土的渗透性。当渗流为层流时，水的渗透速度与水力坡降呈线性关系（达西定律 $v = ki$），其中线性系数 k 为渗透系数，可由现场试验和室内试验测定，室内渗透试验方法按其原理不同可分为常水头试验法和变水头试验法两种。

渗流时水作用于单位体积土体骨架上的力称为渗透力。在渗透力的作用下导致土体变形或破坏的现象称为渗透变形。按照渗透水流所引起的局部破坏特征，渗透变形包括流土和管涌两种基本形式。

习　题

2-1　对某细砂进行常水头渗透试验。土样的长度为10 cm，土样的横截面面积为86 cm^2，水位差为8.0 cm，经测试在120 s内渗透的水量为300 cm^3，试验时水温为15 ℃。试求水温为20 ℃时该土样的渗透系数 k_{20} 和渗透速度 v。

（参考答案：$k_{20} = 4.12 \times 10^{-2}$ cm/s，$v = 3.30 \times 10^{-2}$ cm/s）

2-2　对某原状土样进行变水头试验，试样高为4 cm，横截面面积为30 cm^2，变水头管的内截面面积为1 cm^2，试验开始时总水头差为195 cm，20 min后降至185 cm，水的温度为15 ℃。求该土样的渗透系数 k_{20}。

（参考答案：$k_{20} = 6.61 \times 10^{-6}$ cm/s）

2-3　某工程基坑中，因抽水引起水流由下而上流动，水头差为50 cm，水流路径为40 cm，试求渗透力 j 的大小。

（参考答案：$j = 1.25 \times 10^{-2}$ N/cm^3）

第三章　土中应力计算

本章提要　土体在自身重力、建筑物荷载或其他因素(如土中水的渗流、地震等)的作用下,均产生应力,并由此会引起土体或地基的变形,使建造在土体上的建筑物(如土坝、路堤、房屋、桥梁等)发生下沉、倾斜等。当变形超过允许值时,往往会影响建筑物的正常使用,甚至会使建筑物遭到破坏。当土中应力超过土的强度时,将导致土体破坏,使其失去稳定。因此,掌握土中应力的分布规律及其计算方法,是研究土体强度、变形及进行稳定性分析的基础。

土中应力按其起因分为自重应力和附加应力。土的自重应力是指土体由自身重力作用所产生的应力,成土年代悠久的土体在自重作用下已经压缩稳定或完全固结,自重应力不再引起地基的变形;若成土年代不久,如新近沉积土或近期人工填土,在自重作用下尚未压缩稳定或未完成固结,自重应力将使土体进一步产生变形。土中的附加应力是指受外荷载(建筑物荷载、堤坝荷载、交通荷载等)作用前后土体中应力变化的增量。它是引起地基变形和导致土体破坏而失去稳定的外因,因而研究地基变形与稳定问题,必须明确地基中附加应力的大小和分布。

本章将主要介绍土中自重应力及附加应力的分布规律和计算方法。

第一节　土中自重应力

一、均质土中的自重应力

在计算土体自重应力时,通常把土体(或地基)视为均质、连续、各向同性的半无限体。在半无限土体中,任意竖直面和水平面上剪应力均为零,土体内相同深度处各点的自重应力相等。图3-1(a)为均质天然地基,重度为γ,在任意深度z处的水平面$a—a$上任取一单位面积的土柱进行分析。由土柱的静力平衡条件可知,z深度处的竖向有效自重应力(简称自重应力)应等于单位面积上的上覆土柱的有效重力,即:

$$\sigma_{cz} = \gamma z \tag{3-1}$$

σ_{cz}沿水平面均匀分布,且与z成正比,所以σ_{cz}随深度z线性增加,呈三角形分布,如图3-1(b)所示。

二、成层土或有地下水时的自重应力

地基土往往是成层的,不同土层具有不同的重度,因此自重应力需分层计算,即:

$$\sigma_{cz} = \sum_{i=1}^{n} \gamma_i h_i \tag{3-2}$$

式中　σ_{cz}——天然地面下任意深度处的自重应力,kPa;

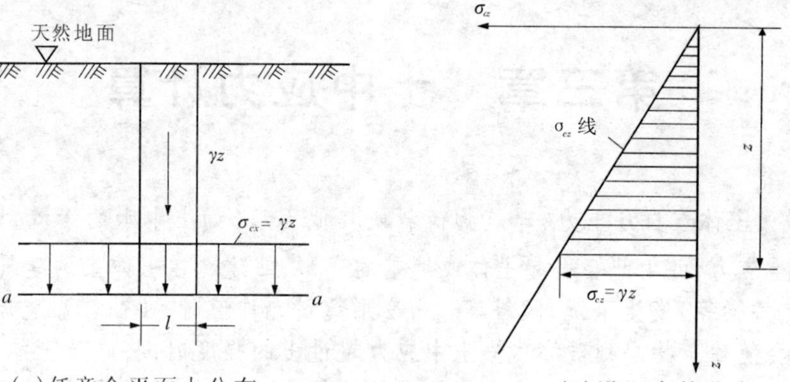

(a)任意会平面上分布　　　　(b)沿深度的分布

图 3-1　均质土中竖向自重应力

n——深度 z 范围内的土层总数；

h_i——第 i 层土的厚度,m；

γ_i——第 i 层土的天然重度,对地下水位以下的土层取浮重度 γ_i',kN/m^3。

同时地基中往往又存在有地下水,在地下水位以下的透水层,因土粒受到水的浮力作用,应以浮重度计算自重应力;在地下水位以下的不透水层,例如,岩层或密实黏土,由于不透水层不存在水的浮力,因此在其层面及层面以下的自重应力应按上覆土层的水和土总重计算,如图 3-2 所示。

【例 3-1】　试绘制图 3-3 所示地基剖面土的自重应力沿深度的分布图。

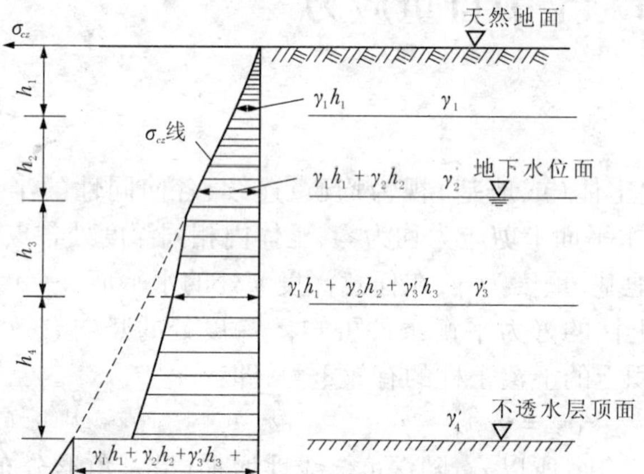

图 3-2　成层土中自重应力沿深度的分布

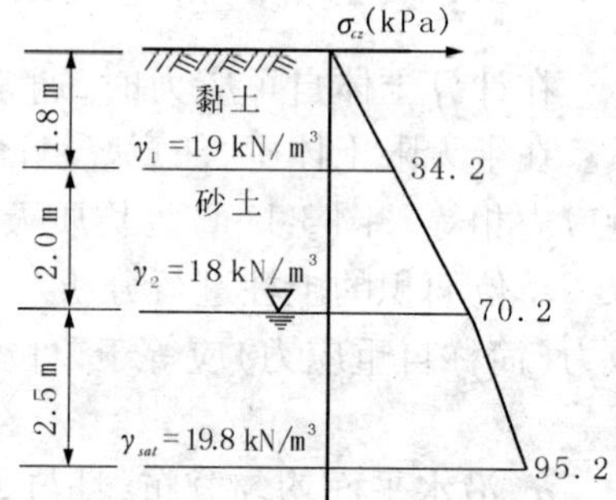

图 3-3　例 3-1 图

解:(1)在地面处。

$$\sigma_{cz} = 0$$

(2)在 $z = 1.8$ m 处。

$$\sigma_{cz} = \gamma_1 h_1 = 19 \times 1.8 = 34.2(\text{kPa})$$

(3)在 $z=3.8$ m 处。

$$\sigma_{cz}=\gamma_1h_1+\gamma_2h_2=34.2+18\times2.0=70.2(\text{kPa})$$

(4)在 $z=6.3$ m。

$$\sigma_{cz}=\gamma_1h_1+\gamma_2h_2+\gamma_3'h_3=70.2+(19.8-9.8)\times2.5=95.2(\text{kPa})$$

据此绘制自重应力分布曲线(见图3-3)。

三、地下水位升降时的土中自重应力

地下水位升降,使地基土中自重应力也相应发生变化。图3-4(a)为地下水位下降的情况,如在软土地区,因大量抽取地下水,以致地下水位长期大幅度下降,使地基中自重应力增加,而引起地面大面积沉降的严重后果。

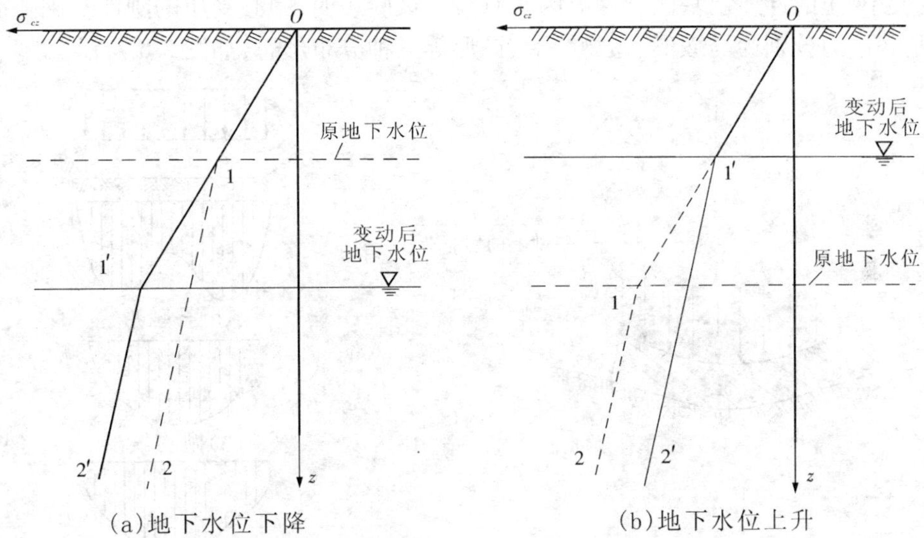

图3-4　地下水位升降对土中自重应力的影响

0—1—2—原来自重应力的分布;0—1′—2′—地下水位变动后自重应力的分布

图3-4(b)为地下水位长期上升的情况,如在人工抬高蓄水水位地区(如筑坝蓄水)或工业废水大量渗入地下的地区。由于地下水位上升使原来未受浮力作用的土颗粒受到了浮力作用,致使土中的自重应力减小。地下水位上升除引起自重应力减小外,还将引起地基承载力降低、自重湿陷性黄土产生湿陷、挡土墙的侧压力增大等问题,必须引起足够的重视。

问题:(1)何谓自重应力?自重应力有何分布特点?如何计算?

(2)地下水位升降对土中自重应力有何影响?

第二节　基底压力

建筑物的荷载是通过基础传给地基的。由基础底面传至地基单位面积上的压力,称为基底压力(或称为接触压力),地基对基础的作用力称为地基反力。在计算地基附加应力以及设计基础结构时,必须首先确定基底压力的大小和分布情况。

一、基底压力的分布

试验和理论都已证明,基底压力分布是比较复杂的问题,它不仅与基础的形状、尺寸、刚度和埋深等因素有关,而且也与土的性质、种类,荷载的大小和分布等因素有关。

柔性基础刚度很小,在荷载作用下,基础的变形与地基土表面的变形协调一致,如土坝、土堤、路基等土工建筑物,其基底压力分布和大小与作用在基底面上的荷载分布和大小相同。当基底面上的荷载为均匀分布时,基底压力也是均匀分布的,如图 3-5 所示。

刚性基础的刚度很大,在荷载作用下,基础本身几乎不变形,基底始终保持为平面,不能适应地基变形,如混凝土基础和砖石基础。这类基础基底压力分布与作用在基底面上的荷载大小、土的性质及基础埋深等因素有关。试验表明,中心受压的刚性基础随荷载的增大,基底压力分别为马鞍形、抛物线形、钟形等三种分布形态,如图 3-6 所示。

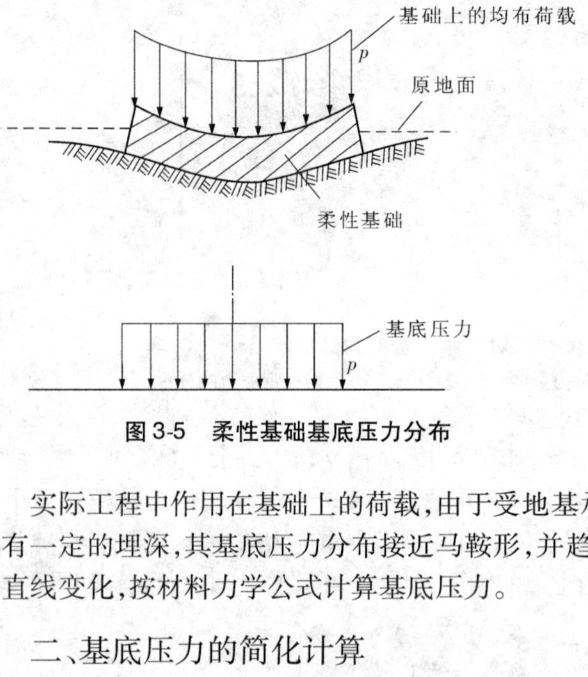

图 3-5　柔性基础基底压力分布

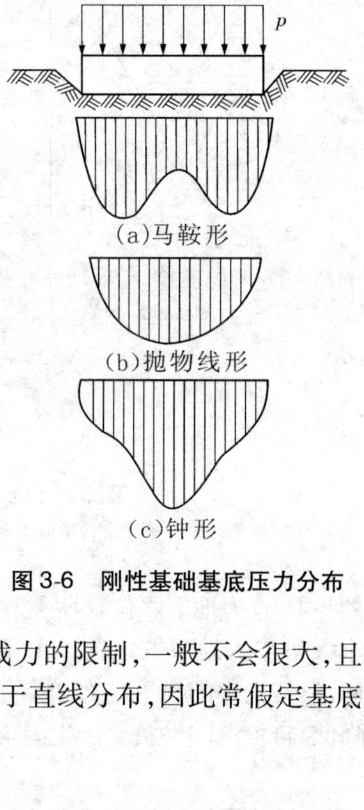

图 3-6　刚性基础基底压力分布

实际工程中作用在基础上的荷载,由于受地基承载力的限制,一般不会很大,且基础都有一定的埋深,其基底压力分布接近马鞍形,并趋向于直线分布,因此常假定基底压力为直线变化,按材料力学公式计算基底压力。

二、基底压力的简化计算

(一)中心荷载下的基底压力

承受竖向中心荷载作用的基础,其荷载的合力通过基底形心,基底压力为均匀分布。

$$p=\frac{F+G}{A} \tag{3-3}$$

式中　p——基底压力,kPa;

　　F——上部结构传至基础顶面的竖向力,kN;

A——基础底面面积，m^2；

G——基础自重及其上回填土重，kN，$G = \gamma_G A d$，其中 γ_G 为基础及回填土的平均重度，一般取 20 kN/m³，地下水位以下应取有效重度，d 必须从设计地面或室内、外平均地面算起。

对于条形基础可沿长度方向取一单位长度进行基底压力计算。

（二）偏心荷载下的基底压力

基础承受单向偏心竖向荷载作用，如图 3-7 所示的矩形基础，为了抵抗荷载的偏心作用，通常取基础长边 l 与偏心方向一致。假定基底压力为直线分布，基底两端最大压力 p_{max} 与最小压力 p_{min}，对于工程中常见的偏心距 $e \leqslant l/6$ 时，其值可按式（3-4）计算，即：

$$p_{\substack{max\\min}} = \frac{F+G}{A}\left(1 \pm \frac{6e}{l}\right) \tag{3-4}$$

$$e = \frac{M}{F+G}$$

式中 M——作用于基础底面的力矩，kN·m；

e——荷载偏心距。

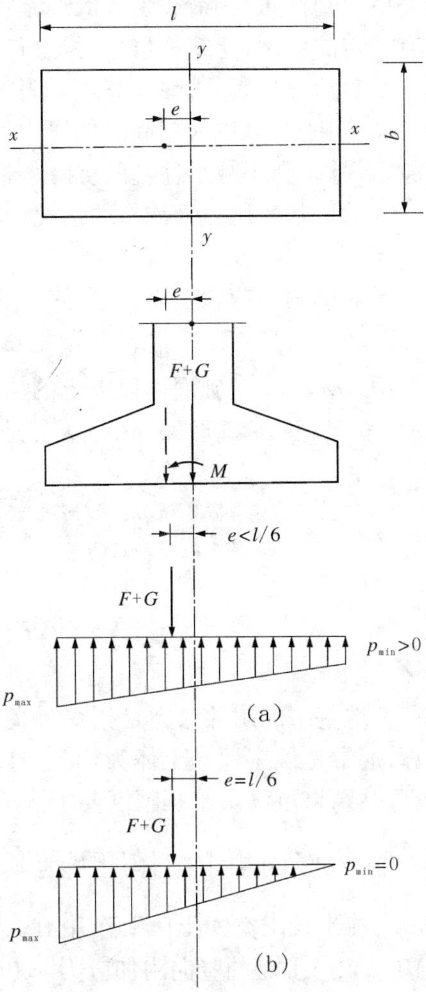

图 3-7 单向偏心竖向荷载作用下矩形基础基底压力分布

由式（3-4）可知，当 $e < l/6$ 时，$p_{min} > 0$，基底压力为梯形分布，如图 3-7（a）所示；当 $e = l/6$ 时，$p_{min} = 0$，基底压力为三角形分布，如图 3-7（b）所示；当 $e > l/6$ 时，$p_{min} < 0$，基底出现拉应力，而基础与地基之间是不能承受拉力的，此时基础与地基之间发生局部脱开，使其基底压力重新分布，p_{max} 将增加很多，所以在工程设计中一般不允许 $e > l/6$，以便充分发挥地基承载力。

对于条形基础，仍沿长边方向取 1 m 进行计算，偏心方向与基础宽度一致，基底压力分别为：

$$p_{\substack{max\\min}} = \frac{F+G}{b}\left(1 \pm \frac{6e}{b}\right) \tag{3-5}$$

在水利工程设计中常有斜向偏心荷载情况，此时可将其分解成竖直和水平荷载分量，按上述方法计算由竖直荷载引起的基底压力。对于水平荷载 P_h 引起的水平基底压力 p_h，常简化为均匀分布，即

$$p_h = \frac{P_h}{A} \tag{3-6}$$

三、基底附加压力

建筑物修建前地基土的自重应力早已存在，并且一般地基在自重作用下的变形已经

完成，只有建筑物荷载引起的地基应力，才能导致地基产生新的变形。建筑物基础一般都有一定的埋深，建筑物修建时进行的基坑开挖，减小了地基原有的自重应力，相当于加了一个负荷载。因此，在计算地基附加应力时，应该在基底压力中扣除基底处原有的自重应力，剩余的部分称为基底附加压力。显然，在基底压力相同时，基础埋深越大，其附加压力越小，越有利于减小地基的沉降。根据该原理可以进行地基基础的补偿性设计。

对于基底压力为均布的情况，其基底附加压力为：

$$p_0 = p - \gamma_m d \tag{3-7}$$

对于偏心荷载作用下梯形分布的基底压力，其基底附加压力为：

$$p_{0\,\substack{\max\\ \min}} = p_{\substack{\max\\ \min}} - \gamma_m d \tag{3-8}$$

式中 γ_m——基础底面以上土的加权平均重度，kN/m^3；

d——基础埋深，m，从天然地面算起，对于新填土地区则从原地面算起。

问题：(1)何谓基底压力？如何进行简化计算？

(2)何谓基底附加压力？为何要计算基底附加压力？

第三节 地基中的附加应力

地基中的附加应力是指受外荷载作用下附加产生的应力增量。目前附加应力的计算，通常是假定地基土体为均匀、连续、各向同性的半无限空间弹性体，按照弹性理论计算，其结果可满足工程精度要求。

一、竖向集中力作用下地基中的附加应力

在半无限空间土体上作用有一竖向集中力 P，如图 3-8 所示，该力在土体内任一点 $M(x,y,z)$ 引起的竖向附加应力 σ_z(kPa)可用式(3-9)计算，即：

$$\sigma_z = K\frac{P}{z^2} \tag{3-9}$$

式中 K——竖向集中力作用下的地基竖向附加应力系数，可由 r/z 的值查表 3-1。

由式(3-8)计算所得的附加应力 σ_z 的分布，如图 3-9 所示。

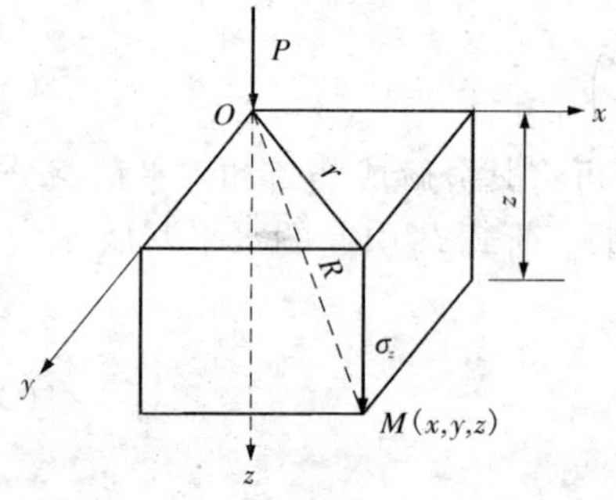

图 3-8 竖向集中力下的 σ_z

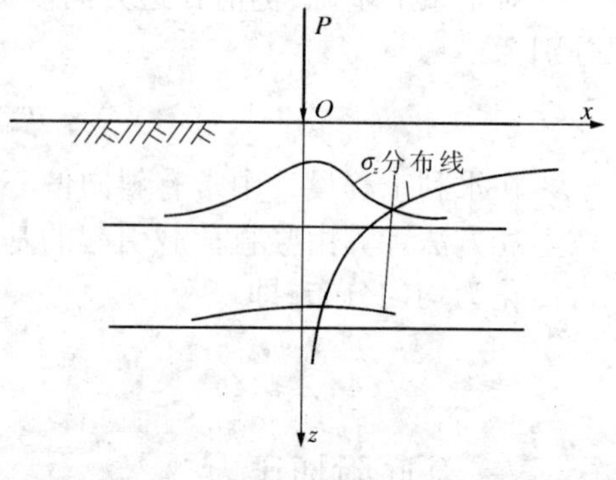

图 3-9 竖向集中力下的 σ_z 分布

表 3-1　竖向集中力作用下的地基竖向附加应力系数 K

r/z	K	r/z	K	r/z	K	r/z	K	r/z	K
0	0.477 5	0.5	0.273 3	1.0	0.084 4	1.5	0.025 1	2.0	0.008 5
0.1	0.465 7	0.6	0.221 4	1.1	0.065 8	1.6	0.020 0	2.5	0.003 5
0.2	0.432 9	0.7	0.176 2	1.2	0.051 3	1.7	0.016 0	3.0	0.001 5
0.3	0.384 9	0.8	0.138 6	1.3	0.040 2	1.8	0.012 9	4.0	0.000 4
0.4	0.329 4	0.9	0.108 3	1.4	0.031 7	1.9	0.010 5	5.0	0.000 1

从图 3-9 可以看出，在某深度的水平面上，距集中力的作用线越远，σ_z越小，σ_z沿水平面向外衰减；在集中力作用线上深度越大，σ_z越小，σ_z沿深度向下衰减，这是因为应力分布面积随深度的增加而增大所致。这种现象称为附加应力的扩散现象。

当地基上有多个相邻竖向集中力 $P_1, P_2, P_3, \cdots$作用时，如图 3-10 所示。它们在地基中任一点 M 产生的附加应力，可根据叠加原理，利用式(3-10)计算，即：

$$\sigma_z = K_1 \frac{P_1}{z^2} + K_2 \frac{P_2}{z^2} + K_3 \frac{P_3}{z^2} + \cdots \tag{3-10}$$

在相邻多个集中力作用下，各个集中力都向土中产生应力扩散，结果将使地基中的σ_z增大，这种现象称为附加应力积聚现象，如图 3-11 所示。

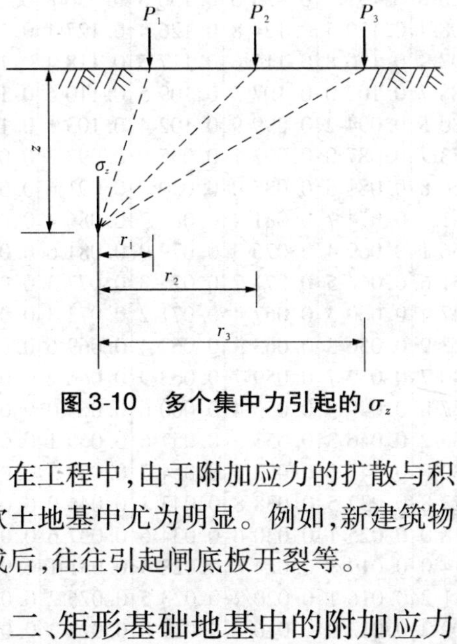

图 3-10　多个集中力引起的 σ_z

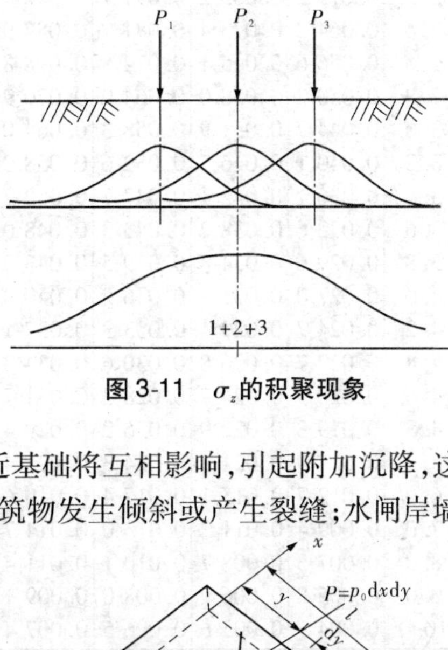

图 3-11　σ_z的积聚现象

在工程中，由于附加应力的扩散与积聚作用，邻近基础将互相影响，引起附加沉降，这在软土地基中尤为明显。例如，新建筑物可能使旧建筑物发生倾斜或产生裂缝；水闸岸墙建成后，往往引起闸底板开裂等。

二、矩形基础地基中的附加应力

矩形基础通常是指 $l/b<10$（水利工程 $l/b<5$）的基础，矩形基础下地基中任一点的附加应力与该点对 x，y，z 三轴的位置有关，故属空间问题。

（一）均布竖向荷载情况

设矩形基础的长度为 l，宽度为 b，作用于地基上的均布竖向荷载为 p_0，如图 3-12 所示。在基础角点下任意深度处产生的竖向附加应力 σ_z，可用式(3-11)求得，

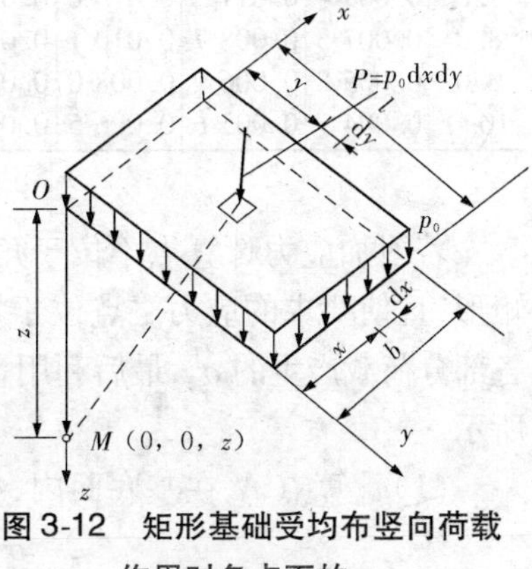

图 3-12　矩形基础受均布竖向荷载作用时角点下的 σ_z

即：

$$\sigma_z = K_c p_0 \tag{3-11}$$

式中 K_c——矩形基础受均布竖向荷载作用时角点下的附加应力系数，可由 l/b 与 z/b 的值查表 3-2 求得。

表 3-2 矩形基础受均布竖向荷载作用时角点下的附加应力系数 K_c 值

z/b	l/b										
	1.0	1.2	1.4	1.6	1.8	2.0	3.0	4.0	5.0	6.0	10.0
0	0.250 0	0.250 0	0.250 0	0.250 0	0.250 0	0.250 0	0.250 0	0.250 0	0.250 0	0.250 0	0.250 0
0.2	0.248 6	0.248 9	0.249 0	0.249 1	0.249 1	0.249 1	0.249 2	0.249 0	0.249 2	0.249 2	0.249 2
0.4	0.240 1	0.242 0	0.242 9	0.243 4	0.243 7	0.243 9	0.244 2	0.244 3	0.244 3	0.244 3	0.244 3
0.6	0.222 9	0.227 5	0.230 0	0.231 5	0.232 4	0.232 9	0.233 9	0.234 1	0.234 2	0.234 2	0.234 2
0.8	0.199 9	0.207 5	0.212 0	0.214 7	0.216 5	0.217 6	0.219 6	0.220 0	0.220 2	0.220 2	0.220 2
1.0	0.175 2	0.185 1	0.191 1	0.195 5	0.198 1	0.199 9	0.203 4	0.204 2	0.204 4	0.204 5	0.204 6
1.2	0.151 6	0.162 6	0.170 5	0.175 8	0.179 3	0.181 8	0.187 0	0.188 2	0.188 5	0.188 7	0.188 8
1.4	0.130 8	0.142 3	0.150 8	0.156 9	0.161 3	0.164 4	0.171 2	0.173 0	0.173 5	0.173 8	0.174 0
1.6	0.112 3	0.124 1	0.132 9	0.143 6	0.144 5	0.148 2	0.156 7	0.159 0	0.159 8	0.160 1	0.160 4
1.8	0.096 9	0.108 3	0.117 2	0.124 1	0.129 4	0.133 4	0.143 4	0.146 3	0.147 4	0.147 8	0.148 2
2.0	0.084 0	0.094 7	0.103 4	0.110 3	0.115 8	0.120 2	0.131 4	0.135 0	0.136 3	0.136 8	0.137 4
2.2	0.073 2	0.083 2	0.091 7	0.098 4	0.103 9	0.108 4	0.120 5	0.124 8	0.126 4	0.127 1	0.127 7
2.4	0.064 2	0.073 4	0.081 2	0.087 9	0.093 4	0.097 9	0.110 8	0.115 6	0.117 5	0.118 4	0.119 2
2.6	0.056 6	0.065 1	0.072 5	0.078 8	0.084 2	0.088 7	0.102 0	0.107 3	0.109 5	0.110 6	0.111 6
2.8	0.050 2	0.058 0	0.064 9	0.070 9	0.076 1	0.080 5	0.094 2	0.099 9	0.102 4	0.103 6	0.104 8
3.0	0.044 7	0.051 9	0.058 3	0.064 0	0.069 0	0.073 2	0.087 0	0.093 1	0.095 9	0.097 3	0.098 7
3.2	0.040 1	0.046 7	0.052 6	0.058 0	0.062 7	0.066 8	0.080 6	0.087 0	0.090 0	0.091 6	0.093 3
3.4	0.036 1	0.042 1	0.047 7	0.052 7	0.057 1	0.061 1	0.074 7	0.081 4	0.084 7	0.086 4	0.088 2
3.6	0.032 6	0.038 2	0.043 3	0.048 0	0.052 3	0.056 1	0.069 4	0.076 3	0.079 9	0.081 6	0.083 7
3.8	0.029 6	0.034 8	0.039 5	0.043 9	0.047 9	0.051 6	0.064 5	0.071 7	0.075 3	0.077 3	0.079 6
4.0	0.027 0	0.031 8	0.036 2	0.040 3	0.044 1	0.047 4	0.060 3	0.067 4	0.071 2	0.073 3	0.075 8
4.2	0.024 7	0.029 1	0.033 3	0.037 1	0.040 7	0.043 9	0.056 3	0.063 4	0.067 4	0.069 6	0.072 4
4.4	0.022 7	0.026 8	0.030 6	0.034 3	0.037 6	0.040 7	0.052 7	0.059 7	0.063 9	0.066 2	0.069 2
4.6	0.020 9	0.024 7	0.028 3	0.031 7	0.034 8	0.037 8	0.049 3	0.056 4	0.060 6	0.063 0	0.066 3
4.8	0.019 3	0.022 9	0.026 2	0.029 4	0.032 4	0.035 2	0.046 3	0.053 3	0.057 6	0.060 1	0.063 5
5.0	0.017 9	0.021 2	0.024 3	0.027 4	0.030 2	0.032 8	0.043 5	0.050 4	0.054 7	0.057 3	0.061 0
6.0	0.012 7	0.015 1	0.017 4	0.019 6	0.021 8	0.023 8	0.032 5	0.038 8	0.043 1	0.046 0	0.050 6
7.0	0.009 4	0.011 2	0.013 0	0.014 7	0.016 4	0.018 0	0.025 1	0.030 6	0.034 6	0.037 6	0.042 8
8.0	0.007 3	0.008 7	0.010 1	0.011 4	0.012 7	0.014 0	0.019 8	0.024 6	0.028 3	0.031 1	0.036 7
9.0	0.005 8	0.006 9	0.008 0	0.009 1	0.010 2	0.011 2	0.016 1	0.020 2	0.023 5	0.026 2	0.031 9
10.0	0.004 7	0.005 6	0.006 5	0.007 4	0.008 3	0.009 2	0.013 2	0.016 7	0.019 8	0.022 2	0.028 0

若附加应力计算点不位于角点下，可将荷载作用面积划分为几个部分，每一部分都是矩形，且使要求的应力之点位于划分的几个矩形的公共角点下面，利用式(3-11)分别计算各部分荷载产生的 σ_z，最后利用叠加原理计算出全部的 σ_z，这种方法称为角点法，如图 3-13 所示。

(1)计算点 N 在基底面内，如图 3-13(a)所示，则：

$$\sigma_z = (K_{c1} + K_{c2} + K_{c3} + K_{c4}) p_0$$

(2)计算点 N 在基底边缘下,如图 3-13(b)所示,则:

$$\sigma_z=(K_{c1}+K_{c2})p_0$$

(3)计算点 N 在基底边缘外侧,如图 3-13(c)所示,则:

$$\sigma_z=(K_{c1}+K_{c2}-K_{c3}-K_{c4})p_0$$

其中,下标 1,2,3,4 分别为矩形 $Neag$,$Ngbf$,$Nedh$ 和 $Nhcf$ 的编号。

(4)计算点 N 在基底角点外侧,如图 3-13(d)所示,则:

$$\sigma_z=(K_{c1}-K_{c2}-K_{c3}+K_{c4})p_0$$

其中,下标 1,2,3,4 分别为矩形 $Neag$,$Nfbg$,$Nedh$ 和 $Nfch$ 的编号。

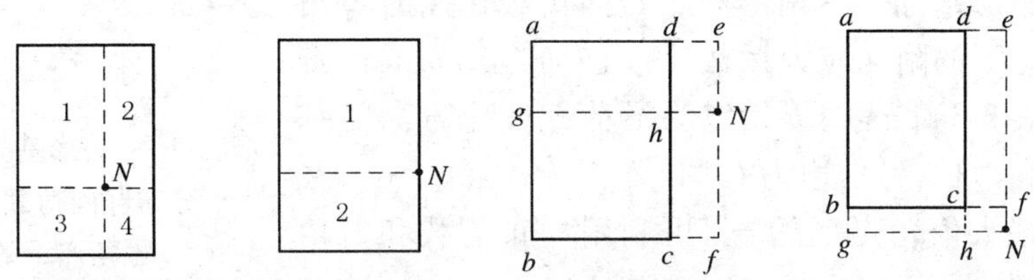

(a)基底内　(b)基底边缘　(c)基底边缘外侧　(d)基底角点外侧

图 3-13　用角点法计算 σ_z

需要指出,矩形基础受竖向均布荷载作用情况下,在应用角点法计算附加应力,确定每个矩形荷载的 K_c 值时,l 始终为矩形基底的长度,b 始终为基底的短边。

【例 3-2】　某矩形基础,基底面积为 4 m×6 m,如图 3-14所示,其上作用有均布荷载 $p_0=200$ kPa,求 B,C,D,E 各点处的竖向附加应力。

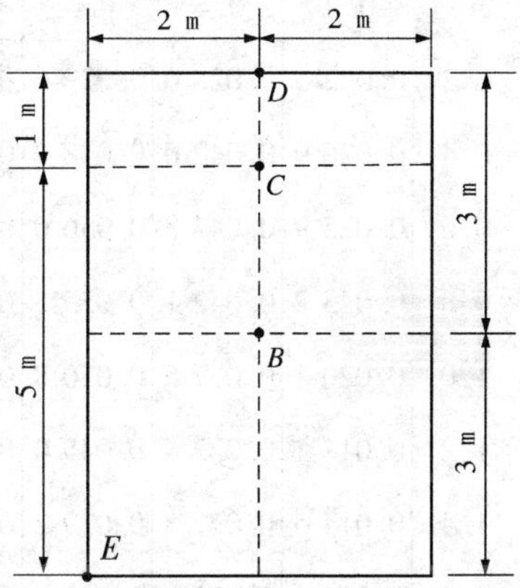

图 3-14　例 3-2 图

解:(1)B 点。通过 B 点将基础底面划分成四个相等的矩形,由 $l_1/b_1=3/2=1.5$,$z/b_1=2/2=1.0$,查表 3-2 得 $K_{c1}=0.193\ 3$,则:

$$\sigma_z=4K_{c1}p_0$$
$$=4\times0.193\ 3\times200=154.6(\text{kPa})$$

(2)C 点。通过 C 点将基础底面划分成四个小矩形。$l_1=l_2=2$ m,$b_1=b_2=1$ m,$l_3=l_4=5$ m,$b_3=b_4=2$ m。由 $l_1/b_1=2/1=2.0$,$z/b_1=2/1=2.0$,查表 3-2 得 $K_{c1}=0.120\ 2$;由 $l_3/b_3=5/2=2.5$,$z/b_3=2/2=1.0$,查表 3-2 得 $K_{c3}=0.201\ 7$,则:

$$\sigma_z=2(K_{c1}+K_{c3})p_0$$
$$=2\times(0.120\ 2+0.201\ 7)\times200=128.8(\text{kPa})$$

(3)D 点。通过 D 点将基础底面划分成左右两个小矩形,$l_1=l_2=6$ m,$b_1=b_2=2$ m,由 $l_1/b_1=6/2=3.0$,$z/b_1=2/2=1.0$,查表 3-2 得 $K_{c1}=0.203\ 4$,则:

$$\sigma_z=2K_{c1}p_0=2\times0.203\ 4\times200=81.4(\text{kPa})$$

(4)E 点。由 $l/b=6/4=1.5$,$z/b=2/4=0.5$,查表 3-2 得 $K_c=0.237\ 0$,则:

$\sigma_z = K_c p_0 = 0.237\ 0 \times 200 = 47.4(\text{kPa})$

(二)三角形分布竖向荷载情况

设矩形基础上作用的竖向荷载沿宽度 b 方向呈三角形分布(沿 l 方向的荷载不变),最大荷载强度为 p_t,如图 3-15 所示。

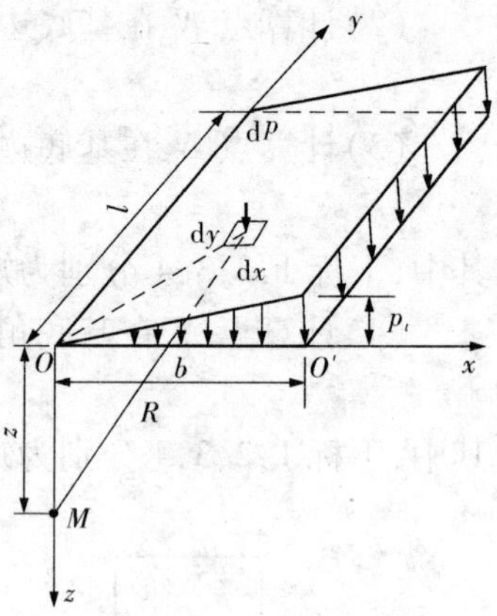

图 3-15 矩形基础受三角形分布竖向荷载作用时零角点下的 σ_z

对于零角点下任意深度处的 σ_z(kPa),可用式(3-12)求得,即:

$$\sigma_z = K_t p_t \tag{3-12}$$

式中 K_t——矩形基础受三角形分布竖向荷载作用时零角点下的附加应力系数,可由 l/b 与 z/b 的值查表 3-3,查表时 b 始终为沿荷载变化方向的基底边长,另一边为 l。

对于荷载最大值角点下的 σ_z,可利用均布荷载和三角形荷载叠加而得,即:

$$\sigma_z = (K_c - K_t) p_t$$

对于矩形基底内、外各点下任意深度处的附加应力,仍可用角点法进行计算。

表 3-3 矩形基础受三角形分布竖向荷载作用时零角点下附加应力系数 K_t 值

z/b	l/b										
	0.2	0.4	0.6	0.8	1.0	1.2	1.4	1.6	1.8	2.0	4.0
0.2	0.022 3	0.028 0	0.029 6	0.030 1	0.030 4	0.030 5	0.030 5	0.030 6	0.030 6	0.030 6	0.030 6
0.4	0.026 9	0.042 0	0.048 7	0.051 7	0.053 1	0.053 9	0.054 3	0.054 5	0.054 6	0.054 7	0.054 9
0.6	0.025 9	0.044 8	0.056 0	0.062 1	0.065 4	0.067 3	0.068 4	0.069 0	0.069 4	0.069 6	0.070 2
0.8	0.023 2	0.042 1	0.055 3	0.063 7	0.068 8	0.072 0	0.073 9	0.075 1	0.075 9	0.076 4	0.077 6
1.0	0.020 1	0.037 5	0.050 8	0.060 2	0.066 6	0.070 8	0.073 5	0.075 3	0.076 6	0.077 4	0.079 4
1.2	0.017 1	0.032 4	0.045 0	0.054 6	0.061 5	0.066 4	0.069 8	0.072 1	0.073 8	0.074 9	0.077 9
1.4	0.014 5	0.027 8	0.039 2	0.048 3	0.055 4	0.060 6	0.064 4	0.067 2	0.069 2	0.070 7	0.074 8
1.6	0.012 3	0.023 8	0.033 9	0.042 4	0.049 2	0.054 5	0.058 6	0.061 6	0.063 9	0.065 6	0.070 8
1.8	0.010 5	0.020 4	0.029 4	0.037 1	0.043 5	0.048 7	0.052 8	0.056 0	0.058 5	0.060 4	0.066 6
2.0	0.009 0	0.017 6	0.025 5	0.032 4	0.038 4	0.043 4	0.047 4	0.050 7	0.053 3	0.055 3	0.062 4
2.5	0.006 3	0.012 5	0.018 3	0.023 6	0.028 4	0.032 6	0.036 2	0.039 3	0.041 9	0.044 0	0.052 9
3.0	0.004 6	0.009 2	0.013 5	0.017 6	0.021 4	0.024 9	0.028 0	0.030 7	0.033 1	0.035 2	0.044 9
5.0	0.001 8	0.003 6	0.005 4	0.007 1	0.008 8	0.010 4	0.012 0	0.013 5	0.014 8	0.016 1	0.024 8
7.0	0.000 9	0.001 9	0.002 8	0.003 8	0.004 7	0.005 6	0.006 4	0.007 3	0.008 1	0.008 9	0.015 2
10.0	0.000 5	0.000 9	0.001 4	0.001 9	0.002 3	0.002 8	0.003 3	0.003 7	0.004 1	0.004 6	0.008 4

(三)水平均布荷载情况

矩形基础受水平均布荷载作用,如图 3-16 所示。在基础角点下的 σ_z,可用式(3-13)计算,即:

$$\sigma_z = \mp K_h p_h \tag{3-13}$$

式中 K_h——矩形基础受水平均布荷载作用时角点下的附加应力系数,可由 l/b 的值与 z/b 的值查表 3-4,查表时 b 始终为平行于水平荷载方向的基底边长,另一边为 l。

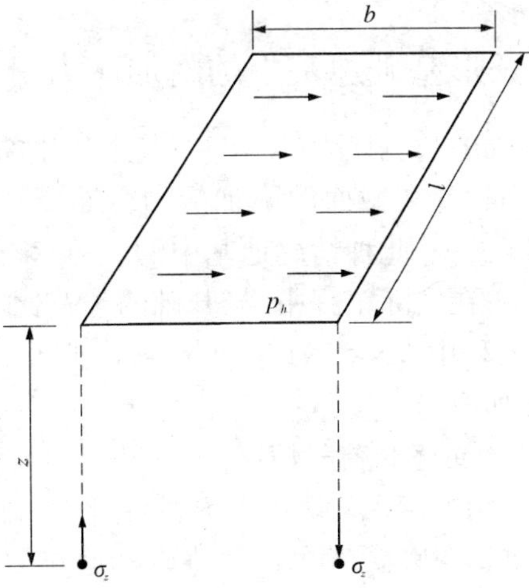

图 3-16 矩形基础受水平均布荷载作用时角点下的 σ_z

表 3-4 矩形基础受水平均布荷载作用时角点下的附加应力系数 K_h 值

z/b	l/b										
	1.0	1.2	1.4	1.6	1.8	2.0	3.0	4.0	6.0	8.0	10.0
0	0.159 2	0.159 2	0.159 2	0.159 2	0.159 2	0.159 2	0.159 2	0.159 2	0.159 2	0.159 2	0.159 2
0.2	0.151 8	0.152 3	0.152 6	0.152 8	0.152 9	0.152 9	0.153 0	0.153 0	0.153 0	0.153 0	0.153 0
0.4	0.132 8	0.134 7	0.135 6	0.136 2	0.136 5	0.136 7	0.137 1	0.137 2	0.137 2	0.137 2	0.137 2
0.6	0.109 1	0.112 1	0.113 9	0.115 0	0.115 6	0.116 0	0.116 8	0.116 9	0.117 0	0.117 0	0.117 0
0.8	0.086 1	0.090 0	0.092 4	0.093 9	0.094 8	0.095 5	0.096 7	0.096 9	0.097 0	0.097 0	0.097 0
1.0	0.066 6	0.070 8	0.073 5	0.075 3	0.076 6	0.077 4	0.079 0	0.079 4	0.079 5	0.079 6	0.079 6
1.2	0.051 2	0.055 3	0.058 2	0.060 1	0.061 5	0.062 4	0.064 5	0.065 0	0.065 2	0.065 2	0.065 2
1.4	0.039 5	0.043 3	0.046 0	0.048 0	0.049 4	0.050 5	0.052 8	0.053 4	0.053 7	0.053 7	0.053 8
1.6	0.030 8	0.034 1	0.036 6	0.038 5	0.040 0	0.041 0	0.043 6	0.044 3	0.044 6	0.044 7	0.044 7
1.8	0.024 2	0.027 0	0.029 3	0.031 1	0.032 5	0.033 6	0.036 2	0.037 0	0.037 4	0.037 5	0.037 5
2.0	0.019 2	0.021 7	0.023 7	0.025 3	0.026 6	0.027 7	0.030 3	0.031 2	0.031 7	0.031 8	0.031 8
2.5	0.011 3	0.013 0	0.015 4	0.015 7	0.016 7	0.017 6	0.020 2	0.021 1	0.021 7	0.021 9	0.021 9
3.0	0.007 0	0.008 3	0.009 3	0.010 2	0.011 0	0.011 7	0.014 0	0.015 0	0.015 6	0.015 8	0.015 9
5.0	0.001 8	0.002 1	0.002 4	0.002 7	0.003 0	0.003 0	0.004 3	0.005 0	0.015 7	0.005 9	0.006 0
7.0	0.000 7	0.000 8	0.000 9	0.001 0	0.001 2	0.001 3	0.001 8	0.002 2	0.002 7	0.002 9	0.003 0
10.0	0.000 2	0.000 3	0.000 3	0.000 4	0.000 4	0.000 5	0.000 7	0.000 8	0.001 1	0.001 3	0.001 4

(四)梯形竖向荷载及均布水平荷载情况

矩形基础受梯形竖向荷载及均布水平荷载作用,这种情况在水利工程中经常遇到。可将荷载分为均布竖向荷载、三角形分布竖向荷载及均布水平荷载,分别按前述的三种情况计算附加应力,然后叠加,即可得出地基内任意点的附加应力。

三、条形基础地基中的附加应力

当基础的长宽比 $l/b=\infty$ 时，其上作用的荷载沿长度方向分布相同，则地基中在垂直于长度方向，各个截面的附加应力分布规律均相同，与长度无关，此种情况地基中的应力状态属于平面问题。在实际工程中，当基础的长宽比 $l/b\geqslant 10$（水利工程中 $l/b\geqslant 5$）时，可按条形基础计算地基中的附加应力。

（一）均布竖向荷载情况

如图 3-17 所示，宽度为 b 的条形基础底面上，作用有均布竖向荷载 p_0。将坐标原点 O 取在基础一侧的端点上，荷载作用的一侧为 x 正方向，则地基中任意点 M 的竖向附加应力 σ_z，可用式(3-14)求得，即：

$$\sigma_z = K_z^s p_0 \tag{3-14}$$

式中 K_z^s——条形基础受均布竖向荷载作用下的竖向附加应力系数，可由 x/b 与 z/b 的值查表 3-5。

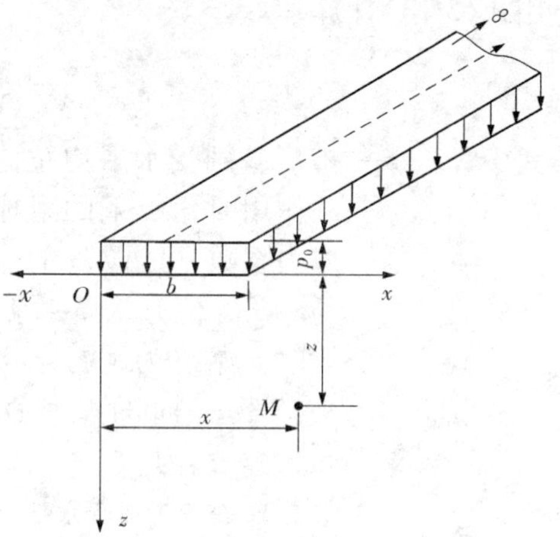

图 3-17 条形基础受均布竖向荷载作用下的 σ_z

表 3-5 条形基础受均布竖向荷载作用下的竖向附加应力系数 K_z^s 值

z/b	x/b								
	−0.5	−0.25	0	0.25	0.50	0.75	1.00	1.25	1.50
0.01	0.001	0.000	0.500	0.999	0.999	0.999	0.500	0.000	0.001
0.1	0.002	0.011	0.499	0.988	0.997	0.988	0.499	0.011	0.002
0.2	0.011	0.091	0.498	0.936	0.978	0.936	0.498	0.091	0.011
0.4	0.056	0.174	0.489	0.797	0.881	0.797	0.489	0.174	0.056
0.6	0.111	0.243	0.468	0.679	0.756	0.679	0.468	0.243	0.111
0.8	0.156	0.276	0.440	0.586	0.642	0.586	0.440	0.276	0.156
1.0	0.186	0.288	0.409	0.511	0.549	0.511	0.409	0.288	0.186
1.2	0.202	0.287	0.375	0.450	0.478	0.450	0.375	0.287	0.202
1.4	0.210	0.279	0.348	0.400	0.420	0.400	0.348	0.279	0.210
1.6	0.212	0.268	0.321	0.360	0.374	0.360	0.321	0.268	0.212
1.8	0.209	0.255	0.297	0.326	0.337	0.326	0.297	0.255	0.209
2.0	0.205	0.242	0.275	0.298	0.306	0.298	0.275	0.242	0.205
2.5	0.188	0.212	0.231	0.244	0.248	0.244	0.231	0.212	0.188
3.0	0.171	0.186	0.198	0.206	0.208	0.206	0.198	0.186	0.171
3.5	0.154	0.165	0.173	0.178	0.179	0.178	0.173	0.165	0.154
4.0	0.140	0.147	0.153	0.156	0.158	0.156	0.153	0.147	0.140
4.5	0.128	0.133	0.137	0.139	0.140	0.139	0.137	0.133	0.128
5.0	0.117	0.121	0.124	0.126	0.126	0.126	0.124	0.121	0.117

（二）三角形分布竖向荷载情况

如图 3-18 所示，宽度为 b 的条形基础底面上，作用有三角形分布的竖向荷载，其荷载最大值为 p_t。现将坐标原点 O 取在荷载强度为零侧的端点上，以荷载强度增大方向为 x 正方向，则地基中任意点 M 的竖向附加应力 σ_z，可用式（3-15）求得，即：

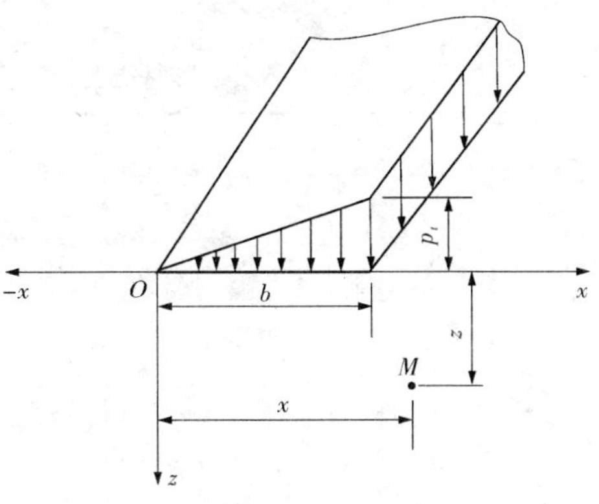

图 3-18　条形基础受三角形分布竖向荷载作用下的 σ_z

$$\sigma_z = K_z^t p_t \tag{3-15}$$

式中　K_z^t——条形基础受三角形分布竖向荷载作用下的竖向附加应力系数，可由 x/b 与 z/b 的值查表 3-6。

表 3-6　条形基础受三角形分布竖向荷载作用下的竖向附加应力系数 K_z^t 值

z/b	x/b								
	-0.5	-0.25	0	0.25	0.50	0.75	1.00	1.25	1.50
0.01	0.000	0.000	0.003	0.249	0.500	0.750	0.497	0.000	0.000
0.1	0.000	0.002	0.032	0.251	0.498	0.737	0.468	0.010	0.002
0.2	0.003	0.009	0.061	0.255	0.489	0.682	0.437	0.050	0.009
0.4	0.010	0.036	0.110	0.263	0.441	0.534	0.379	0.137	0.043
0.6	0.030	0.066	0.140	0.258	0.378	0.421	0.328	0.177	0.080
0.8	0.050	0.089	0.155	0.243	0.321	0.343	0.285	0.188	0.106
1.0	0.065	0.104	0.159	0.224	0.275	0.286	0.250	0.184	0.121
1.2	0.070	0.111	0.154	0.204	0.239	0.246	0.221	0.176	0.126
1.4	0.083	0.114	0.151	0.186	0.210	0.215	0.198	0.165	0.127
1.6	0.087	0.114	0.143	0.170	0.187	0.190	0.178	0.154	0.124
1.8	0.089	0.112	0.135	0.155	0.168	0.171	0.161	0.143	0.120
2.0	0.090	0.108	0.127	0.143	0.153	0.155	0.147	0.134	0.115
2.5	0.086	0.098	0.110	0.119	0.124	0.125	0.121	0.113	0.103
3.0	0.080	0.088	0.095	0.101	0.104	0.105	0.102	0.098	0.091
3.5	0.073	0.079	0.084	0.088	0.090	0.090	0.089	0.086	0.081
4.0	0.067	0.071	0.075	0.077	0.079	0.079	0.078	0.076	0.073
4.5	0.062	0.065	0.067	0.069	0.070	0.070	0.070	0.068	0.066
5.0	0.057	0.059	0.061	0.063	0.063	0.063	0.063	0.062	0.060

（三）水平均布荷载情况

如图 3-19 所示，宽度为 b 的条形基础底面上，作用有水平均布荷载 p_h。将坐标原点 O 取在水平荷载起始端点侧，以水平荷载作用方向为 x 正方向，则地基中任意点 M 的竖向附加应力 σ_z，可用式（3-16）求得，即：

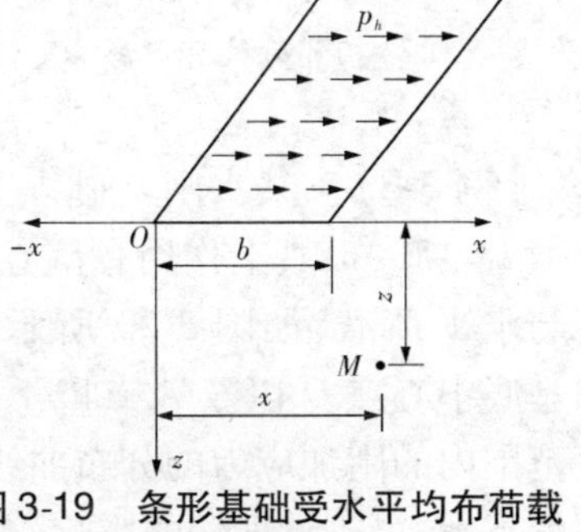

图 3-19　条形基础受水平均布荷载作用下的 σ_z

$$\sigma_z = K_z^h p_h \tag{3-16}$$

式中　K_z^h——条形基础受水平均布荷载作用下的竖向附加应力系数，可由 x/b 与 z/b 的值查表 3-7。

表 3-7　条形基础受水平均布荷载作用下的竖向附加应力系数 K_z^h 值

z/b	x/b							
	-0.25	0	0.25	0.50	0.75	1.00	1.25	1.50
0.01	-0.001	-0.318	-0.001	0	0.001	0.318	0.001	0.001
0.1	-0.042	-0.315	-0.039	0	0.039	0.315	0.042	0.011
0.2	-0.116	-0.306	-0.103	0	0.103	0.306	0.116	0.038
0.4	-0.199	-0.274	-0.159	0	0.159	0.274	0.199	0.103
0.6	-0.212	-0.234	-0.147	0	0.147	0.234	0.212	0.144
0.8	-0.197	-0.194	-0.121	0	0.121	0.194	0.197	0.158
1.0	-0.175	-0.159	-0.096	0	0.096	0.159	0.175	0.157
1.2	-0.153	-0.131	-0.078	0	0.078	0.131	0.153	0.147
1.4	-0.132	-0.108	-0.061	0	0.061	0.108	0.132	0.133
1.6	-0.113	-0.089	-0.050	0	0.050	0.089	0.113	0.121
1.8	-0.098	-0.075	-0.041	0	0.041	0.075	0.098	0.108
2.0	-0.085	-0.064	-0.034	0	0.034	0.064	0.085	0.096
2.5	-0.061	-0.044	-0.023	0	0.023	0.044	0.061	0.076
3.0	-0.045	-0.032	-0.017	0	0.017	0.032	0.045	0.055
3.5	-0.034	-0.024	-0.012	0	0.012	0.024	0.034	0.043
4.0	-0.027	-0.019	-0.010	0	0.010	0.019	0.027	0.034
4.5	-0.022	-0.015	-0.008	0	0.008	0.015	0.022	0.028
5.0	-0.018	-0.012	-0.006	0	0.006	0.012	0.018	0.023

(四)梯形竖向荷载及均布水平荷载情况

条形基础受梯形竖向荷载及均布水平荷载作用,这种情况在水利工程中经常遇到。此时,可将荷载分为均布竖向荷载、三角形分布竖向荷载及均布水平荷载,分别按前述的三种情况计算附加应力,然后进行叠加即可。

问题:(1)何谓附加应力?地基中附加应力有何分布规律?

(2)相邻荷载有何影响?

【例 3-3】 某水闸基础 $b = 15$ m、长度 $l = 150$ m,其上作用有偏心竖向荷载与水平荷载,如图 3-20 所示。试绘出基底中心点 O 以及 A 点以下30 m深度范围内的附加应力的分布曲线(基础埋深不大,可不计埋深的影响)。

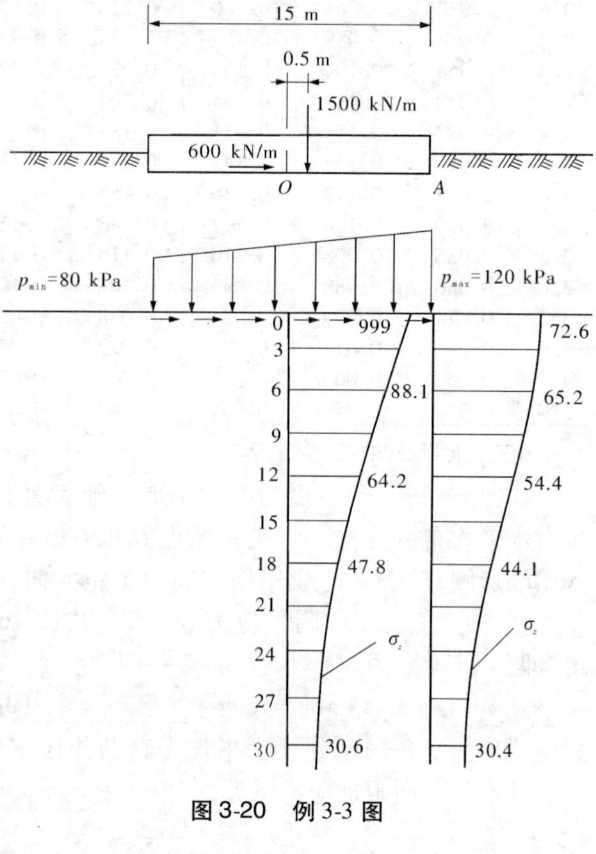

图 3-20　例 3-3 图

解:1. 基底压力的计算

因 $l/b=150/15=10$,故属条形基础。

(1)竖向基底压力。

$$p_{\max\atop\min}=\frac{F+G}{b}(1\pm\frac{6e}{b})=\frac{1\ 500}{15}\times(1\pm\frac{6\times0.5}{15})=\frac{120}{80}(\text{kPa})$$

(2)水平基底压力。

$$p_h=\frac{P_h}{b}=\frac{600}{15}=40(\text{kPa})$$

2. 基础中心 O 点下的竖向附加应力

在计算时,应用叠加原理,将梯形分布的竖向荷载分解成两部分,即均布竖向荷载 $p_0=80$ kPa 和三角形分布竖向荷载 $p_t=40$ kPa,另有水平均布荷载 $p_h=40$ kPa,即:

$$\sigma_z=p_0K_z^s+p_tK_z^t+p_hK_z^h$$

O 点下不同深度的附加应力计算结果见表 3-8。根据计算结果绘出 O 点下的 σ_z 沿深度分布曲线,如图 3-20 所示。

表 3-8　基础中心 O 点下的附加应力计算

基底以下深度 z(m)	z/b	均布竖向荷载 $p_0=80$ kPa		三角形分布竖向荷载 $p_t=40$ kPa		水平均布荷载 $p_h=40$ kPa		总附加应力 σ_z (kPa)
		$x/b=7.5/15=0.5$		$x/b=7.5/15=0.5$		$x/b=7.5/15=0.5$		
		K_z^s	σ_{z1}	K_z^t	σ_{z2}	K_z^h	σ_{z3}	
0.15	0.01	0.999	79.92	0.500	20.00	0	0	99.9
1.5	0.1	0.997	79.76	0.498	19.92	0	0	99.7
3.0	0.2	0.978	78.24	0.489	19.56	0	0	97.8
6.0	0.4	0.881	70.48	0.441	17.64	0	0	88.1
9.0	0.6	0.756	60.48	0.378	15.12	0	0	75.6
12.0	0.8	0.642	51.36	0.321	12.84	0	0	64.2
15.0	1.0	0.549	43.92	0.275	11.00	0	0	54.9
18.0	1.2	0.478	38.24	0.239	9.56	0	0	47.8
21.0	1.4	0.420	33.60	0.210	8.40	0	0	42.0
30.0	2.0	0.306	24.48	0.153	6.12	0	0	30.6

3. 基底 A 点下的竖向附加应力

计算过程同上,σ_z 的计算结果见表 3-9,σ_z 分布曲线见图 3-20。

表3-9 基底 A 点下的附加应力计算

基底以下深度 z(m)	z/b	均布竖向荷载 $p_0=80$ kPa		三角形分布竖向荷载 $p_t=40$ kPa		水平均布荷载 $p_h=40$ kPa		总附加应力 σ_z (kPa)
		$x/b=15/15=1.0$		$x/b=15/15=1.0$		$x/b=15/15=1.0$		
		K_z^s	σ_{z1}	K_z^t	σ_{z2}	K_z^h	σ_{z3}	
0.15	0.01	0.500	40.00	0.497	19.88	0.318	12.72	72.6
1.5	0.1	0.499	39.92	0.468	18.72	0.315	12.60	71.2
3.0	0.2	0.498	39.84	0.437	17.48	0.306	12.24	69.6
6.0	0.4	0.489	39.12	0.379	15.16	0.274	10.96	65.2
9.0	0.6	0.468	37.44	0.328	13.12	0.234	9.36	59.9
12.0	0.8	0.440	35.20	0.285	11.40	0.194	7.76	54.4
15.0	1.0	0.409	32.72	0.250	10.00	0.159	6.36	49.1
18.0	1.2	0.375	30.00	0.221	8.84	0.131	5.24	44.1
21.0	1.4	0.348	27.84	0.198	7.92	0.108	4.36	40.1
30.0	2.0	0.275	22.00	0.147	5.88	0.064	2.56	30.4

小 结

土中应力是土力学的基本内容之一,因为只有知道了土中应力的大小及其分布规律,才可以进一步研究地基的变形和强度问题,所以土中应力计算是地基基础设计计算的基础。在实际工作中,掌握土中应力分布的基本规律在设计或施工中可避免许多失误。

本章内容主要包括土中自重应力、基底压力与基底附加压力以及地基中的附加应力。

(1)自重应力是指土体自身重力作用所产生的应力。对于均质土,土中任意一点的自重应力等于土的重度与该点深度的乘积;对于成层土(或有地下水位时),土中自重应力应分层计算。

(2)土中自重应力分布有两个基本特点:一是随着深度的增加而加大,二是在相同深度的平面上自重应力处处相等。

(3)基底压力是指由基础底面传至地基单位面积上的压力。基底压力分布是比较复杂的问题,它不仅与基础的形状、尺寸、刚度和埋深等因素有关,而且也与土的性质、种类,荷载的大小和分布等因素有关。在实际工程中,常假定基底压力为直线变化,按材料力学公式计算基底压力。

(4)基底附加压力是指基础底面处在建筑物施工以后所增加的压力,在计算地基附加应力时应采用基底附加压力进行计算。

(5)附加应力是指受外荷载作用下附加产生的应力增量。目前通常假定地基土体为均匀、连续、各向同性的半无限空间弹性体,按照弹性理论进行附加应力计算。附加应力计算分成空间问题(矩形基础)和平面问题(条形基础)两种情况,应重点掌握其计算方法。

(6)地基中的附加应力分布也有两个基本特点:一是在基础底面范围内随着深度的增加而减小,二是在相同深度的平面上随着远离基础而不断减小。

习　题

3-1　某地基土层的剖面图和资料如图 3-21 所示。试计算并绘制竖向自重应力沿深度的分布曲线。

（参考答案：高程 35 m 处，$\sigma_{cz}=141.0$ kPa）

3-2　有两相邻的矩形基础 A 和 B，其尺寸、相对位置及荷载分布如图 3-22 所示。考虑相邻基础的影响，试求基础 A 中心点下 $z=2$ m 处的竖向附加应力。

（参考答案：$\sigma_{cz}=69.9$ kPa）

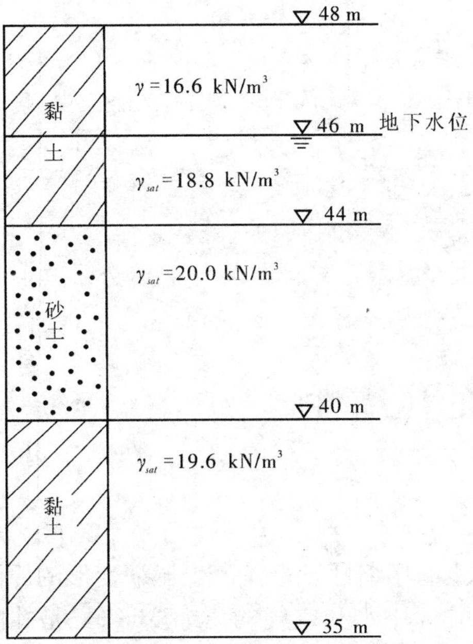

图 3-21　习题 3-1 图

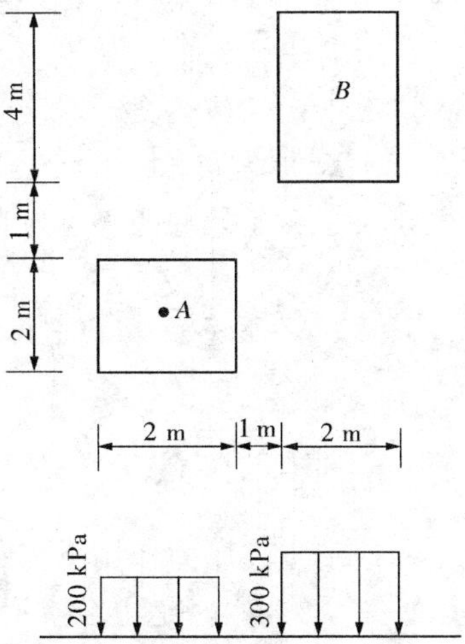

图 3-22　习题 3-2 图

3-3　如图 3-23 所示，矩形基础受竖向梯形分布荷载作用，试计算基础中心点下深度 $z=2$ m 处的附加应力 σ_z。

（参考答案：$\sigma_z=72.1$ kPa）

3-4　如图 3-24 所示，宽度 $b=10$ m 的条形基础受偏心竖向荷载及水平荷载作用，试计算基础中心点 O 及 O_1 点下 20 m 深度范围内的附加应力 σ_z，并绘出 σ_z 的分布曲线。

（参考答案：O 点下 20 m 处 $\sigma_z=36.7$ kPa，O_1 点下 20 m 处 $\sigma_z=33.5$ kPa）

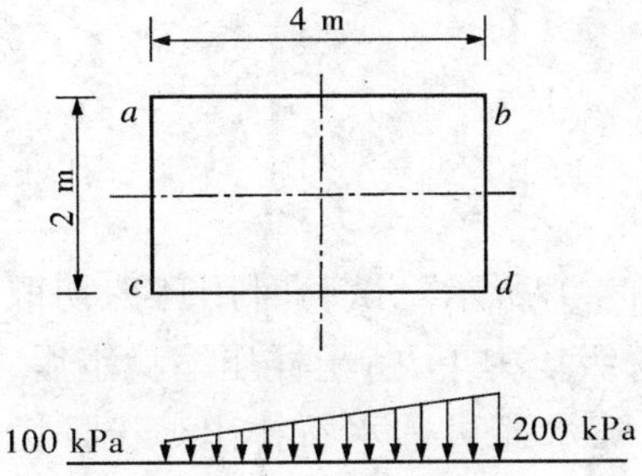

图 3-23　习题 3-3 图

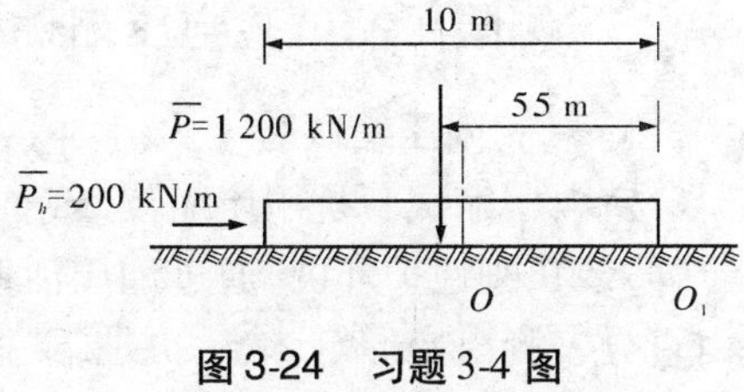

图 3-24　习题 3-4 图

（图中 $\overline{P}=F+G,\overline{P}_h=P_h$）

第四章　地基变形计算

本章提要　地基土层在建筑物荷载作用下产生变形，建筑物基础亦随之沉降，尤其是当荷载差异较大或者地基土层软弱不均时，往往会导致建筑物基础出现较大的不均匀沉降，过大的不均匀沉降将会导致建筑物的某些部位开裂、倾斜，甚至倒塌。因此，软弱的、不均匀的地基，使用要求上只能允许很小的沉降、不均匀沉降的建筑物，以及重要的、特殊的建筑物，通常需要进行地基变形计算和对地基变形加以控制，在地基基础的设计中，要求地基变形的计算值不超过地基变形的允许值。

地基土体在荷载作用下的变形是土力学研究的重要问题之一，本章将重点介绍荷载作用下土的压缩性、地基最终沉降量计算以及地基沉降与时间的关系。

本章重点是土的压缩性与压缩性指标的确定，地基最终沉降量计算的分层总和法和规范法。关于地基变形与时间的关系只要求作一般性的了解。

第一节　土的压缩性

一、基本概念

地基土在压力作用下体积减小的特性称为土的压缩性。土体产生压缩变形的原因有以下三个方面：一是土粒本身的压缩变形；二是孔隙中水和空气的压缩变形；三是孔隙中部分水和空气被挤出，土粒互相靠拢，孔隙体积变小。试验研究表明，在工程实践中所遇到的压力（常小于600 kPa）作用下，土粒和水的压缩量很小，可以忽略不计。因此，土的压缩变形主要是孔隙减小的缘故，可以用压力与孔隙体积之间的变化来说明土的压缩性，并用于计算地基沉降量。

对于饱和土，土的压缩主要是孔隙水逐渐向外排出，孔隙体积减小所引起的。饱和砂土，由于透水性强，在一定压力作用下土中水易于排出，压缩过程能较快地完成。而饱和黏性土，由于透水性弱，土中水不能迅速排出，压缩过程常需相当长的时间才能完成。这种土的压缩随时间而增长的过程，称为土的固结。关于土的固结理论将在本章第三节中讨论。

二、侧限压缩试验与压缩性指标

（一）侧限压缩试验

室内压缩试验是用压缩仪（或称固结仪）进行的，如图4-1所示。试验时用环刀切取土样，装在刚性护环内，通过加压活塞逐级施加压力。在每级压力下，待土样压缩稳定后，由百分表测出变形量，然后再加下一级压力。土样中的孔隙水通过透水石排出。土样由于受到环刀和刚性护环的限制，只能在竖直方向产生压缩变形，不能产生侧向膨胀，故称为侧限压缩试验。

在压缩试验中，土粒体积可认为不变，因此土样在各级压力 p_i 作用下的变形，常用孔隙比 e 的变化来表示，如图 4-2 所示。设土样的截面面积为 A，令 $V_s=1$。在加压前，则有：

$$V_v = e_0 \qquad V = 1 + e_0$$

$$\frac{V_s}{V} = \frac{1}{1+e_0} \qquad V_s = \frac{V}{1+e_0} = \frac{AH_0}{1+e_0}$$

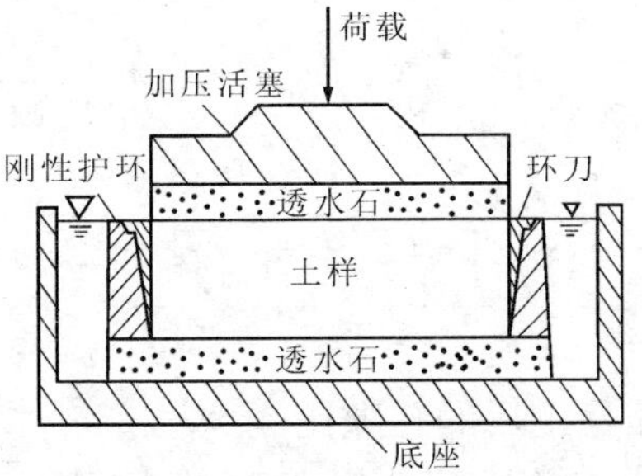

图 4-1　侧限压缩试验示意图

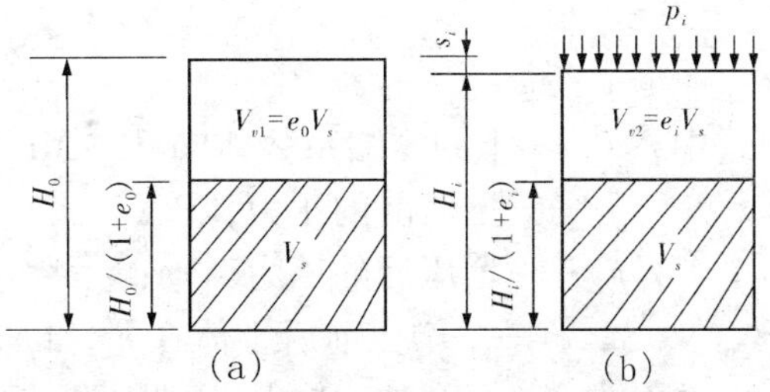

图 4-2　压缩试验土样变形示意图

在压力 p_i 作用下，土样的稳定变形量为 s_i，土样的高度 $H_i=H_0-s_i$，此时土样的孔隙比为 e_i，则：

$$V_s = \frac{AH_i}{1+e_i} = \frac{A(H_0-s_i)}{1+e_i}$$

由于加土样前后的截面面积 A 和土粒体积 V_s 均不变，化简可得：

$$e_i = e_0 - (1+e_0)\frac{s_i}{H_0} \tag{4-1}$$

$$e_0 = \frac{G_s\rho_w(1+\omega)}{\rho} - 1$$

式中　e_0——土的初始孔隙比，可由土的三个实测物理指标求得。

这样，只要测定了土样在各级压力 p_i 作用下的稳定变形量 s_i 后，就可根据式(4-1)算出相应的孔隙比 e_i。然后以横坐标表示压力 p，纵坐标表示孔隙比 e，可绘出 $e\sim p$ 曲线，如图 4-3 所示；或以横坐标表示压力的常用对数 $\lg p$，纵坐标表示孔隙比 e，绘出 $e\sim \lg p$ 曲线，如图 4-4 所示。

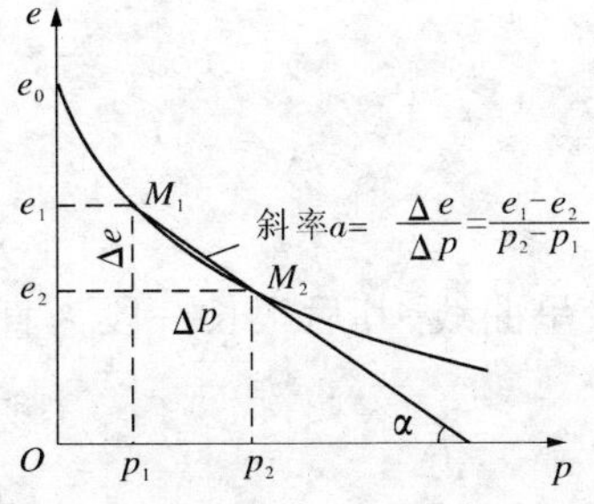

图 4-3　$e\sim p$ 曲线

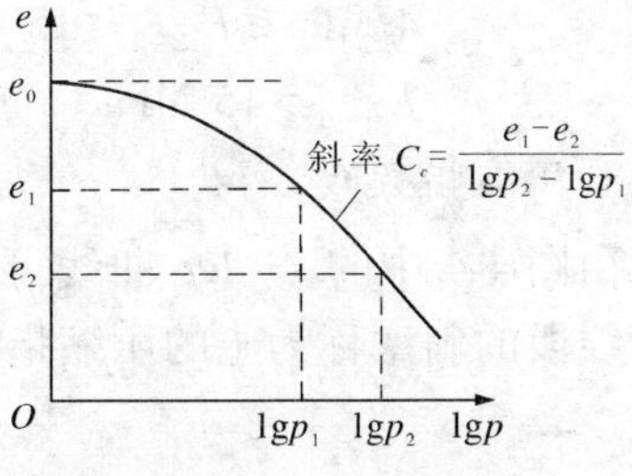

图 4-4　$e\sim \lg p$ 曲线

(二)压缩性指标

1. 压缩系数 a

$e \sim p$ 曲线可反映土的压缩性的高低,压缩曲线越陡,说明随着压力的增加,土的孔隙比减小越多,则土的压缩性越高;若压缩曲线越平缓,则土的压缩性越低。在工程上,当压力 p 的变化范围不大时,如图 4-3 中从 p_1 到 p_2,压缩曲线上相应的 M_1M_2 段可近似地看做直线,即用割线 M_1M_2 代替曲线,土在此段的压缩性可用该割线的斜率来反映,则直线 M_1M_2 的斜率称为土体在该段的压缩系数,即:

$$a = \frac{e_1 - e_2}{p_2 - p_1} \tag{4-2}$$

式中 a——土的压缩系数,kPa^{-1}或 MPa^{-1};

p_1——增压前的压力,kPa;

p_2——增压后的压力,kPa;

e_1, e_2——增压前后土体在 p_1 和 p_2 作用下压缩稳定后的孔隙比。

由式(4-2)可知,a 越大,说明压缩曲线越陡,表明土的压缩性越高;a 越小,则压缩曲线越平缓,表明土的压缩性越低。但必须注意,由于压缩曲线并非直线,故同一种土的压缩系数并非常数,它取决于压力间隔($p_2 - p_1$)及起始压力 p_1 的大小。从对土评价的一致性出发,《建筑地基基础设计规范》(GB 50007—2002)中规定,取压力 $p_1 = 100$ kPa、$p_2 = 200$ kPa 对应的压缩系数 a_{1-2}作为判别土压缩性的标准。按照 a_{1-2}的大小将土的压缩性划分如下:

$a_{1-2} < 0.1\ \text{MPa}^{-1}$	属低压缩性土
$0.1\ \text{MPa}^{-1} \leqslant a_{1-2} < 0.5\ \text{MPa}^{-1}$	属中压缩性土
$a_{1-2} \geqslant 0.5\ \text{MPa}^{-1}$	属高压缩性土

2. 压缩模量 E_s

根据 $e \sim p$ 曲线可求出另一个压缩性指标,即压缩模量。它是指土在侧限压缩的条件下,竖向压力增量 Δp 与相应的应变变化量的比值,其单位为 kPa 或 MPa,表达式为:

$$E_s = \frac{\Delta p}{\Delta \varepsilon} = \frac{p_2 - p_1}{(e_1 - e_2)/(1 + e_1)} = \frac{1 + e_1}{a} \tag{4-3}$$

E_s越大,表示土的压缩性越低;反之 E_s越小,则表示土的压缩性越高。同样可以用 $p_1 = 100$ kPa、$p_2 = 200$ kPa 对应的压缩模量 E_{s1-2},按下面的标准划分土的压缩性:

$E_{s1-2} < 4\ \text{MPa}$	属高压缩性土
$4\ \text{MPa} \leqslant E_{s1-2} \leqslant 15\ \text{MPa}$	属中压缩性土
$E_{s1-2} > 15\ \text{MPa}$	属低压缩性土

3. 压缩指数 C_c

由图 4-4 中的 $e \sim \lg p$ 曲线可以看出,此曲线开始一段呈曲线,其后很长一段为直线,此直线段的斜率称为土的压缩指数 C_c,即:

$$C_c = \frac{e_1 - e_2}{\lg p_2 - \lg p_1} \tag{4-4}$$

压缩指数 C_c也可以表示土的压缩性的高低,其值越大,压缩曲线也越陡,土的压缩性越高;反之,土的压缩性越低。《水工设计手册》规定,$C_c<0.2$ 为低压缩性土,$0.2\leqslant C_c\leqslant 0.35$ 为中压缩性土,$C_c>0.35$ 为高压缩性土。

问题:(1)何谓土的压缩性?地基土产生压缩变形的主要原因是什么?
(2)土的压缩性高低可用哪些指标评价?如何评价?

三、土的受荷历史对压缩性的影响

在做压缩试验时,如加压到某一级荷载达到压缩稳定后,逐级卸荷,可以看到土的一部分变形可以恢复(即弹性变形),而另一部分变形不能恢复(即残余变形)。如果卸荷后又逐级加荷便可得到再加压曲线,再加压曲线比原压缩曲线平缓得多,如图4-5所示。这说明,土在历史上若受过大于现在所受的压力,其压缩性将大大降低。为了考虑受荷历史对地基土压缩性的影响,需知道土的前期固结压力 p_c。

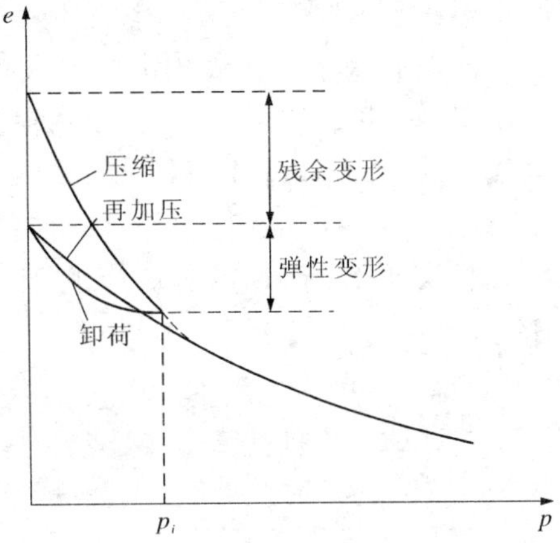

图4-5 土的压缩、卸荷和再加压曲线

土的前期固结压力是指土层形成后的历史上所经受过的最大固结压力。将土层所受的前期固结压力 p_c 与土层现在所受的自重应力 σ_{cz} 的比值称为超固结比,以 OCR 表示。根据 OCR 可将天然土层分为三种固结状态。

(一)正常固结土($OCR=1$)

一般土体的固结是在自重应力的作用下伴随土的沉积过程逐渐达到稳定的。当土体达到固结稳定后,土层的应力未发生明显变化,即前期固结压力等于目前土层的自重应力,这种状态的土称为正常固结土。如图4-6(a)所示,工程中多数建筑物地基均为正常固结土。

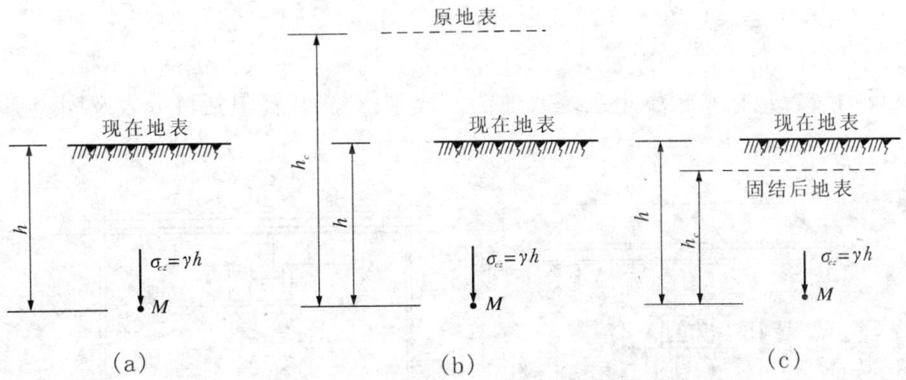

图4-6 天然土层的三种固结状态

(二)超固结土($OCR>1$)

当土层在历史上经受过较大的固结压力作用而达到固结稳定后,由于受到强烈的侵蚀、冲刷等原因，使其目前的自重应力小于前期固结压力，这种状态的土称为超固结土，如图4-6(b)所示。

(三)欠固结土($OCR<1$)

土层沉积历史短，在自重应力作用下尚未达到固结稳定，这种状态的土称为欠固结土，如图4-6(c)所示。

前期固结压力 p_c 可用卡萨格兰德的经验作图法确定，如图4-7所示。在 $e\sim\lg p$ 曲线上找出曲率半径最小的一点 A，过 A 点作水平线 $A1$ 和切线 $A2$，作 $\angle 1A2$ 的平分线 $A3$ 并与 $e\sim\lg p$ 曲线中直线段的延长线相交于 B 点，B 点所对应的压力就是前期固结压力。

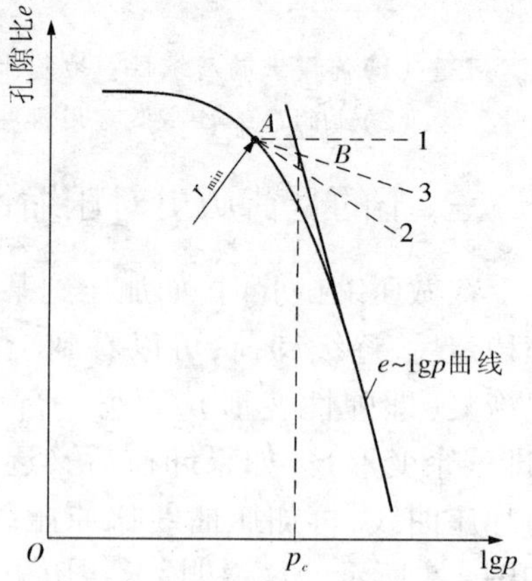

图4-7　卡萨格兰德法确定 p_c

问题：何谓前期固结压力？天然土层有哪几种固结状态？

四、现场静载荷试验及变形模量

土的压缩性指标除从室内压缩试验得到外，也可通过现场原位得到。例如，在浅层土中进行静载荷试验，通过试验结果确定地基土的变形模量。

(一)现场静载荷试验

现场静载荷试验是通过承压板，对地基土分级施加压力 p，并测量在每一级压力作用下承压板的沉降达到相对稳定时的沉降量 s，最后绘制 $p\sim s$ 曲线，由弹性力学公式求得土的变形模量和地基承载力。

试验一般在试坑内进行，试坑宽度不应小于3倍承压板的宽度或直径，深度依所需测试土层的深度而定。承压板面积一般为0.25～0.50 m^2，对于软土及人工填土则不应小于0.5 m^2(正方形边长0.707 m或圆形直径0.798 m)。试验装置如图4-8所示，一般由加荷稳压装置、反力装置及观测装置三部分组成。加荷稳压装置包括承压板、千斤顶及稳压器等；反力装置包括平台堆重系统或地锚系统等；观测装置包括百分表及固定支架等。

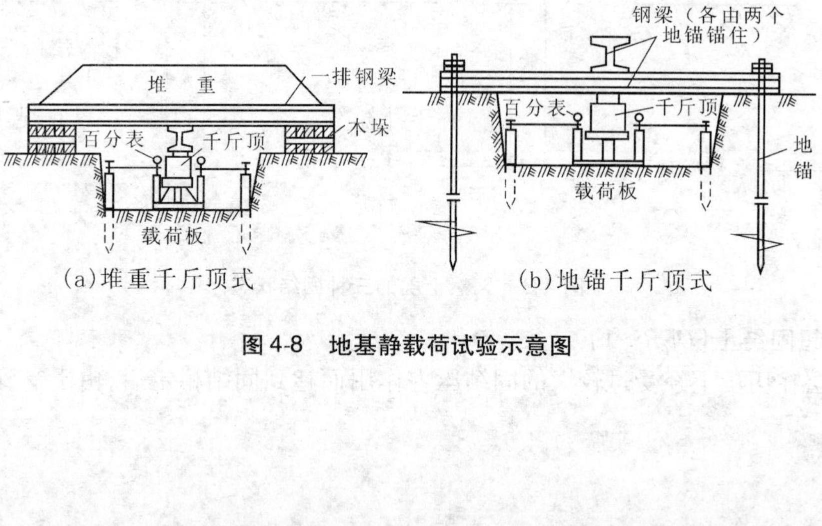

图4-8　地基静载荷试验示意图

试验时必须注意保持土层的原状结构和天然湿度，在试坑底面宜铺设不大于 20 mm 厚的粗、中砂层找平。最大加载量不应小于荷载设计值的两倍，且应尽量接近预估的地基极限承载力 p_u。第一级荷载（包括设备重）宜接近开挖试坑所卸除的土重，与其相应的沉降量不计；其后每级荷载增量，对于较松软的土可采用 10～20 kPa，对于较硬密的土则用 50～100 kPa；加荷等级不应少于 8 级。

地基静载荷试验的观测标准如下：

(1) 每级加载后，按间隔 10 min、10 min、10 min、15 min、15 min，以后每隔 30 min 测读一次沉降量，当连续 2 h 内，每小时的沉降量小于 0.1 mm 时，则认为已趋稳定，可加下一级荷载。

(2) 当出现下列情况之一时，即可终止加载：①承压板周围的土有明显的侧向挤出（砂土）或发生裂纹（黏性土和粉土）；②沉降量 s 急剧增大，荷载—沉降量（$p\sim s$）曲线出现陡降段；③在某一级荷载下，24 h 内沉降速率不能达到稳定标准；④$s/b \geqslant 0.06$（b 为承压板的宽度或直径）。

（二）现场静载荷试验成果与土的变形模量

根据试验结果绘制荷载 p 与稳定沉降量 s 的关系曲线，即 $p\sim s$ 曲线。图 4-9 为一些代表性土类的 $p\sim s$ 曲线，其中曲线的开始部分往往接近于直线，与直线段终点 1 对应的荷载 p_1，称为地基的比例界限荷载或称为地基的临塑荷载 p_{cr}。关于按现场静载荷试验确定地基承载力详见第五章第三节。

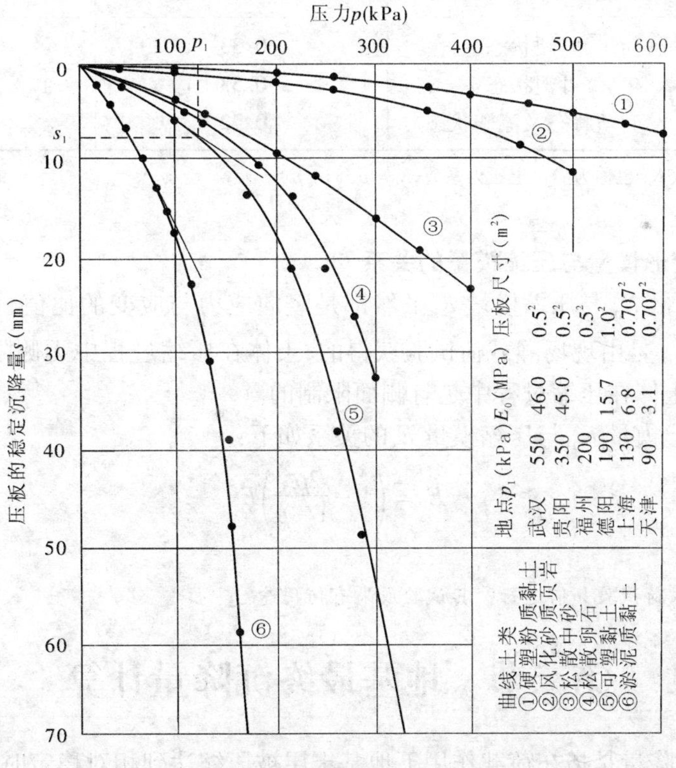

图 4-9 不同土的 $p\sim s$ 曲线

土的变形模量是指在无侧限条件下竖向压应力与竖向总应变的比值，用 E_0 表示，其大小可由地基静载荷试验结果按弹性力学公式求得，即：

$$E_0 = \omega(1-\mu^2)\frac{p_1 b}{s_1} \tag{4-5}$$

式中 ω——沉降影响系数，方形承压板取0. 88，圆形承压板取0. 79；

μ——地基土的泊松比，可由表 4-1 查取；

b——承压板边长或直径，mm；

s_1——与所取的比例界限荷载 p_1 相对应的沉降量，mm，如果 $p \sim s$ 曲线无起始直线段，可取 $s_1 = (0.010 \sim 0.015)b$（低压缩性土取低值，高压缩性土取高值）及其所对应的荷载为 p_1 代入公式中。

表 4-1 侧压力系数 K_0 和泊松比 μ 的经验值

土的种类和状态		K_0	μ
碎石土		0. 18 ~ 0. 33	0. 15 ~ 0. 25
砂 土		0. 33 ~ 0. 43	0. 25 ~ 0. 30
粉 土		0. 43	0. 30
粉质黏土	坚硬状态	0. 33	0. 25
	可塑状态	0. 43	0. 30
	软塑状态及流塑状态	0. 53	0. 35
黏 土	坚硬状态	0. 33	0. 25
	可塑状态	0. 53	0. 35
	软塑状态及流塑状态	0. 72	0. 42

注：表中侧压力系数 K_0 也称为静止土压力系数，$K_0 = \mu/(1-\mu)$。

（三）土的变形模量与压缩模量的关系

土的变形模量 E_0 与压缩模量 E_s 虽然都是竖向应力与应变的比值，但是在概念上它们是有区别的，E_0 是由现场静载荷试验获得的，土体在压缩过程中无侧限；E_s 是由室内压缩试验求得的，土体在压缩过程中是有侧面限制的。

理论上，变形模量 E_0 与压缩模量 E_s 的关系如下：

$$E_0 = \left(1-\frac{2\mu^2}{1-\mu}\right)E_s \tag{4-6}$$

问题：现场静载荷试验如何进行？其试验成果有何用途？

第二节 地基最终沉降量计算

地基最终沉降量是指在荷载作用下地基土层被压缩达到相对稳定时的沉降量。其计算方法很多，目前在国内常用的计算方法有分层总和法、《建筑地基基础设计规范》（GB

50007—2002）推荐的方法（以下简称规范法）和弹性力学公式，本节将介绍这三种地基最终沉降量的计算方法。

一、分层总和法计算地基最终沉降量

（一）基本假设与公式

分层总和法通常假设地基压缩时不允许侧向变形，即采用侧限条件下的压缩试验成果进行计算。为了弥补这样的沉降量偏小的缺点，通常采用基础中心点下的附加应力 σ_z 进行计算。假定地基土层的厚度为 H；地基土层在建筑物施工前的初始应力（即土的自重应力 σ_{cz}）为 p_1，其相应的孔隙比为 e_1；建筑物施工后在地基中引起了附加应力 σ_z，则总应力 $p_2=p_1+\sigma_z$，其相应的孔隙比为 e_2。即单一土层的地基最终沉降量 s 可由式(4-1)求得：

$$s=\frac{e_1-e_2}{1+e_1}H \tag{4-7}$$

若以压缩系数 a 表示，则：

$$s=\frac{a}{1+e_1}\sigma_z H \tag{4-8}$$

若以压缩模量表示，则：

$$s=\frac{1}{E_s}\sigma_z H \tag{4-9}$$

（二）计算所需的资料

计算地基最终沉降量所需的资料包括：基础的平面布置形式、尺寸和埋深，荷载的大小与分布，工程地质剖面图，地下水位，土的重度及压缩曲线等。

（三）计算步骤

首先根据地基的土质条件、基础类型、基底面积、荷载大小及分布等情况，在基底范围内选定几个沉降计算点，分别按下列步骤计算出各点的沉降量：

（1）将地基分层。一般按每层厚度 $H_i\leqslant 0.4b$（b 为基础宽度），水闸地基 $H_i\leqslant 0.25b$ 确定。将土层划分为若干水平土层，但当有不同性质土层的界面和地下水位时，则必须作为分层界面。

（2）计算基底压力和基底附加压力。

（3）计算各分层界面处的自重应力 σ_{cz} 和附加应力 σ_z，并绘出它们的分布曲线。

（4）确定压缩层计算深度。考虑到基底下一定深度处，附加应力对地基的压缩变形影响甚微，以至其下土层的沉降量可以忽略不计。因此，工程中常以基底至这个深度作为压缩层的计算深度，用 z_n 表示。压缩层计算深度的下限，一般取 $\sigma_z\leqslant 0.2\sigma_{cz}$ 处，在该深度以下若有软黏土，则应取 $\sigma_z\leqslant 0.1\sigma_{cz}$ 处。

（5）计算各分层的平均自重应力 $\overline{\sigma}_{czi}$ 和平均附加应力 $\overline{\sigma}_{zi}$。平均应力取上、下分层面应力的算术平均值，即：$\overline{\sigma}_{czi}=(\sigma_{czi-1}+\sigma_{czi})/2$，$\overline{\sigma}_{zi}=(\sigma_{zi-1}+\sigma_{zi})/2$。

（6）在 $e\sim p$ 曲线上由 $p_{1i}=\overline{\sigma}_{czi}$ 和 $p_{2i}=\overline{\sigma}_{czi}+\overline{\sigma}_{zi}$ 查出相应的孔隙比 e_{1i} 和 e_{2i}。

（7）计算各土层的沉降量 s_i 及总沉降量 s。

$$s_i = \frac{e_{1i} - e_{2i}}{1 + e_{1i}} H_i \qquad s = \sum_{i=1}^{n} s_i$$

【例 4-1】 一水闸基础宽度 $b = 20$ m，长度 $l = 200$ m，作用在基底上的荷载如图 4-10(a)所示，沿宽度方向的竖向偏心荷载 $P = 360\ 000$ kN(偏心距 $e = 0.5$ m)，水平荷载 $P_h = 30\ 000$ kN。地基分两层，上层为软黏土，湿重度 $\gamma = 19.62$ kN/m^3，浮重度 $\gamma' = 9.81$ kN/m^3，下层为中密砂，地下水位在基底以下 3 m 处。在基底以下 0 ~ 3 m，3 ~ 8 m，8 ~ 15 m 范围内软黏土的压缩曲线如图 4-10(b)中的Ⅰ，Ⅱ，Ⅲ所示，试计算基础中心点(点 2)和两侧边点(点 1、点 3)的最终沉降量。

解：(1)地基分层。

共分四层，其中：$H_1 = 3$ m，$H_2 = 5$ m，$H_3 = 3.5$ m，$H_4 = 3.5$ m，最大分层厚度为 5 m = $0.25b$，符合水闸地基分层要求，如图 4-10(b)所示。

(2)计算基底压力和基底附加压力。

因 $l/b = 200/20 = 10 > 5$，可按条形基础计算。基础每米长度上所受的竖向荷载 $(F + G) = 360\ 000/200 = 1\ 800$(kN/m)，所受水平荷载 $P_h = 30\ 000/200 = 150$(kN/m)，即：

竖向基底压力为：

$$p_{\substack{\max \\ \min}} = \frac{F + G}{b}\left(1 \pm \frac{6e}{b}\right) = \frac{1\ 800}{20} \times \left(1 \pm \frac{6 \times 0.5}{20}\right) = \begin{matrix} 103.5 \\ 76.5 \end{matrix}\ (\text{kPa})$$

基底附加压力为：

$$p_{\substack{0\max \\ 0\min}} = p_{\substack{\max \\ \min}} - \gamma_0 d = \begin{matrix} 103.5 \\ 76.5 \end{matrix} - 19.62 \times 3 = \begin{matrix} 44.64 \\ 17.64 \end{matrix}\ (\text{kPa})$$

水平基底压力为：

$$p_h = \frac{P_h}{b} = \frac{150}{20} = 7.5\ (\text{kPa})$$

基底压力及基底附加压力分布如图 4-10(b)所示。

(3)计算各分层面处的自重应力。

基底处($z = 0$)	$\sigma_{c0} = \gamma_0 d = 19.62 \times 3 = 58.86$(kPa)
地下水位处($z = 3$ m)	$\sigma_{c3} = 19.62 \times (3 + 3) = 117.72$(kPa)
基底以下 8 m 处($z = 8$ m)	$\sigma_{c8} = 117.72 + 9.81 \times 5 = 166.77$(kPa)
基底以下 11.5 m 处($z = 11.5$ m)	$\sigma_{c11.5} = 166.77 + 9.81 \times 3.5 = 201.11$(kPa)
中密砂层顶面处($z = 15$ m)	$\sigma_{c15} = 201.11 + 9.81 \times 3.5 = 235.45$(kPa)

自重应力 σ_{cz} 分布如图 4-10(b)所示。

(4)各分层面处的附加应力计算。

以基础中心点为例，将竖向基底附加压力分为均布荷载和三角形荷载，其中均布竖向荷载 $p_0 = 17.64$ kPa，三角形竖向荷载 $p_t = 44.64 - 17.64 = 27.0$(kPa)。此外，水平荷载 $p_h = 7.5$ kPa，各荷载在地基中引起的附加应力计算见表 4-2，附加应力分布见图 4-10(b)。

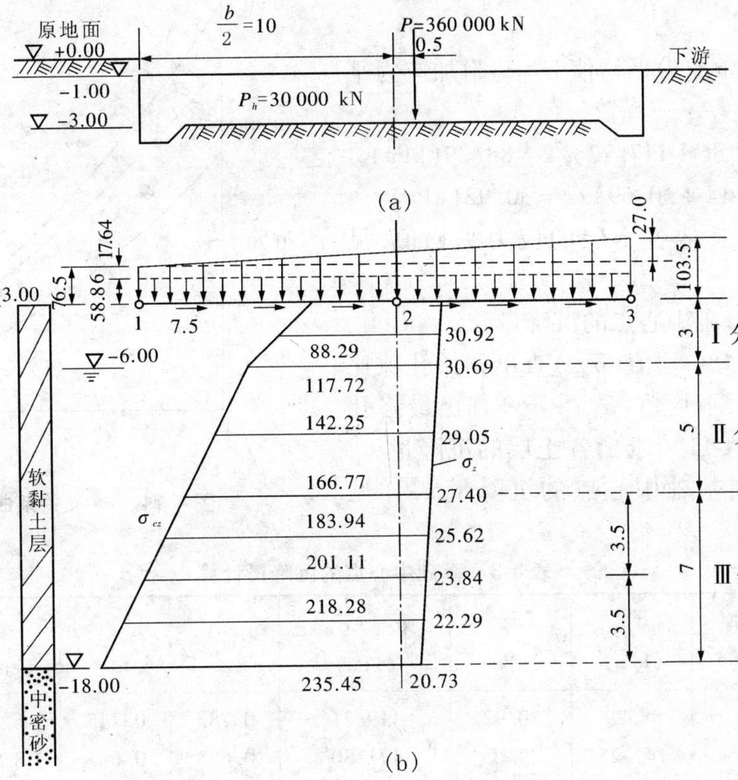

图4-10 例4-1图 （应力单位:kPa;长度单位:m）

表4-2 基础中心点(点2)下的附加应力计算

z (m)	z/b	$b=20$ m		$x/b=0.5$				$\sum\sigma_z$ (kPa)
		$p_0=17.64$ kPa		$p_t=27.0$ kPa		$p_h=7.5$ kPa		
		K_z^s	σ_z(kPa)	K_z^t	σ_z(kPa)	K_z^h	σ_z(kPa)	
0	0	1.00	17.64	0.50	13.50	0	0	31.14
3	0.15	0.99	17.46	0.49	13.23	0	0	30.69
8	0.40	0.88	15.52	0.44	11.88	0	0	27.40
11.5	0.58	0.77	13.58	0.38	10.26	0	0	23.84
15	0.75	0.67	11.82	0.33	8.91	0	0	20.73

(5)确定压缩层计算深度。

在深度 $z=15$ m 处，附加应力 $\sigma_z=20.73$ kPa $<0.1\sigma_{cz}=23.5$ kPa，故压缩层计算深度 z_n 可取 15 m。

(6)计算各土层自重应力与附加应力的平均值。

第一层自重应力平均值 $\overline{\sigma}_{cz1}$ 与附加应力平均值 $\overline{\sigma}_{z1}$ 为：

$\overline{\sigma}_{cz1} = (58.86 + 117.72)/2 = 88.29(\text{kPa})$

$\overline{\sigma}_{z1} = (31.14 + 30.69)/2 = 30.92(\text{kPa})$

同理计算其他各土层的应力平均值，见表4-3。

(7)计算基础中心点的沉降量。

由初始应力平均值($\overline{\sigma}_{czi}$)查出初始孔隙比 e_{1i}，由最终应力平均值($\overline{\sigma}_{czi} + \overline{\sigma}_{zi}$)查出最终孔隙比 e_{2i}(见图4-11)，求出各土层的沉降量 s_i，然后求和得到基础中心点的沉降量 s，详见表4-3。

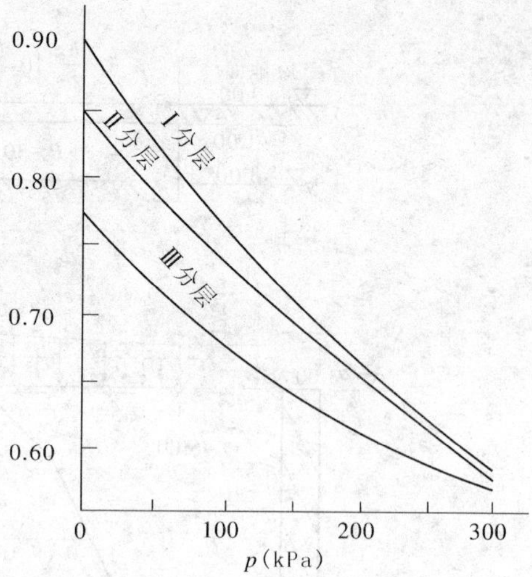

图4-11　e ~ p 关系曲线

表4-3　基础中心点的沉降量计算

分层编号	分层厚 H_i(cm)	$\overline{\sigma}_{czi}$ (kPa)	$\overline{\sigma}_{zi}$ (kPa)	$\overline{\sigma}_{czi}+\overline{\sigma}_{zi}$ (kPa)	e_{1i}	e_{2i}	s_i (cm)	s (cm)
Ⅰ	300	88.29	30.92	119.21	0.783	0.745	6.4	21.1
Ⅱ	500	142.25	29.05	171.30	0.695	0.665	8.9	
$Ⅲ_1$	350	183.94	25.62	209.56	0.619	0.604	3.2	
$Ⅲ_2$	350	218.28	22.29	240.57	0.602	0.590	2.6	

按上述同样方法可以计算出点1和点3的沉降量分别为4.3 cm和7.2 cm。

二、规范法计算地基最终沉降量

现行《建筑地基基础设计规范》(GB 50007—2002)所推荐的地基最终沉降量计算方法是修正形式的分层总和法。它也采用侧限条件的压缩性指标，但运用了地基平均附加应力系数计算；还规定了地基沉降计算深度的新标准以及提出地基沉降计算经验系数，使得计算成果接近于实测值。

地基平均附加应力系数 $\overline{\alpha}$ 的定义：从基底至地基任意深度 z 范围内的附加应力分布图面积 A 对基底附加压力与地基深度的乘积 $p_0 z$ 之比值，$\overline{\alpha} = A/(p_0 z)$，也就是 $A = p_0 z\,\overline{\alpha}$。假设地基土是均质的，在侧限条件下的压缩模量 E_s 不随深度而变，则从基底至任意深度 z 范围内的压缩量 s' 为：

$$s' = \int_0^z \varepsilon \mathrm{d}z = \frac{1}{E_s}\int_0^z \sigma_z \mathrm{d}z = \frac{p_0}{E_s}\int_0^z K \mathrm{d}z = \frac{A}{E_s} = \frac{p_0 z \overline{\alpha}}{E_s} \tag{4-10}$$

成层土地基中第 i 层的沉降量 s_i 为：

$$s_i = p_0\,\frac{(z_i\overline{\alpha}_i - z_{i-1}\overline{\alpha}_{i-1})}{E_{si}} \tag{4-11}$$

则按分层总和法计算地基沉降量的公式为：

$$s' = \sum s'_i = \frac{\sum p_0(z_i\overline{\alpha}_i - z_{i-1}\overline{\alpha}_{i-1})}{E_{si}} \tag{4-12}$$

式中 z_{i-1}，z_i——第 i 层的上层面与下层面至基础底面的距离，m；

$\overline{\alpha}_{i-1}$，$\overline{\alpha}_i$——z_{i-1} 和 z_i 范围内竖向平均附加应力系数，可查表 4-4；

E_{si}——第 i 层土的压缩模量，MPa 或 kPa；

$p_0 z_{i-1}\overline{\alpha}_{i-1}$，$p_0 z_i\overline{\alpha}_i$——$z_{i-1}$ 和 z_i 范围内竖向附加应力分布图面积 A_{i-1} 和 A_i，kPa · m。

表 4-4 矩形基础受竖向均布荷载作用下基础中心点下地基平均附加应力系数 $\overline{\alpha}_i$ 值

z/b	l/b											
	1.0	1.2	1.4	1.6	1.8	2.0	2.4	2.8	3.2	3.6	4.0	5.0
0	1.000	1.000	1.000	1.000	1.000	1.000	1.000	1.000	1.000	1.000	1.000	1.000
0.2	0.987	0.990	0.991	0.992	0.992	0.992	0.993	0.993	0.993	0.993	0.993	0.993
0.4	0.936	0.947	0.953	0.956	0.958	0.960	0.961	0.962	0.962	0.963	0.963	0.963
0.6	0.858	0.878	0.890	0.898	0.903	0.906	0.910	0.912	0.913	0.914	0.914	0.915
0.8	0.775	0.801	0.810	0.831	0.839	0.844	0.851	0.855	0.857	0.858	0.859	0.860
1.0	0.689	0.738	0.749	0.764	0.775	0.783	0.792	0.798	0.801	0.803	0.804	0.806
1.2	0.631	0.663	0.686	0.703	0.715	0.725	0.737	0.744	0.749	0.752	0.754	0.756
1.4	0.573	0.605	0.629	0.648	0.661	0.672	0.687	0.696	0.701	0.705	0.708	0.711
1.6	0.524	0.556	0.590	0.599	0.613	0.625	0.614	0.651	0.658	0.663	0.666	0.670
1.8	0.482	0.513	0.537	0.556	0.571	0.583	0.600	0.611	0.619	0.624	0.629	0.633
2.0	0.446	0.475	0.499	0.518	0.533	0.545	0.563	0.575	0.284	0.590	0.594	0.600
2.2	0.414	0.443	0.466	0.484	0.499	0.511	0.530	0.543	0.552	0.558	0.563	0.570
2.4	0.387	0.414	0.436	0.454	0.469	0.481	0.500	0.513	0.523	0.530	0.535	0.543
2.6	0.362	0.389	0.410	0.428	0.442	0.455	0.473	0.487	0.496	0.504	0.509	0.518
2.8	0.341	0.366	0.387	0.404	0.418	0.430	0.449	0.463	0.472	0.480	0.486	0.495
3.0	0.322	0.346	0.366	0.383	0.397	0.409	0.427	0.441	0.451	0.459	0.465	0.477
3.2	0.305	0.328	0.348	0.364	0.377	0.389	0.407	0.420	0.431	0.439	0.445	0.455
3.4	0.289	0.312	0.331	0.346	0.359	0.371	0.388	0.402	0.412	0.420	0.427	0.437
3.6	0.276	0.297	0.315	0.330	0.343	0.353	0.372	0.385	0.395	0.403	0.410	0.421
3.8	0.263	0.284	0.301	0.316	0.328	0.339	0.356	0.369	0.379	0.388	0.394	0.405
4.0	0.251	0.271	0.288	0.302	0.314	0.325	0.342	0.355	0.365	0.373	0.379	0.391
4.2	0.241	0.260	0.276	0.290	0.300	0.312	0.328	0.341	0.352	0.359	0.366	0.377
4.4	0.231	0.250	0.265	0.278	0.290	0.300	0.316	0.329	0.339	0.347	0.353	0.365
4.6	0.222	0.240	0.255	0.268	0.279	0.289	0.305	0.317	0.327	0.335	0.341	0.353
4.8	0.214	0.231	0.245	0.258	0.269	0.279	0.294	0.300	0.316	0.324	0.330	0.342
5.0	0.206	0.223	0.237	0.249	0.260	0.269	0.284	0.296	0.306	0.313	0.320	0.332

注：l，b 分别为矩形基底的长边与短边，z 为基底以下的深度。

地基沉降计算深度 z_n 应满足下列条件：由该深度处向上取按表 4-5 规定的计算厚度 Δz（见图 4-12）所得的计算沉降量 s'_n 应满足式（4-13）要求（包括考虑相邻荷载的影响）：

$$s'_n \leqslant 0.025s' \tag{4-13}$$

表 4-5　计算厚度 Δz 值

b(m)	$b \leqslant 2$	$2 < b \leqslant 4$	$4 < b \leqslant 8$	$8 < b \leqslant 15$	$15 < b \leqslant 30$	$b > 30$
Δz(m)	0.3	0.6	0.8	1.0	1.2	1.5

按式(4-13)所确定的沉降计算深度下如有较软弱土层时，尚应向下继续计算，直至软弱土层中所取规定厚度 Δz 的计算沉降量满足式(4-13)为止。

当无相邻荷载影响，基础宽度 b 在 1 ~ 30 m 时，基础中心点的地基沉降计算深度，也可按式(4-14)简化计算，即：

$$z_n = b(2.5 - 0.4\ln b) \tag{4-14}$$

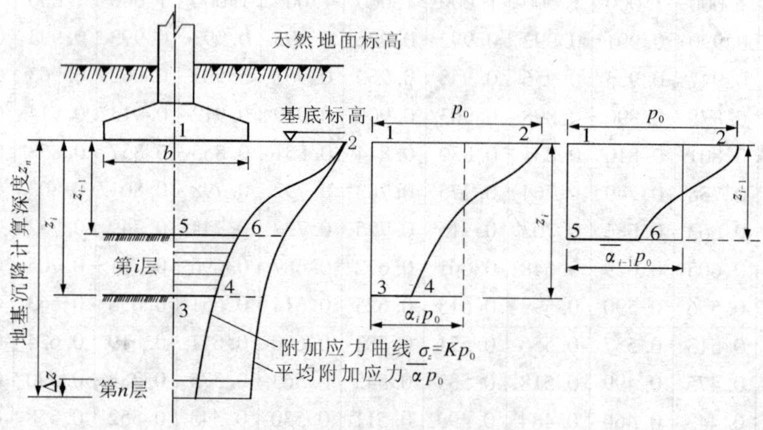

图 4-12　应力面积法计算分层沉降量

为了提高计算的准确度，地基沉降计算深度范围内的计算沉降量 s' 尚须乘以一个沉降计算经验系数 ψ_s，即：

$$s = \psi_s s' = \psi_s \sum \frac{p_0}{E_{si}}(z_i\overline{\alpha}_i - z_{i-1}\overline{\alpha}_{i-1}) \tag{4-15}$$

式中　ψ_s——沉降计算经验系数，根据地区沉降观测资料及经验确定，也可采用表 4-6 的数值(表中 f_{ak} 为地基承载力特征值)；

E_{si}——基础底面下第 i 层土的压缩模量，按实际应力段取值，kPa。

表 4-6　沉降计算经验系数 ψ_s

基底附加压力	$\overline{E}_s$(MPa)				
	2.5	4.0	7.0	15.0	20.0
$p_0 \geqslant f_{ak}$	1.4	1.3	1.0	0.4	0.2
$p_0 \leqslant 0.75f_{ak}$	1.1	1.0	0.7	0.4	0.2

表 4-6 中 $\overline{E}_s$ 为沉降计算深度范围内压缩模量当量值，应按式(4-16)计算：

$$E_s = \frac{\sum \Delta A_i}{\sum (\Delta A_i / E_{si})} \tag{4-16}$$

式中　ΔA_i——第 i 层土附加应力系数沿土层厚度的积分值，$\Delta A_i = A_i - A_{i-1} = p_0(z_i\overline{\alpha}_i - z_{i-1}\overline{\alpha}_{i-1})$。

表 4-4 为矩形基础受竖向均布荷载作用下基础中心点下地基平均附加应力系数 $\overline{\alpha}_i$ 值。对于其他情况的平均附加应力系数，可由《建筑地基基础设计规范》(GB 50007—2002) 中查得，这里从略。

【例 4-2】　某柱基础，基础埋深 $d = 1.5$ m，基础底面尺寸为 4 m × 2 m，上部结构传至基础顶面的荷载 $F = 1\ 190$ kN，地基土层如图 4-13 所示。试用规范法计算该柱基础的最终沉降量。

解：1. 计算基底附加压力 p_0

基底压力 p 为：

$$p = \frac{F+G}{A} = \frac{1\ 190 + 20 \times 4 \times 2 \times 1.5}{4 \times 2} = 178.75(\text{kPa}) \approx 179\ \text{kPa}$$

基底附加压力 p_0 为：

$$p_0 = p - \gamma d = 179 - 19.5 \times 1.5 = 150(\text{kPa}) = 0.15\ \text{MPa}$$

2. 确定地基沉降计算深度 z_n

因为不存在相邻荷载影响，故可由式(4-14)估算：

$$z_n = b(2.5 - 0.4\ln b) = 2 \times (2.5 - 0.4\ln 2) = 4.445(\text{m}) \approx 4.5\ \text{m}$$

按该深度，最终沉降量计算至粉质黏土层底面。

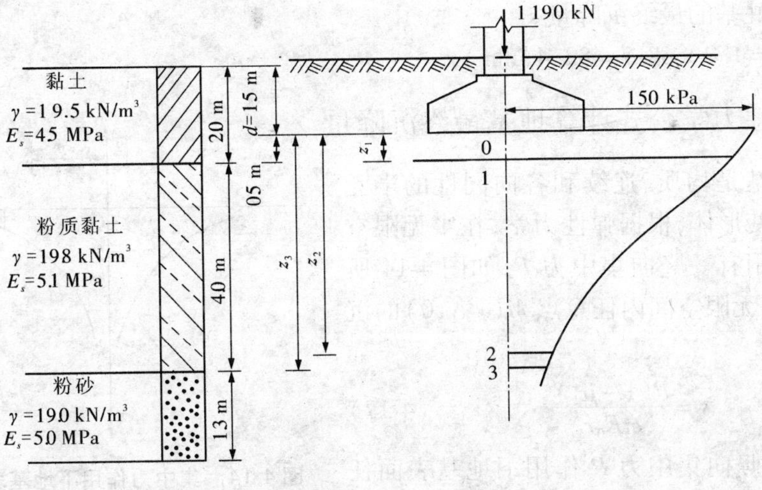

图 4-13　例 4-2 图

3. 确定基础最终沉降计算值 s'

(1) 求平均附加应力系数 $\overline{\alpha}_i$。

由 $l/b = 4/2 = 2$，z_i/b 分别查表 4-4 得 $\overline{\alpha}_i$，见表 4-7。

(2)求某一层的最终沉降计算值 s_i' 及最终沉降计算值 s'。

$$s_i' = p_0(z_i\overline{\alpha}_i - z_{i-1}\overline{\alpha}_{i-1})/E_{si} \qquad s' = \sum s_i'$$

计算结果见表 4-7。

表 4-7　例 4-2 计算结果

点号	z_i (m)	l/b	z_i/b	$\overline{\alpha}_i$	$z_i\overline{\alpha}_i$ (mm)	$z_i\overline{\alpha}_i - z_{i-1}\overline{\alpha}_{i-1}$ (mm)	E_{si} (MPa)	s_i' (mm)	s' (mm)
0	0		0	1.000	0				
1	0.50	4/2 = 2	0.25	0.984	492.0	492.0	4.5	16.4	
2	4.20		2.10	0.528	2 217.6	1 725.6	5.1	50.8	
3	4.50		2.25	0.504	2 268.0	50.4	5.1	1.48	68.7

(3)校核地基沉降计算深度 z_n。

根据《建筑地基基础设计规范》(GB 50007—2002)规定,由表 4-5 查得 $\Delta z = 0.3$ m,计算出 $s_n' = 1.48$ mm $< 0.025s' = 1.72$ mm,表明所取 $z_n = 4.5$ m 符合要求。

4. 确定沉降计算经验系数 ψ_s

$$\overline{E}_s = \frac{p_0 \sum (z_i\overline{\alpha}_i - z_{i-1}\overline{\alpha}_{i-1})}{p_0 \sum \dfrac{z_i\overline{\alpha}_i - z_{i-1}\overline{\alpha}_{i-1}}{E_{si}}} = \frac{492 + 1\ 725.6 + 50.4}{\dfrac{492}{4.5} + \dfrac{1\ 725.6}{5.1} + \dfrac{50.4}{5.1}} = 5(\text{MPa})$$

设 $p_0 = f_{ak}$,由表 4-6 内插查得:$\psi_s = 1.2$。

5. 计算柱基的最终沉降量 s

$s = \psi_s s' = 1.2 \times 68.7 = 82.4$(mm)

三、弹性力学公式计算地基最终沉降量

假设地基是均质、连续和各向同性的半无限空间线性变形体,根据弹性力学,在半无限空间土体上作用有一竖向集中力 P,如图 4-14 所示,该力在半无限空间内任意点 $M(x,y,0)$ 的沉降量为:

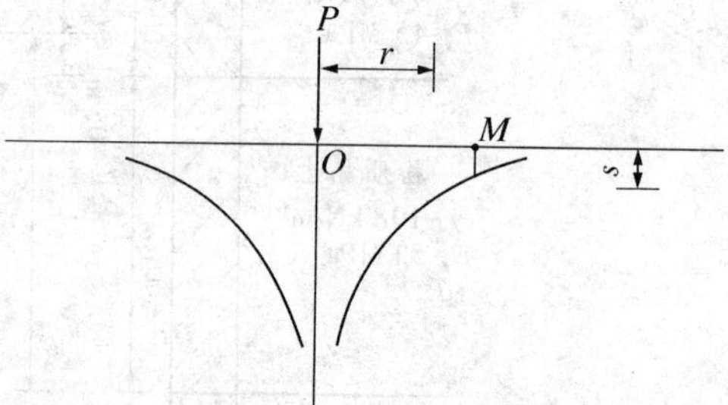

图 4-14　集中力作用下地基表面的沉降

$$s = \frac{P(1-\mu^2)}{\pi E_0 r} \tag{4-17}$$

式中　s——竖向集中力 P 作用下地基表面任意点的沉降量;

r——地基表面任意点到集中力作用点的距离。

对于局部柔性荷载作用下的地基沉降,则可利用式(4-17),根据叠加原理求得。

(1)矩形均布荷载基础角点的沉降量为:

$$s=\omega_c\frac{1-\mu^2}{E_0}bp_0 \tag{4-18}$$

式中　ω_c——角点沉降影响系数，由表 4-8 查取。

（2）矩形均布荷载基础中心点的沉降量为：

$$s=\omega_0\frac{1-\mu^2}{E_0}bp_0 \tag{4-19}$$

式中　ω_0——中心点沉降影响系数，由表 4-8 查取。

（3）矩形均布荷载基础底面的平均沉降量为：

$$s=\omega_m\frac{1-\mu^2}{E_0}bp_0 \tag{4-20}$$

式中　ω_m——平均沉降影响系数，由表 4-8 查取。

通常为了便于查表计算，把式（4-18）、式（4-19）及式（4-20）统一表达为地基沉降的弹性力学公式的一般形式：

$$s=\omega\frac{1-\mu^2}{E_0}bp_0 \tag{4-21}$$

式中　p_0——基底附加压力；

μ——土的泊松比；

E_0——土的变形模量；

b——矩形荷载（基础）的宽度或圆形荷载（基础）的直径；

ω——沉降影响系数，按基础的刚度、底面形状及计算点位置而定，由表 4-8 查取。

表 4-8　沉降影响系数 ω 值

基础类型		圆形	方形	矩形（l/b）										
				1.5	2.0	3.0	4.0	5.0	6.0	7.0	8.0	9.0	10.0	100
柔性	ω_c	0.64	0.56	0.68	0.77	0.89	0.98	1.05	1.12	1.17	1.21	1.25	1.27	2.00
	ω_0	1.00	1.12	1.36	1.53	1.78	1.96	2.10	2.23	2.33	2.42	2.49	2.53	4.00
	ω_m	0.85	0.95	1.15	1.30	1.52	1.70	1.83	1.96	2.04	2.12	2.19	2.25	3.69
刚性	ω_r	0.79	0.88	1.08	1.22	1.44	1.61	1.72	—	—	—	—	2.12	3.40

对于中心荷载下的刚性基础，由于它具有无限大的抗弯刚度，受荷沉降后基础不发生挠曲，因而基底范围内各点的沉降量相等，其计算公式也可用式（4-21），式中 ω 取刚性基础的沉降影响系数 ω_r，由表 4-8 查取。

刚性基础承受偏心荷载时，沉降后基底为一倾斜平面，基底形心处的沉降（即平均沉降）可按式（4-21）取 $\omega=\omega_r$ 计算；基底倾斜的弹性力学公式如下：

圆形基础

$$\theta\approx\tan\theta=6\times\frac{1-\mu^2}{E_0}\times\frac{Pe}{b^3} \tag{4-22}$$

矩形基础

$$\theta\approx\tan\theta=8K\times\frac{1-\mu^2}{E_0}\times\frac{Pe}{b^3} \tag{4-23}$$

式中 θ——基础倾斜角；

P——基底竖向偏心荷载合力；

e——偏心距；

b——荷载偏心方向矩形基底的边长或圆形基础直径；

K——矩形刚性基础倾斜的无量纲系数，按 l/b（l 为矩形基底另一边长）值由图 4-15 查取。

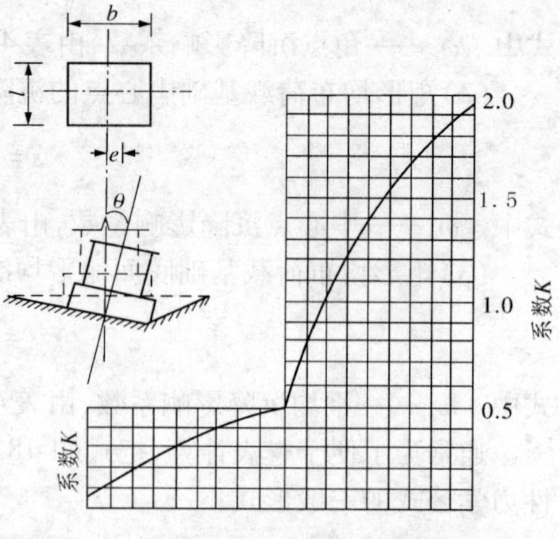

图 4-15 矩形刚性基础的无量纲系数 K

当地基土质均匀时，利用上述公式估算地基的最终沉降量和倾斜是很简便的。但按这种方法计算的结果往往是偏大的，这是因为弹性力学公式假设地基是均质的半无限空间线性变形体，而实际上地基常常是非均质的成层土（包括下卧基岩的存在），即使是均质土，其变形模量 E_0 一般随深度而增大。因此，利用弹性力学公式计算沉降的问题，在于所用的 E_0 值是否能反映地基变形的真实情况。地基土层的 E_0 值，如能有已有建筑物的沉降观测资料，以弹性力学公式反算求得，这种数据是很有价值的。通常在整理地基静载荷试验资料时，就是利用式(4-21)反算 E_0 的。对于成层土地基，应取地基沉降计算深度 z_n 范围内变形模量 E_0 和泊松比 μ 的加权平均值，即近似地按各土层厚度的加权平均取值。

问题：何谓地基最终沉降量？如何计算地基最终沉降量？

四、地基变形验算

（一）地基变形特征

按地基承载力选定了适当的基础底面尺寸，一般已能保证建筑物在防止地基剪切破坏方面具有足够的安全度，但是在荷载作用下，地基土总是要产生压缩变形，使建筑物产生沉降。由于不同建筑物的结构类型、整体刚度、使用要求的差异，对地基变形的敏感程度、危害、变形要求也不同。因此，对于各类建筑结构，如何控制对其不利的沉降形式——地基变形特征，使之不会影响建筑物的正常使用甚至破坏，也是地基基础设计必须予以充分考虑的一个基本问题。

地基变形特征一般分为沉降量、沉降差、倾斜和局部倾斜。

（1）沉降量——独立基础中心点的沉降值或整幢建筑物基础的平均沉降值。

关于单层排架结构，在低压缩性的地基上一般不会因沉降而损坏，但在中高压缩性的地基上，应该限制柱基沉降量，尤其是要限制多跨排架中受荷较大的中排柱基的沉降量不宜过大，以免支承于其上的相邻屋架发生对倾而使端部相碰。

（2）沉降差——一般指相邻柱基中心点的沉降量之差。

框架结构主要因柱基的不均匀沉降而使结构受剪扭曲而损坏，因此其地基变形由沉降差控制。

(3)倾斜——基础倾斜方向两端点的沉降差与其距离的比值。

高耸结构和高层建筑的整体刚度很大,可近似看成刚性结构,其地基变形应由建筑物的整体倾斜控制,必要时应控制平均沉降量。

对于有吊车的工业厂房,还应验算桥式吊车轨面沿纵向或横向的倾斜,以免因倾斜而导致吊车自动滑行或卡轨。

(4)局部倾斜——砌体承重结构沿纵向 6 ~ 10 m 内基础两点的沉降差与其距离的比值。

砌体承重结构对地基的不均匀沉降是很敏感的,其损坏主要是由于墙体挠曲引起局部出现斜裂缝,故砌体承重结构的地基变形由局部倾斜控制。

(二)地基变形验算

在地基基础的设计中,一般的步骤是先确定持力层的承载力特征值,然后按要求选定基础底面尺寸,最后(必要时)验算地基变形。地基变形验算的要求是:建筑物的地基变形计算值 Δ 应不大于地基变形允许值 $[\Delta]$,即:

$$\Delta \leqslant [\Delta] \tag{4-24}$$

地基变形允许值的确定涉及很多因素,如建筑物的结构特点和具体使用要求、对地基不均匀沉降的敏感程度以及结构强度储备等。我国《建筑地基基础设计规范》(GB 50007—2002)综合分析了国内外各类建筑物的有关资料,提出了表 4-9 所列的建筑物地基变形允许值。对表中未包括的其他建筑物的地基变形允许值,可根据上部结构对地基变形特征的适应能力和使用上的要求确定。

表 4-9　建筑物的地基变形允许值

变形特征	地基土类别	
	中、低压缩性土	高压缩性土
砌体承重结构基础的局部倾斜	0.002	0.003
工业与民用建筑相邻柱基的沉降差 (1)框架结构 (2)砌石墙填充的边排柱 (3)当基础不均匀沉降时,不产生附加应力的结构	 $0.002l$ $0.0007l$ $0.005l$	 $0.003l$ $0.001l$ $0.005l$
单层排架结构(柱距为 6 m)柱基的沉降量(mm)	(120)	200
桥式吊车轨面的倾斜(按不调整轨道考虑) 纵向 横向	 0.004 0.003	
多层和高层建筑的整体倾斜 $H_g \leqslant 24$ $24 < H_g \leqslant 60$ $60 < H_g \leqslant 100$ $H_g > 100$	 0.004 0.003 0.025 0.002	
体型简单的高层建筑基础的平均沉降量(mm)	200	

续表 4-9

变形特征	地基土类别	
	中、低压缩性土	高压缩性土
高耸结构基础的倾斜		
$H_g \leq 20$	0.008	
$20 < H_g \leq 50$	0.006	
$50 < H_g \leq 100$	0.005	
$100 < H_g \leq 150$	0.004	
$150 < H_g \leq 200$	0.003	
$200 < H_g \leq 250$	0.002	
高耸结构基础的沉降量(mm)		
$H_g \leq 100$	400	
$100 < H_g \leq 200$	300	
$200 < H_g \leq 250$	200	

注:1. 本表数值为建筑物地基实际最终变形允许值。

2. 有括号者仅适用于中压缩性土。

3. l 为相邻柱基的中心距离,mm;H_g 为自室外地面起算的建筑物高度,m。

按《建筑地基基础设计规范》(GB 50007—2002)要求,地基基础设计等级为甲、乙级的建筑物,均应进行地基变形验算。但进行地基变形验算必须具备比较详细的勘察资料和土工试验成果,这对于地基基础设计等级为丙级的大量中小型工程来说,往往不易办到,而且也没有必要。为此,《建筑地基基础设计规范》(GB 50007—2002)在确定各类土的地基承载力特征值时,已经考虑了一般中小型建筑物在地质条件比较简单的情况下对地基变形的要求。所以,对满足《建筑地基基础设计规范》(GB 50007—2002)要求,地基基础设计等级为丙级的建筑物,在按承载力特征值确定基础底面尺寸之后,可不进行地基变形验算。

问题:地基有哪几种变形特征?如何进行地基变形验算?

第三节　地基沉降与时间的关系

从本章第一节我们知道,土的压缩随时间而增长的过程,称为土的固结。对于饱和土在荷载作用下,土粒互相挤紧,孔隙水逐渐排出,引起孔隙体积减小直到压缩稳定,需要一定的时间过程,这一过程的快慢,取决于土的渗透性,故称饱和土体的固结为渗透固结。地基的固结,也就是地基沉降的过程。对于无黏性土地基,由于渗透性强,压缩性低,地基沉降的过程时间短,一般在施工完成时,地基沉降可基本完成。而黏性土地基,特别是饱和黏土地基,由于渗透性弱,压缩性高,地基沉降的过程时间长,地基沉降往往延续至完工后数年,甚至数十年才能达到稳定。因此,对于建造在黏土地基上的重要建筑物,常常需要了解地基沉降与时间的关系，以便考虑建筑物有关部分的净空、连接方式，施工顺序和速度。关于地基沉降与时间的关系常以饱和土体单向渗透固结理论为基础。下面介绍饱和土体单向渗透固结理论，根据此理论分析地基沉降与时间关系的计算方法及应用。

一、饱和土的单向渗透固结模型

对于饱和土来说，如果在荷载作用下，孔隙水只朝一个方向向外排出，土体的压缩也只在一个方向发生（一般均指竖直方向），那么，这种压缩过程就称为单向渗透固结。

饱和土是由土粒构成的土骨架和充满于孔隙中的孔隙水两部分组成的，显然，外荷载在土中引起的附加应力 σ_z 是由孔隙水和土骨架来分担的，由孔隙水承担的压力，即附加应力作用在孔隙水中引起的应力称为孔隙水压力，用 u 表示，它高于原来承受的静水压力，故又称超静水压力。孔隙水压力和静水压力一样，是各个方向都相等的中性压力，不会使土骨架发生变形。由土骨架承担的压力，即附加应力在土骨架引起的应力称为有效应力，用 σ' 表示，它能使土粒彼此挤紧，引起土的变形。在固结过程中，这两部分应力的比例不断变化，而这一过程中任一时刻 t，根据平衡条件，有效应力 σ' 和孔隙水压力 u 之和总是等于作用在土中的附加应力 σ_z，即 $\sigma_z = \sigma' + u$。

为了说明饱和土的单向渗透固结过程，可用图 4-16 所示的弹簧活塞模型来说明。模型是将饱和土体表示为一个有弹簧、活塞的充满水的容器。弹簧代表土骨架，容器内的水表示土中孔隙水，由容器中水承担的压力相当于孔隙水压力 u，由弹簧承担的压力相当于有效应力 σ'。在荷载刚施加的瞬间（$t=0$），孔隙水来不及排出，此时 $u=\sigma_z$，$\sigma'=0$。其后（$0<t<\infty$）水从活塞小孔逐渐排出，u 逐渐降低并转化为 σ'，此时，$\sigma_z=\sigma'+u$。最后（$t=\infty$），由于水的停止排出，孔隙水压力 u 等于 0，压力 σ_z 全部转移给弹簧即 $\sigma_z=\sigma'$，渗透固结完成。

由此可见，饱和土的固结就是孔隙水压力 u 消散和有效应力 σ' 相应增长的过程。

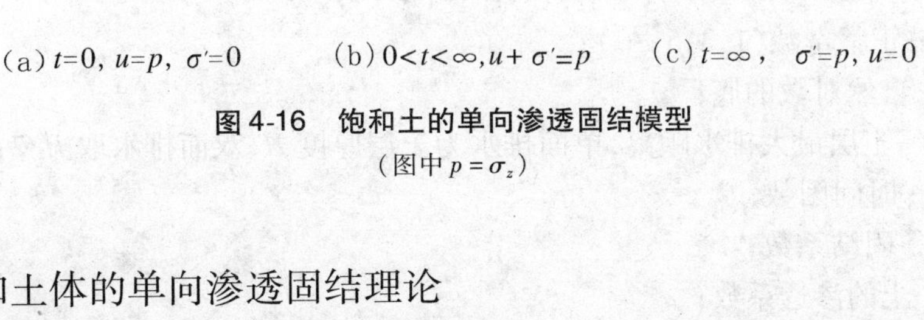

（a）$t=0,\ u=p,\ \sigma'=0$　（b）$0<t<\infty, u+\sigma'=p$　（c）$t=\infty,\ \sigma'=p,\ u=0$

图 4-16　饱和土的单向渗透固结模型

（图中 $p=\sigma_z$）

二、饱和土体的单向渗透固结理论

（一）基本假设

饱和土体单向渗透固结理论的基本假设如下：

(1)地基土为均质、各向同性和完全饱和的；

(2)土的压缩完全是由于孔隙体积的减小而引起的，土粒和孔隙水均不可压缩；

(3)土的压缩与排水仅在竖直方向发生，侧向既不变形，也不排水；

(4)孔隙水向外排出服从达西定律，土的固结快慢取决于渗透系数的大小；

(5)在整个固结过程中，假定孔隙比 e、压缩系数 a 和渗透系数 k 为常量；

(6)荷载是连续均布的，并且是一次瞬时施加的。

(二)公式

饱和土体的固结过程就是孔隙水压力向有效应力转化的过程。图 4-17 表示一厚度为 H 的饱和黏性土层，顶面透水，底面不透水，孔隙水只能由下向上单向单面排出，土层顶面作用有连续均布荷载 p，属于单向渗透固结情况。

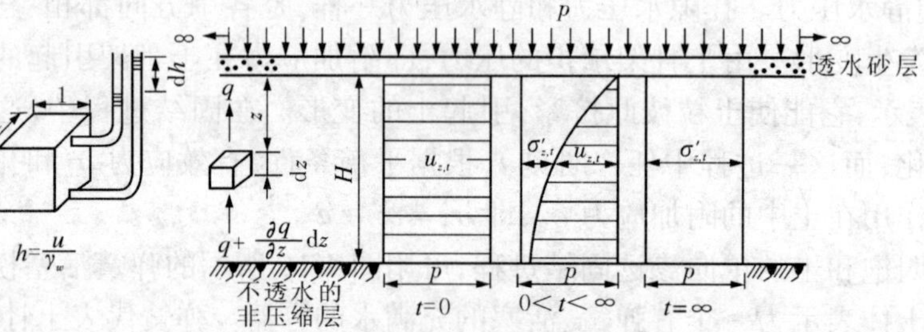

图 4-17　饱和土的固结过程

由于荷载 p 是连续均布的，土层中的附加应力 σ_z 将沿深度 H 均匀分布，且 $\sigma_z = p$，当刚加压的瞬间($t=0$)，黏性土层中来不及排水，整个土层中 $u=\sigma_z$，$\sigma'=0$。经瞬间以后($0<t<\infty$)，黏性土层顶面的孔隙水先排出，u 下降并转化为 σ'，接着土层深处的孔隙水随着时间的增长而逐渐排出，u 也就逐渐向 σ' 转化，此时土层中 $u+\sigma'=\sigma_z$，直到最后($t=\infty$)，在荷载 p 作用下，应被排出的孔隙水全部排出了，整个土层中 $u=0$，$\sigma'=\sigma_z$，达到固结稳定。

根据公式推导可得到某一时刻 t，深度 z 处的孔隙水压力表达式如下：

$$u = \frac{4}{\pi}\sigma_z \sum_{m=1}^{\infty} \frac{1}{m}\sin\left(\frac{m\pi z}{2H'}\right) e^{\frac{-m^2\pi^2}{4}T_v} \tag{4-25}$$

$$T_v = C_v t / H'^2$$

$$C_v = k(1+e_1)/(a\gamma_w)$$

式中　m——正整奇数(1,3,5,…)；

e——自然对数的底；

H'——土层最大排水距离，单面排水为土层厚度 H，双面排水取 $H/2$；

T_v——时间因数；

C_v——固结系数；

k——土的渗透系数；

a——土的压缩系数；

e_1——土层固结前的初始孔隙比；

γ_w——水的重度。

(三)地基的平均固结度

地基在某一压力作用下,任一时刻的沉降量 s_t 与其最终沉量 s 之比,称为地基在 t 时的平均固结度,用 U_t 表示,即:

$$U_t = \frac{s_t}{s} \tag{4-26}$$

由于土体的压缩变形是由有效应力 σ' 引起的,因此地基中任一深度 z 处,历时 t 后的固结度亦可表达为:

$$U_t = \frac{\sigma'}{\sigma_z} = \frac{\sigma_z - u}{\sigma_z} = 1 - \frac{u}{\sigma_z} \tag{4-27}$$

对于图4-17所示的单面排水、附加应力均布的情况,地基的平均固结度经过公式推导可得:

$$U_t = 1 - \frac{8}{\pi^2}\left(e^{-\frac{\pi^2}{4}T_v} + \frac{1}{9}e^{-\frac{9\pi^2}{4}T_v} + \cdots\right) \tag{4-28}$$

式(4-28)括号内的级数收敛很快,实用上只取第一项,即:

$$U_t = 1 - \frac{8}{\pi^2}e^{-\frac{\pi^2}{4}T_v} \tag{4-29}$$

由式(4-29)可知,地基平均固结度 U_t 是时间因数 T_v 的函数,它与土中的附加应力分布情况有关,式(4-29)适用于附加应力均匀分布的情况,也适用于双面排水的情况。对于地基为单面排水,且上下附加应力不相等的情况,可由 $\alpha = \sigma_z'/\sigma_z''$($\sigma_z'$ 为透水面处的附加应力,σ_z'' 为不透水面处的附加应力,对于双面排水 $\alpha = 1$)值,查图4-18相应的曲线,得出平均固结度 U_t。

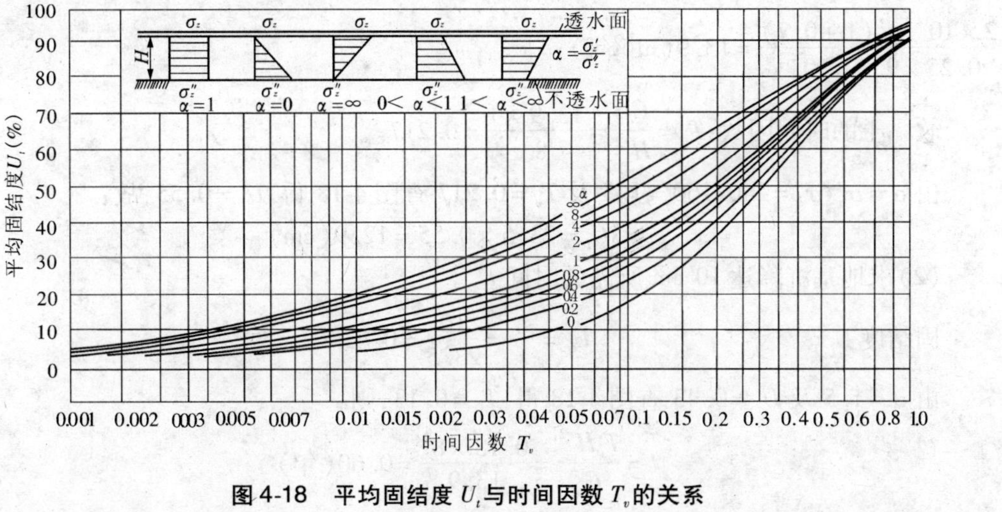

图4-18 平均固结度 U_t 与时间因数 T_v 的关系

由时间因数 T_v 与平均固结度 U_t 的关系曲线(见图4-18)可解决以下两个问题:

(1)计算加荷后历时 t 的地基沉降量 s_t。对于此类问题,可先求出地基的最终沉降量

s,然后根据已知条件计算出土层的固结系数 C_v 和时间因数 T_v,由 $\alpha=\sigma_z'/\sigma_z''$ 及 T_v 查出平均固结度 U_t,最后用式(4-26)求出 s_t。

(2)计算地基沉降量达 s_t 时所需的时间 t。对于此类问题,也可先求出地基的最终沉降量 s,再由式(4-26)求出平均固结度 U_t,最后由 $\alpha=\sigma_z'/\sigma_z''$ 及 U_t 查出时间因数 T_v 并求出所需时间 t。

问题:(1)何谓孔隙水压力?何谓有效应力?何谓地基固结度?

(2)如何利用图 4-18 进行地基变形与时间的关系计算?

【例 4-3】 某地基压缩土层为厚 8 m 的饱和软黏土层,上部为透水的砂层,下部为不透水层。软黏土加荷之前的孔隙比 $e_1=0.7$,渗透系数 $k=2.0$ cm/年,压缩系数 $a=0.25\ \text{MPa}^{-1}$,附加应力分布如图 4-19 所示。求:(1)加荷一年后地基沉降量为多少?(2)地基沉降达 10 cm 所需的时间。

解:(1)求加荷一年后的地基沉降 s_t。

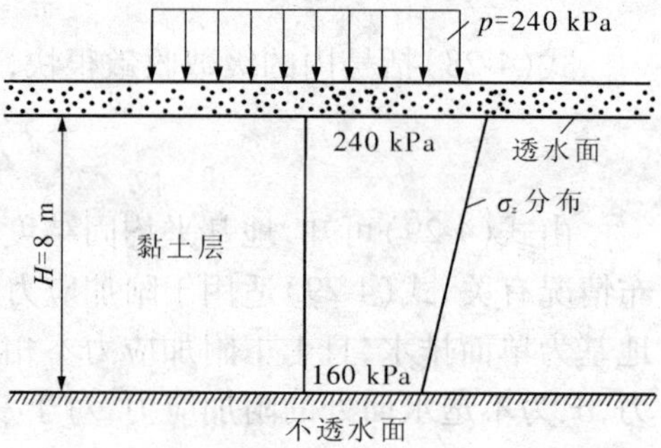

图 4-19 例 4-3 图

软黏土层的平均附加应力:$\bar{\sigma}_z=\dfrac{240+160}{2}=200(\text{kPa})$;

地基最终沉降量:$s=\dfrac{a}{1+e_1}\bar{\sigma}_z H=\dfrac{0.25\times10^{-3}}{1+0.7}\times200\times800=23.5(\text{cm})$;

软黏土的固结系数:$C_v=\dfrac{k(1+e_1)}{a\gamma_w}=\dfrac{2\times10^{-2}\times(1+0.7)}{0.25\times9.8\times10^{-3}}=13.9(\text{m}^2/\text{年})$;

软黏土的时间因数:$T_v=\dfrac{C_v t}{H'^2}=\dfrac{13.9\times1}{8^2}=0.217$。

由 $\alpha=\sigma_z'/\sigma_z''=240/160=1.5$ 及 $T_v=0.217$ 查图 4-18 得:$U_t=0.55$,故:

$$s_t=sU_t=23.5\times0.55=12.9(\text{cm})$$

(2)求地基沉降达 10 cm 所需的时间 t。

固结度:
$$U_t=\frac{s_t}{s}=\frac{10}{23.5}=0.43$$

由 $\alpha=1.5$ 及 $U_t=0.43$ 查图 4-18 得:$T_v=0.13$,则:

$$t=\frac{T_v H'^2}{C_v}=\frac{0.13\times8^2}{13.9}=0.60(\text{年})$$

小 结

地基的变形计算是土力学的基本内容之一,也是建筑物基础设计计算的基本内容之一。无论是天然地基还是人工地基往往都需要进行地基的变形计算,地基的沉降量或沉降差等变形特征常常是建筑物设计或使用的控制指标。

本章内容主要包括土的压缩性、地基最终沉降量计算和地基沉降与时间的关系计算。

(1)土的压缩性是指土体在荷载作用下体积减小的特性。土的压缩性高低可通过室内压缩试验来测定,表示土的压缩性高低的主要指标有压缩系数 a、压缩模量 E_s 与压缩指数 C_c。

(2)土的前期固结压力是指土层形成后的历史上所经受过的最大固结压力。将土层所受的前期固结压力 p_c 与土层现在所受的自重应力 σ_{cz} 的比值称为超固结比,以 OCR 表示。根据 OCR 可将天然土层分为正常固结、超固结与欠固结三种固结状态。

(3)地基的最终沉降量是指地基土在荷载作用下达到变形稳定时的变形量。最终沉降量可以采用分层总和法、规范法或弹性力学公式计算。

(4)建筑物的地基变形特征可分为沉降量、沉降差、倾斜与局部倾斜。在地基基础的设计中,一般的步骤是先确定持力层的承载力特征值,然后按要求选定基础底面尺寸,最后(必要时)验算地基变形。地基变形验算的要求是:建筑物的地基变形计算值 Δ 应不大于地基变形允许值 $[\Delta]$,即:$\Delta \leqslant [\Delta]$。

(5)土的固结是指土体在荷载作用下被压缩的过程。饱和土由土粒构成的骨架以及充满于孔隙的水组成,在外荷载作用下将产生两种应力,即有效应力与孔隙水压力。饱和土的固结是孔隙水压力不断减小,而有效应力不断增加的过程。

(6)地基的变形都有一个时间过程。砂土地基的地基变形过程时间很短,其地基变形在施工期间大部分都已完成;而饱和黏土地基的地基变形过程时间很长,其地基变形可延续至施工后几年甚至几十年,因此对于修建在饱和黏土地基上的重要建筑物往往需要计算地基变形与时间的关系。

习　题

4-1　某工程3号钻孔土样3-1粉质黏土和土样3-2淤泥质黏土的压缩试验数据列于表4-10,试绘制 $e \sim p$ 曲线,并计算 a_{1-2} 和评价其压缩性。

表 4-10

垂直压力(kPa)		0	50	100	200	300	400
孔隙比	土样3-1	0.866	0.799	0.770	0.736	0.721	0.714
	土样3-2	1.085	0.960	0.890	0.803	0.748	0.707

(参考答案:土样3-1,$a_{1-2}=0.34\ \text{MPa}^{-1}$,中压缩性土;
土样3-2,$a_{1-2}=0.87\ \text{MPa}^{-1}$,高压缩性土)

4-2　某矩形基础的底面尺寸为4 m×2.5 m,天然地面下基础埋深为1 m,设计地面高出天然地面0.4 m,计算资料见图4-20(地基土的压缩试验资料见表4-10)。试分别按分层总和法和规范法计算基础中心点的沉降量(已知 $p_0 < 0.75f_{ak}$)。

(参考答案:$s = 14.8$ cm)

4-3 某基础压缩层为饱和黏土层,层厚为 10 m,上下为砂层。由基底附加压力在黏土层中引起的附加应力 σ_z 分布如图 4-21 所示。已知黏土层的物理力学指标为:$a = 0.25$ MPa^{-1},$e_1 = 0.8$,$k = 2$ cm/年。试求:加荷一年后地基的沉降量;地基沉降量达 25 cm 时所需的时间。

(参考答案:$s_t = 22.5$ cm,$t = 1.5$ 年)

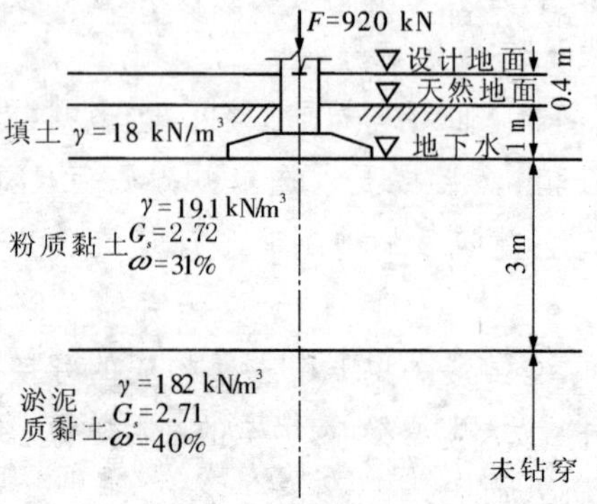

图 4-20 习题 4-2 图

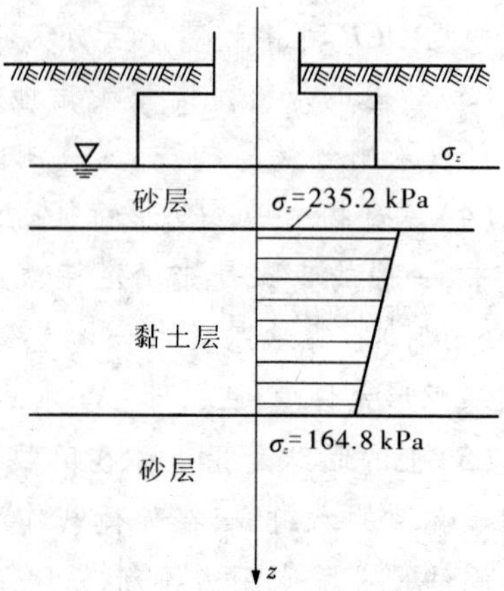

图 4-21 习题 4-3 图

第五章　土的抗剪强度与地基承载力

本章提要　建筑物由于地基土的原因引起的工程事故中，一方面是由土体的沉降或沉降差过大造成的，另一方面是由土体的剪切破坏而引起的。本章主要阐述地基的抗剪强度问题。围绕这个问题，将介绍土的抗剪强度及其变化规律、土体应力状态的判定、抗剪强度指标的测定方法、各种地基的破坏型式和地基承载力的确定方法等内容。

第一节　土的抗剪强度与极限平衡条件

一、土的抗剪强度的基本概念

土与其他建筑材料类似，在一定条件下也会发生破坏。大量的试验研究与对破坏土体的实际观察分析表明，土体的破坏型式除渗透破坏外，都属于强度破坏。如基坑和堤坝的滑坡（见图5-1(a)）、挡土墙的倾斜或滑动（见图5-1(b)）、建筑物地基失稳（见图5-1(c)）等，都是由于土体中某些面上的剪应力超过了土体本身的抗剪强度，引起剪切破坏所致。一旦土体发生剪切破坏，剪切破坏面两侧的土体就会产生较大的相对位移，形成一个滑动面，这种由一部分土体相对于另一部分土体产生滑动破坏的现象也称土体丧失了稳定性。显然，土体丧失稳定的危害性要比土体发生压缩变形的危害性严重得多。为了保证地基与土工建筑物具有足够的稳定性，必须研究土的抗剪强度。

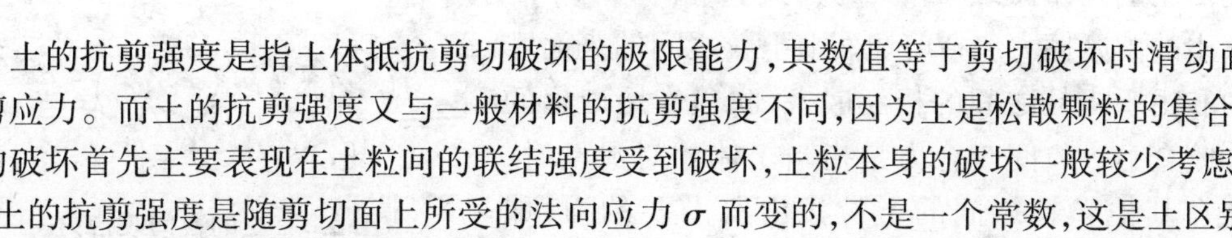

图5-1　土体的强度破坏

土的抗剪强度是指土体抵抗剪切破坏的极限能力，其数值等于剪切破坏时滑动面上的剪应力。而土的抗剪强度又与一般材料的抗剪强度不同，因为土是松散颗粒的集合体，它的破坏首先主要表现在土粒间的联结强度受到破坏，土粒本身的破坏一般较少考虑；其次，土的抗剪强度是随剪切面上所受的法向应力 σ 而变的，不是一个常数，这是土区别于其他建筑材料的一个重要特征。

二、土的抗剪强度规律——库仑定律

(一)土的库仑定律

1776年，法国学者库仑（Coulomb），通过对砂土进行大量的试验研究得出，砂土的抗

剪强度的表达式为：

$$\tau_f = \sigma \tan\varphi \tag{5-1}$$

式中　τ_f——土的抗剪强度，kPa；

σ——剪切面上的正应力，kPa；

φ——土的内摩擦角（°）。

后来又通过试验进一步提出了黏性土的抗剪强度表达式为：

$$\tau_f = \sigma \tan\varphi + c \tag{5-2}$$

式中　c——土的黏聚力，kPa。

式(5-1)和式(5-2)分别表示砂土和黏性土的抗剪强度规律，通常统称为库仑定律。根据库仑定律可以绘出图5-2所示的库仑直线，其中库仑直线与横轴的夹角称为土的内摩擦角φ，库仑直线在纵轴上的截距c为黏聚力。

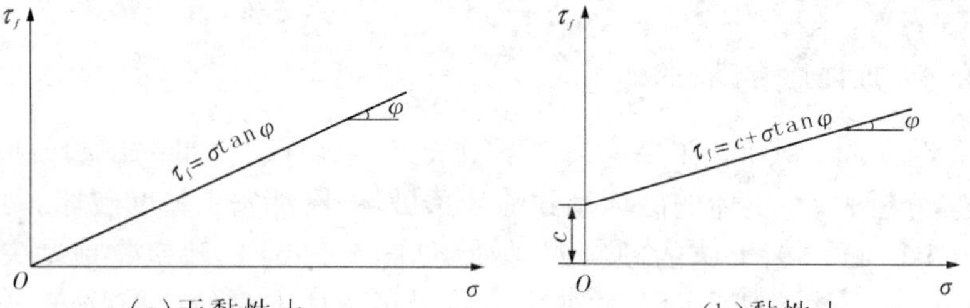

图5-2　抗剪强度与法向应力之间的关系

由库仑定律可以看出，在剪切面上的法向应力σ不变时，试验测出的φ,c值能反映土的抗剪强度τ_f的大小，故称φ,c为土的抗剪强度指标。但是抗剪强度指标φ,c不仅与土的性质有关，而且与测定方法有关。同一种土体在不同试验条件下测出的抗剪强度指标不同，但同一种土在同一方法下测定的抗剪强度指标，基本是相同的。因此，谈及抗剪强度指标φ,c时，应注明它的试验方法。

(二)土的抗剪强度的构成

库仑定律还表明，砂土的抗剪强度由土的内摩擦力($\sigma\tan\varphi$)构成，而黏性土的抗剪强度则由土的内摩擦力和黏聚力(c)构成。

土的内摩擦力包括剪切面上土粒之间的表面摩擦力和由于土粒之间的相互嵌入、联锁作用产生的粒间咬合力。粒间咬合力是指当土体相对滑动时，将嵌在其他颗粒之间的土粒拔出所需要的力，如图5-3所示。一般土愈密实，颗粒愈粗，其φ值愈大；反之，φ值就愈小。

图5-3　土的粒间咬合力

土的黏聚力是指由于黏性土颗粒之间的胶结作用、结合水膜以及分子引力作用等形成的内在联结力。土的颗粒愈细小，塑性愈大，愈紧密，其黏聚力也愈大。砂土的黏聚力$c=0$，故又称无黏性土。

(三)影响土的抗剪强度的因素

影响土的抗剪强度的因素是多方面的,主要有以下几个方面:

(1)土粒的矿物成分、形状、颗粒大小与颗粒级配。颗粒大、形状不规则、表面粗糙以及颗粒级配良好的土,由于其内摩擦力大,抗剪强度也高。黏土矿物成分中的微晶高岭石含量越多时,黏聚力越大。土中胶结物的成分及含量对土的抗剪强度也有影响。

(2)土的密度。土的初始密度愈大,土粒间接触比较紧密,土粒间的表面摩擦力和咬合力也愈大,剪切试验时需要克服的摩阻力也愈大,则土的抗剪强度愈大。黏性土的密度大则表现出的黏聚力也较大。

(3)含水率。土中含水率的大小,对土抗剪强度的影响十分明显。土中的含水率增大时,会降低土粒表面上的摩擦力,使土的内摩擦角 φ 值减小;黏性土的含水率增高时,会使结合水膜加厚,因而也就降低了土的黏聚力。

(4)土体结构的扰动情况。黏性土的天然结构如果被破坏时,土粒间的胶结物联结被破坏,黏性土的抗剪强度将会显著下降,故原状土的抗剪强度高于同密度和同含水率的重塑土。所以,在现场取样、试验和施工过程中,要注意保持黏性土的天然结构不被破坏,特别是基坑开挖时,更应保持持力层的原状结构不扰动。

(5)有效应力。由有效应力原理可知,土中某点所受的总应力等于该点的有效应力与孔隙水压力之和。随着孔隙水压力的消散和有效应力的增加,致使土体受到压缩,土的密度增大,因而土的 φ、c 值变大,抗剪强度增高。

问题:何谓土的抗剪强度?影响土的抗剪强度的因素有哪些?

三、土中一点的应力状态

在土力学中,常把土体作为半无限体来研究。在半无限土体中任意点 M 处取一微小单元体,设作用在该单元体上的大、小主应力分别为 σ_1 和 σ_3,为了简化分析,下面仅研究平面问题,如图 5-4(a)所示。在单元体内取一与大主应力 σ_1 的作用面成任意角 α 的 mn 斜平面,斜面 mn 上作用的法向应力和剪应力分别为 σ、τ,为了建立 σ、τ 和 σ_1、σ_3 之间的关系,取楔形脱离体 abc 如图 5-4(b)所示。

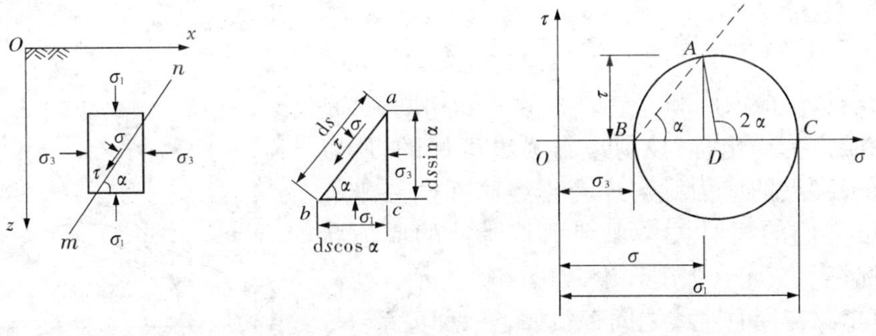

(a)微单元体上的应力 (b)脱离体abc上的应力 (c)莫尔圆

图 5-4 土体中任意点的应力

根据静力平衡条件可得：

$$\sum x = 0: \sigma\sin\alpha ds - \tau\cos\alpha ds - \sigma_3\sin\alpha ds = 0 \tag{5-3}$$

$$\sum y = 0: \sigma\cos\alpha ds + \tau\sin\alpha ds - \sigma_1\cos\alpha ds = 0 \tag{5-4}$$

联立求解以上方程可得 mn 平面上的应力为：

$$\sigma = \frac{\sigma_1 + \sigma_3}{2} + \frac{\sigma_1 - \sigma_3}{2}\cos2\alpha \tag{5-5}$$

$$\tau = \frac{\sigma_1 - \sigma_3}{2}\sin2\alpha \tag{5-6}$$

若将式(5-5)移项后两端平方，再与式(5-6)的两端平方后分别相加，即得：

$$\left[\sigma - \frac{1}{2}(\sigma_1 + \sigma_3)\right]^2 + \tau^2 = \left[\frac{1}{2}(\sigma_1 - \sigma_3)\right]^2 \tag{5-7}$$

不难看出式(5-7)是一个圆的方程。在$\tau \sim \sigma$ 直角坐标系中，绘出以圆心坐标为$\left(\frac{\sigma_1 + \sigma_3}{2}, 0\right)$、半径为$\frac{\sigma_1 - \sigma_3}{2}$的圆，绘出的圆称为莫尔应力圆或莫尔圆，如图 5-4(c)所示。莫尔应力圆也可以用来求土体中任一点的应力状态，具体方法如下：

在莫尔应力圆上，从 DC 开始逆时针方向转 2α 角，得 DA 线与圆周的交点 A，A 点的横坐标即为 mn 斜面上的正应力 σ，A 点的纵坐标即为 mn 斜面上的剪应力τ。显然，当土体中任一点只要已知其大、小主应力 σ_1 与 σ_3时，便可用莫尔应力圆求出该点不同斜面上的法向应力 σ 与剪应力τ。

四、土的极限平衡条件

(一)土的极限平衡状态

如果已知通过土体某点的某一平面上的法向应力与剪应力，又测得该土的抗剪强度指标 φ 和 c 值，就可用库仑定律算出该平面上的抗剪强度τ_f。当$\tau_f > \tau$时，土体不会沿该平面剪破，称该平面处于弹性平衡状态；当$\tau_f < \tau$时，该平面已剪破，称该平面处于塑性平衡状态；当$\tau_f = \tau$时，该平面处于濒于剪破的极限平衡状态。极限平衡状态下该剪切面上各应力之间的关系式称为极限平衡条件式。由此可知，土中某一剪切面上的极限平衡条件式为：

$$\tau = \tau_f = \sigma\tan\varphi + c \tag{5-8}$$

由于莫尔应力圆和库仑直线的坐标相同，都是以法向应力为横坐标，以剪应力为纵坐标的，所以可将土中一点的应力圆与库仑直线画在同一坐标系中，由它们的相对关系来判别其所处的应力状态，故称莫尔－库仑强度理论，如图 5-5 所示。

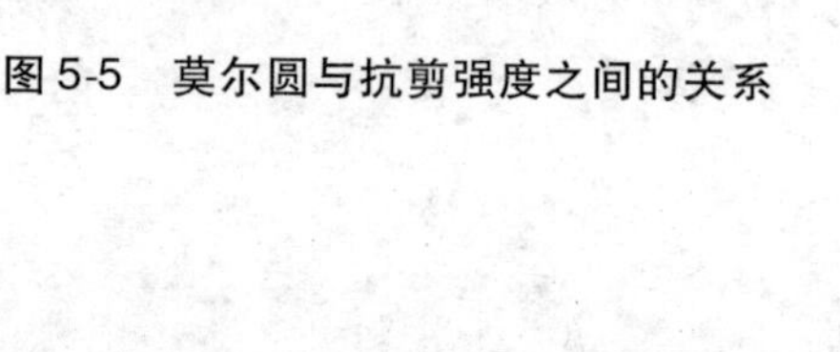

图 5-5　莫尔圆与抗剪强度之间的关系

莫尔圆与库仑直线之间存在如下三种关系：

(1)莫尔应力圆与库仑直线相离。如图 5-5 中圆Ⅰ与库仑直线相离位于库仑直线的下方，表示土中某点任何截面上的剪应力都小于该点的抗剪强度($\tau_f > \tau$),该点不会发生剪切破坏,该点处于弹性平衡状态。

(2)莫尔应力圆与库仑直线相割。如图 5-5 中圆Ⅲ与库仑直线相割,表示过该点的某些截面上的剪应力大于土的抗剪强度($\tau_f < \tau$),该点已经破坏。因为该点土体已经破坏,实际上圆Ⅲ是不可能画出的,而是理想的情况。

(3)莫尔应力圆与库仑直线相切。如图 5-5 中圆Ⅱ与库仑直线在 A 点相切,说明在 A 点所代表的截面上,剪应力正好等于土的抗剪强度($\tau_f = \tau$),该点处于极限平衡状态。

(二)土的极限平衡条件式

土体中某一点达到极限平衡状态时,其微单元土体上作用的大、小主应力 σ_1、σ_3之间的关系式,称为该点土的极限平衡条件式。可用莫尔应力圆与库仑直线相切时的几何关系推得。

当土中某一点处于极限平衡状态时,莫尔应力圆与库仑直线的切点 D 所代表的截面即为剪切破坏面,如图 5-6 所示,由几何条件可以得出下列关系式:

$$\sin\varphi = \frac{\sigma_1 - \sigma_3}{\sigma_1 + \sigma_3 + 2c\cot\varphi} \tag{5-9}$$

式(5-9)经三角函数变换后,可得土的极限平衡条件式为:

$$\sigma_{1f} = \sigma_3 \tan^2(45° + \frac{\varphi}{2}) + 2c\tan(45° + \frac{\varphi}{2}) \tag{5-10}$$

或

$$\sigma_{3f} = \sigma_1 \tan^2(45° - \frac{\varphi}{2}) - 2c\tan(45° - \frac{\varphi}{2}) \tag{5-11}$$

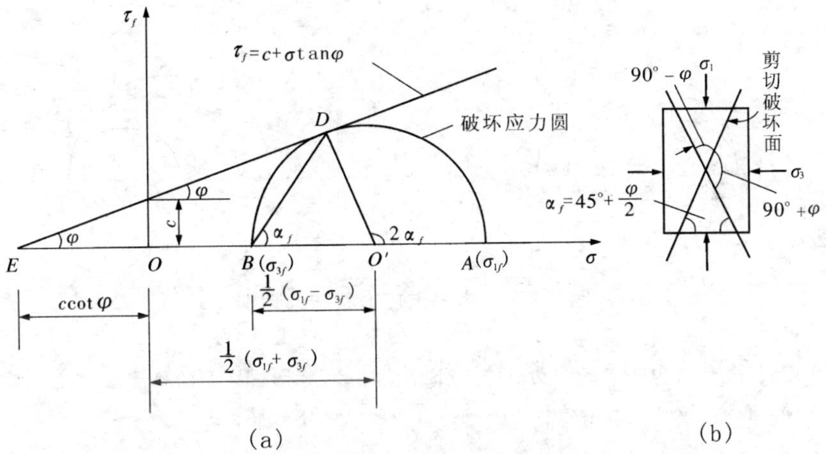

图 5-6 极限平衡的几何条件

对于 $c = 0$ 的无黏性土,极限平衡条件式可以简化。

土体中某点处于极限平衡状态时,其破裂面与大主应力作用面的夹角为 α_f,由图 5-6 中的几何关系可得:

$$2\alpha_f = 90° + \varphi$$

$$\alpha_f = 45° + \frac{\varphi}{2} \tag{5-12}$$

由此可知，土体剪切破坏面的位置是发生在与大主应力作用面成($45° + \varphi/2$)夹角的斜面上，而不是发生在剪应力最大的斜面上，即$\alpha = 45°$的斜面上。

已知土体中任一点的实际大、小主应力σ_1，σ_3及实测的φ，c值，可以用式(5-9)、式(5-10)、式(5-11)中的任何一个，判别土中该点的应力状态，其判别结果是一致的。判别方法如下：

(1)用式(5-9)判别。将实际的σ_1，σ_3和c值代到式(5-9)中，计算出的内摩擦角φ_f，即为土体处在极限平衡状态时所具有的内摩擦角。将极限平衡状态时的内摩擦角φ_f与实际土的内摩擦角$\varphi_{实}$比较，若$\varphi_{实} > \varphi_f$，说明库仑直线与应力圆相离，该点稳定；若$\varphi_{实} < \varphi_f$，说明库仑直线与应力圆相割，该点破坏；若$\varphi_{实} = \varphi_f$，说明库仑直线与应力圆相切，该点处于极限平衡状态。

(2)用式(5-10)判别。将实际的σ_3，φ，c值代到式(5-10)中，计算出的大主应力σ_{1f}，即为土体处在极限平衡状态时所承受的大主应力。将极限平衡状态时的大主应力σ_{1f}与实际土的大主应力$\sigma_{1实}$比较，若$\sigma_{1f} > \sigma_{1实}$，库仑直线与应力圆相离，该点不破坏；若$\sigma_{1f} < \sigma_{1实}$，该点破坏；若$\sigma_{1f} = \sigma_{1实}$，该点处于极限平衡状态，如图5-7(a)所示。

(3)用式(5-11)判别。将实际的σ_1，φ，c值代到式(5-11)中，计算出的小主应力σ_{3f}，即为土体处在极限平衡状态时所承受的小主应力。将极限平衡状态时的小主应力σ_{3f}与实际土的小主应力$\sigma_{3实}$比较，若$\sigma_{3f} < \sigma_{3实}$，该点不破坏；若$\sigma_{3f} > \sigma_{3实}$，该点破坏；若$\sigma_{3f} = \sigma_{3实}$，该点处于极限平衡状态，如图5-7(b)所示。

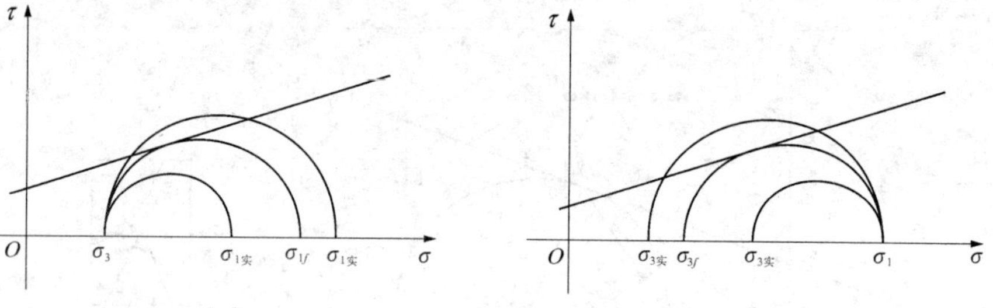

图5-7　土中一点应力状态的判别

问题：(1)如何表示土中一点的应力状态？土体破坏时，剪切破坏面的位置在何处？

(2)σ_3不变，如何使土体破坏？σ_1不变，如何使土体破坏？

【例5-1】　某土层的抗剪强度指标$\varphi = 20°$，$c = 20$ kPa，其中某一点的$\sigma_1 = 300$ kPa，$\sigma_3 = 120$ kPa。问该点是否破坏？若保持σ_3不变，该点不破坏的σ_1最大为多少？

解：(1)判别该点所处的状态。

①利用φ判别。

$$\sin\varphi_f = \frac{\sigma_1 - \sigma_3}{\sigma_1 + \sigma_3 + 2c\cot\varphi} = \frac{300 - 120}{300 + 120 + 2 \times 20 \times \cot 20°} = 0.34$$

$$\varphi_f = 19.86° < \varphi = 20°$$

因此该点稳定。

②用 σ_1 判别。

将 $\sigma_3=120$ kPa，$\varphi=20°$，$c=20$ kPa 代入式(5-10)得：

$$\sigma_{1f}=\sigma_3\tan^2(45°+\frac{\varphi}{2})+2c\tan(45°+\frac{\varphi}{2})$$

$$=120\tan^2(45°+\frac{20°}{2})+2\times20\tan(45°+\frac{20°}{2})$$

$$=301.88(\text{kPa})>\sigma_1=300\ \text{kPa}$$

因此该点稳定。

③用 σ_3 判别。

将 $\sigma_1=300$ kPa，$\varphi=20°$，$c=20$ kPa 代入式(5-11)得：

$$\sigma_{3f}=\sigma_1\tan^2(45°-\frac{\varphi}{2})-2c\tan(45°-\frac{\varphi}{2})$$

$$=300\tan^2(45°-\frac{20°}{2})-2\times20\tan(45°-\frac{20°}{2})$$

$$=119.1(\text{kPa})<\sigma_3=120\ \text{kPa}$$

因此该点稳定。

④用库仑定律判别。

由前述可知破坏角 $\alpha_f=45°+20°/2=55°$，土体若破坏则应沿与最大主平面成55°夹角的平面破坏，该面上的应力如下：

$$\sigma_\alpha=\frac{\sigma_1+\sigma_3}{2}+\frac{\sigma_1-\sigma_3}{2}\cos2\alpha=\frac{300+120}{2}+\frac{300-120}{2}\cos110°=179.22(\text{kPa})$$

$$\tau_\alpha=\frac{\sigma_1-\sigma_3}{2}\sin2\alpha=\frac{300-120}{2}\sin110°=84.57(\text{kPa})$$

破坏面的抗剪强度 τ_f 可以由库仑定律计算得到：

$$\tau_f=\sigma\tan\varphi+c=179.22\tan20°+20=85.23(\text{kPa})>\tau_\alpha=84.57\ \text{kPa}$$

故最危险面不破坏，所以该点稳定。

(2)若 σ_3 不变，由上述计算可知，保持该点不破坏时 σ_1 的最大值为301.88 kPa。

由例5-1可知，判别土体一点的应力状态可以有不同的方法，但其判别的结果是一致的，在实际应用中只需要用一种方法即可。

第二节　土的抗剪强度指标的测定方法

土的抗剪强度指标 σ 和 c 是通过剪切试验测定的，剪切试验方法一般分室内试验和现场试验两类。室内试验常用的仪器有直接剪切仪(简称直剪仪)、三轴压缩仪、无侧限抗压强度仪等；现场常用的有十字板剪切仪等。

一、直接剪切试验

(一)直剪仪及试验原理

直接剪切试验，通常简称直剪试验，它是测定土体抗剪强度指标最简单的试验方法。

直剪试验所用的主要仪器为直剪仪，直剪仪可分为应力控制式和应变控制式两种。试验中通常采用应变控制式直剪仪，其结构如图 5-8 所示，主要由可相互错动的上、下剪切盒，垂直和水平加载系统及测量系统等部分组成。

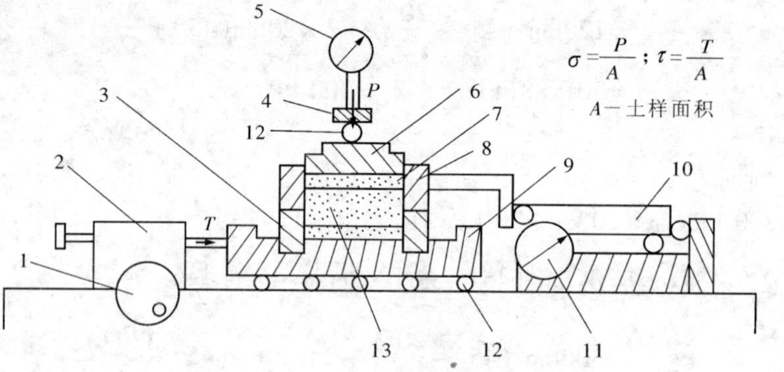

图 5-8　应变控制式直剪仪结构

1—旋转手轮；2—推动器；3—下盒；4—垂直加压框架；5—垂直位移量表；6—传压板；7—透水板；8—上盒；9—储水盒；10—测力计；11—水平位移量表；12—滚珠；13—试样

试验时先用环刀切取原状土样，将上、下剪切盒对齐，把土样放在上、下剪切盒中间，通过传压板和滚珠对土样施加法向应力 σ，然后通过均匀旋转手轮对下剪切盒施加水平剪应力τ，使土样沿上、下剪切盒的接触面发生剪切位移，随着上、下剪切盒的相对位移不断增加，剪切面上的剪应力也不断增加，剪应力与剪切位移的关系曲线如图 5-9(a)所示。当土样将要剪切破坏时，剪切面上的剪应力达到最大(即峰值点)，此时的剪应力即为土的抗剪强度τ_f；如果剪应力不出现峰值，则取规定的剪位移(如面积 30 cm^2的土样，《土工试验规程》(SL 237—1999)规定取剪位移 4 mm)相对应的剪应力作为土的抗剪强度，如图 5-9(b)所示。通过对同一种土 3～4 个土样在不同的法向应力 σ 作用下进行剪切试验，测出相应的抗剪强度τ_f，然后根据 3～4 组相应的试验数据可以点绘出库仑直线，由此求出土的抗剪强度指标 φ，c，如图 5-10 所示。

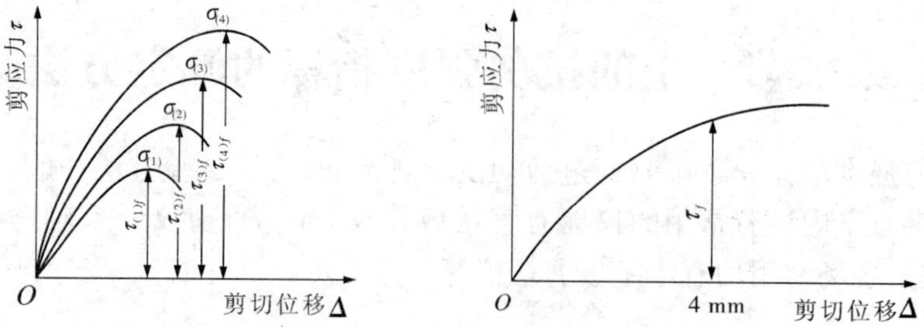

(a)一般黏性土或紧砂　　　　(b)较黏土或松砂

图 5-9　剪应力与剪切位移的关系曲线

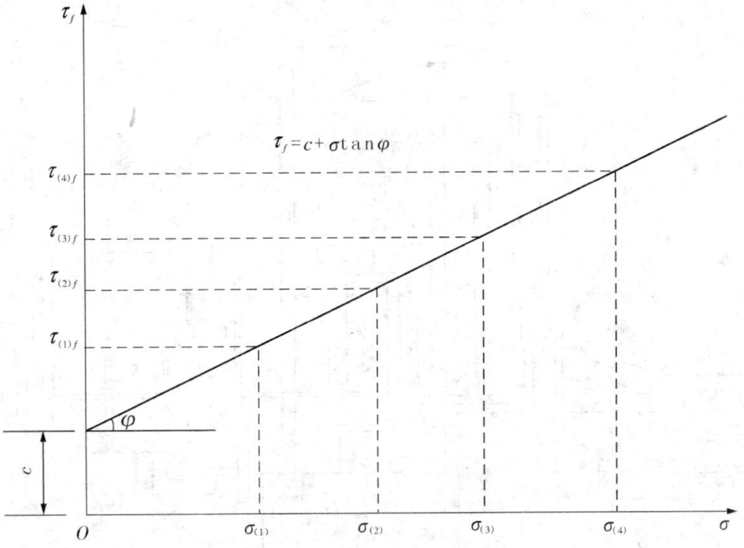

图 5-10　直剪试验结果

(二)直剪试验的优缺点

直剪仪构造简单,土样制备安装方便,操作方法便于掌握,至今仍为一般工程单位广泛采用。但该试验存在着如下缺点:剪切过程中试样内的剪应变分布不均匀,应力条件复杂,但仍按均匀分布计算,其结果有误差;剪切面只能人为地限制在上、下剪切盒的接触面上,而不是沿土样最薄弱的剪切面剪坏;试验时不能严格控制土样的排水条件;不能量测土样中孔隙水压力;剪切过程中土样剪切面逐渐减小,且垂直荷载发生偏心,而分析计算时仍按受剪面积不变考虑。因此,直剪试验不宜用来对土的抗剪强度特性做深入研究。

二、三轴剪切试验

三轴剪切试验也称三轴压缩试验,是测定土抗剪强度的一种较为完善的试验方法。

(一)三轴剪切仪及试验原理

三轴剪切试验使用的仪器为三轴剪切仪(又称三轴压缩仪),其构造如图 5-11 所示。主要工作部分是放置试样的压力室,它是由金属顶盖、底座和透明有机玻璃筒组装起来的密闭容器;轴压系统,用以对试样施加轴向压力;侧压系统,通过液体(通常是水)对试样施加周围压力;孔隙水压力测试系统,可以量测孔隙水压力及其在试验过程中的变化情况,还可以量测试样的排水量。

试验时将切削成正圆柱形的试样套在乳胶膜内,置于试样帽和压力室底座之间,必要时在试样两端安放滤纸和透水石,如图 5-12 所示。然后在试样周围通过液体施加周围压力

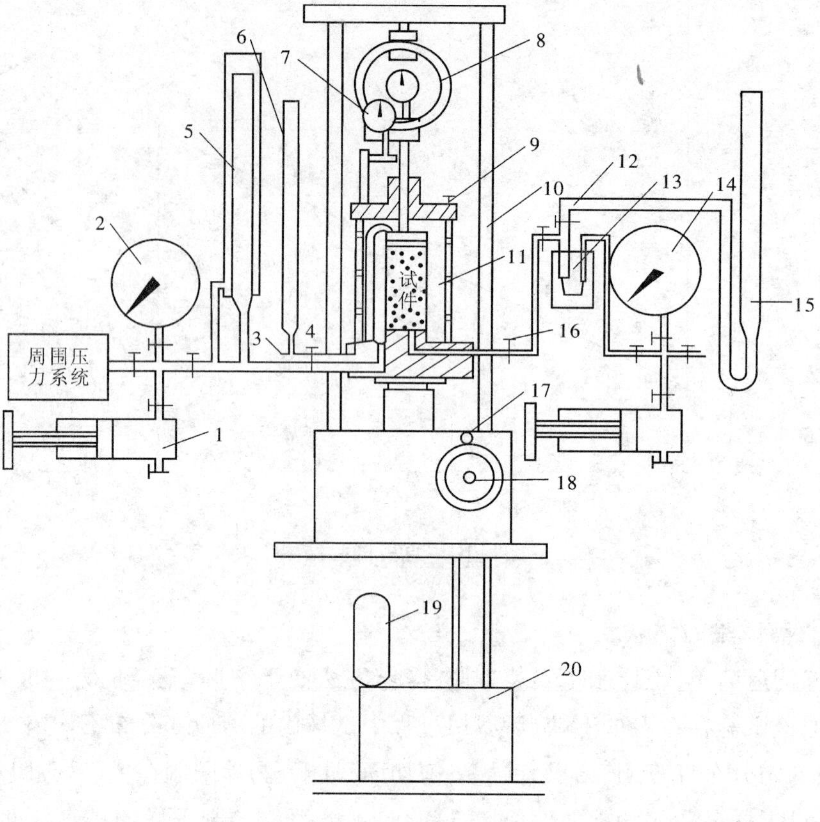

图 5-11　三轴仪构造

1—调压筒;2—周围压力表;3—周围压力阀;4—排水阀;5—体变管;6—排水管;7—变形量表;8—量力环;9—排气孔;10—轴向加压设备;11—压力室;12—量管阀;13—零位指示器;14—孔隙水压力表;15—量管;16—孔隙水压力阀;17—离合器;18—手轮;19—马达;20—变速箱

σ_3,此时试样在径向和轴向均受到同样的压力σ_3作用,因此试样不会受剪应力作用。再由轴向加压设备不断加大轴向力 $\Delta\sigma$ 使试样剪坏。此时试样在径向受σ_3作用,轴向受$\sigma_3+\Delta\sigma=\sigma_1$作用。根据破坏时的$\sigma_3$和$\sigma_1$可绘出极限莫尔应力圆。若同一种土的 3 ~ 4 个试样,在不同的σ_3作用下使试样剪坏,就可得出几个不同的极限莫尔应力圆。这些极限莫尔应力圆的公切线即为库仑直线,如图 5-13 所示,在库仑直线上便可确定抗剪强度指标 φ 和 c。

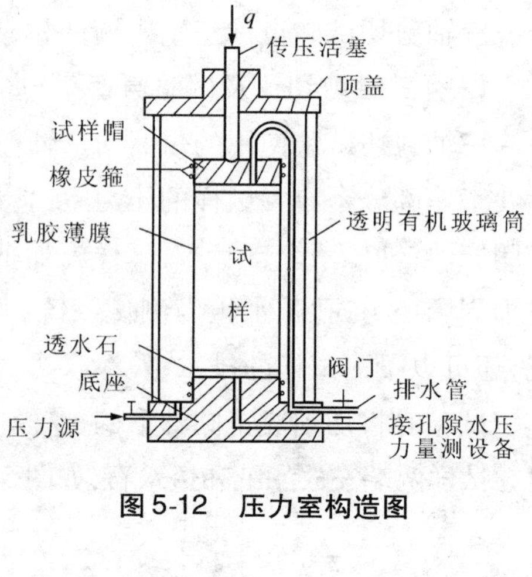

图 5-12　压力室构造图

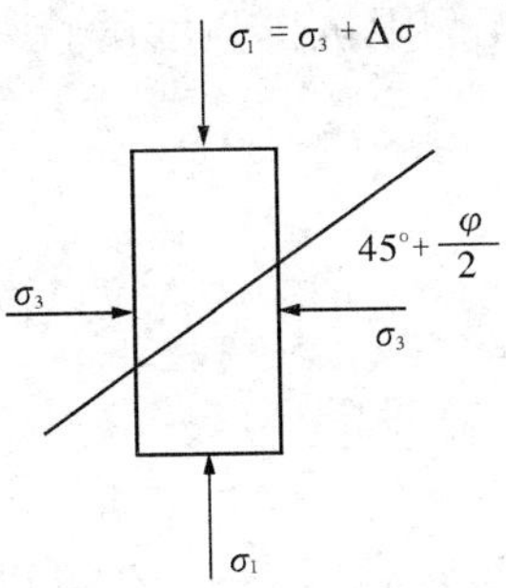

(a)破坏时试样的主应力

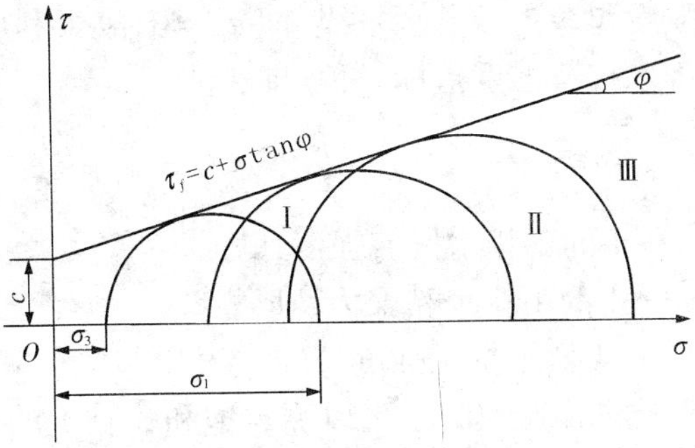

(b)三轴试验结果

图 5-13　三轴剪切试验原理

(二)三轴剪切试验的优缺点

与直剪试验比较,三轴剪切试验的优点是:试样中的应力分布比较均匀;试样破坏时剪切破坏面就发生在土样的最薄弱处,应力状态比较明确;试验时还可根据工程需要,严格控制孔隙水的排出,并能准确地测定土样在剪切过程中孔隙水压力的变化,从而可以定量地获得土中有效应力的变化情况。三轴试验可供在复杂应力条件下研究土的抗剪强度特性用。

但是,三轴仪设备复杂,试样制备比较麻烦,土样易受扰动;另外试样中模拟的主应力为 $\sigma_2=\sigma_3$ 的轴对称情况,而实际土体的受力状态并非都是这类轴对称情况,故其应力状态不能与实际情况完全一致。

三、无侧限抗压强度试验

无侧限抗压强度试验是将正圆柱形土样放在如图 5-14(a)所示的无侧限压力仪中,在无侧向压力和不排水的情况下,对它施加垂直的轴向压力,当土样剪切破坏时所承受的最大轴向压力称为土的无侧限抗压强度 q_u。无侧限抗压强度试验相当于在三轴剪切仪上进行 $\sigma_3=0$ 的不排水剪试验。由于 $\sigma_3=0$,试验结果只能作出一个莫尔极限应力圆($\sigma_1=q_u,\sigma_3=0$),如图 5-14(b)所示。对于饱和软黏土,在三轴不固结不排水的剪切条件下,测

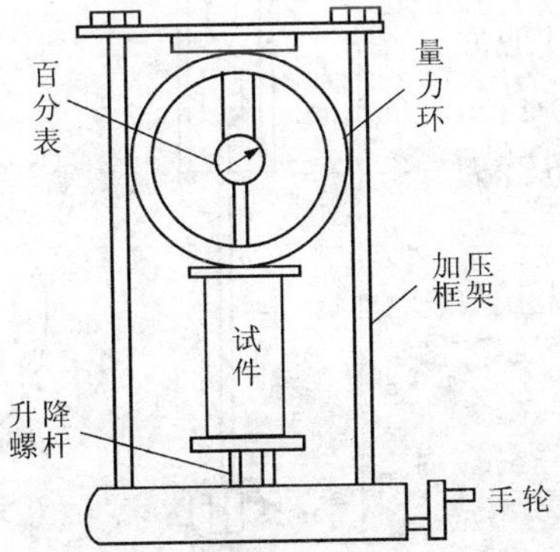

(a)无侧限压力仪

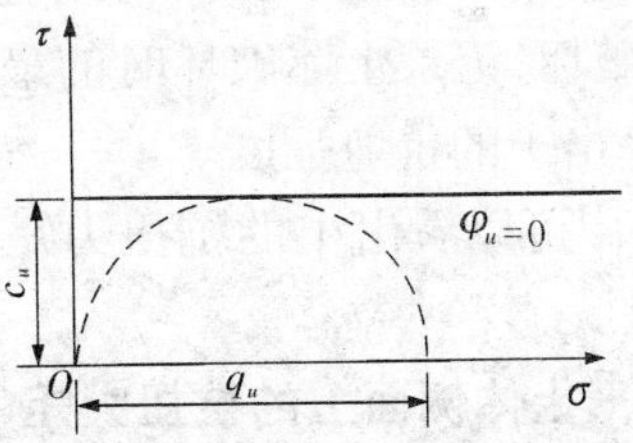

(b)无侧限抗压强度试验结果

图 5-14　无侧限抗压强度试验

出的抗剪强度包线为一条水平线，即 $\varphi_u=0$，故可利用无侧限抗压强度试验来测定饱和软黏土的不排水抗剪强度指标 c_u 值，即：

$$\tau_f = c_u = \frac{q_u}{2} \tag{5-13}$$

式中 τ_f——土的不排水抗剪强度，kPa；

c_u——土的不排水黏聚力，kPa；

q_u——无侧限抗压强度，kPa。

无侧限抗压试验仪除了可以测定饱和软黏土的不排水强度 c_u 外，还可以用来测定土的灵敏度 S_t。土的灵敏度是指原状土与重塑土的无侧限抗压强度的比值。它可反映天然状态下的黏性土，当受到扰动，土的结构遭到破坏时，其强度降低的程度。它的计算公式为：

$$S_t = \frac{q_u}{q_0} \tag{5-14}$$

式中 q_u——原状土样（土的天然结构和含水率保持不变的试样）的无侧限抗压强度，kPa；

q_0——扰动土样（土的天然结构遭到破坏但含水率保持不变的试样）的无侧限抗压强度，kPa。

根据灵敏度可将饱和黏性土分为低灵敏度（$1<S_t\leqslant 2$）、中灵敏度（$2<S_t\leqslant 4$）和高灵敏度（$S_t>4$）三类。土的灵敏度愈高，称土的结构性愈强，受扰动后其强度降低就愈多。所以，在基础施工时，应保护基槽，减少对基底土的扰动。

四、十字板剪切试验

十字板剪切试验是一种原位测定土的抗剪强度的试验方法，它与室内无侧限抗压强度试验一样，所测得的成果相当于不排水抗剪强度。

十字板剪切仪的构造如图 5-15 所示。试验时在钻孔中放入十字板，并压入土中 75 cm，通过地面上的扭力设备对钻杆施加扭矩，带动十字板旋转，直至土体剪切破坏，记录土体破坏时的最大扭转力矩 M_{max}，据此算出土的抗剪强度。

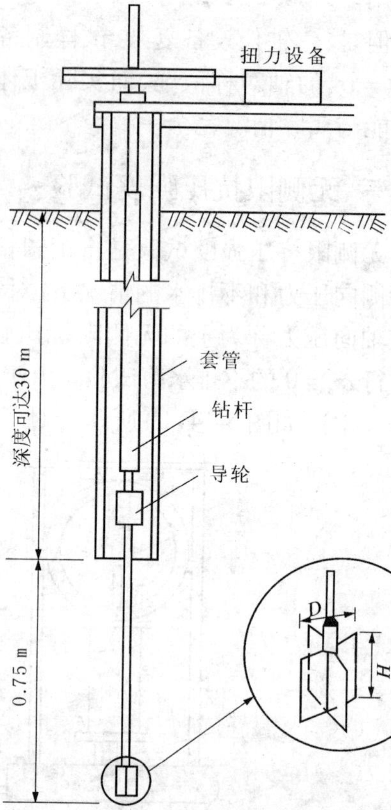

图 5-15 十字板剪切仪的构造

从图 5-15 中可以看出土的抗扭力矩由以下两部分组成。

（一）圆柱形土体侧面上的抗扭力矩

圆柱形土体侧面上的抗扭力矩 M_1 为：

$$M_1 = \tau_f\left(\pi DH\frac{D}{2}\right) \tag{5-15}$$

式中　D——十字板的宽度(即圆柱体直径),m;

H——十字板的高度,m;

τ_f——土的抗剪强度(公式推导中假设土的强度为各向相同的)。

(二)圆柱形土体上、下两个剪切面上的抗扭力矩

圆柱形土体上、下两个剪切面上的抗扭力矩 M_2 为:

$$M_2 = 2\tau_f\left(\frac{\pi D^2}{4} \times \frac{2}{3} \times \frac{D}{2}\right) \tag{5-16}$$

根据扭力矩等于抗扭力矩得:

$$M_{\max} = M_1 + M_2 = \tau_f\left(\pi DH\frac{D}{2}\right) + 2\tau_f\left(\frac{\pi D^2}{4} \times \frac{2}{3} \times \frac{D}{2}\right)$$

所以

$$\tau_f = \frac{2M_{\max}}{\pi D^2\left(H + \frac{D}{3}\right)} \tag{5-17}$$

对于饱和软黏土,与前同理,十字板剪切试验所得结果也属于不排水抗剪强度 c_u。它具有无需钻孔取样试验和使土少受扰动的优点。但所得 c_u 主要反映垂直面上的强度,一般易得偏高的结果,且这种原位测试方法中剪切面上的应力条件十分复杂,排水条件又不能控制得很严格。因此,十字板剪切试验的 c_u 值与原状土室内的不排水剪试验结果有一定差别。

五、总应力强度指标和有效应力强度指标

在第四章中已指出,饱和土的固结是孔隙水压力 u 消散和有效应力 σ' 增长的过程。而饱和土的剪切过程也是伴随着孔隙水逐渐排出、有效应力逐渐增长、土体逐渐固结的过程,从而必然使得土的抗剪强度随着土体固结压密程度的增大而不断增长。这也说明,孔隙水压力消散的过程,就是土的抗剪强度增大的过程。土中孔隙水压力的消散程度不同,则土的抗剪强度大小也就不同。因此,在剪切试验中,为了考虑孔隙水压力对抗剪强度的影响,将抗剪强度的分析表达方法分为总应力法和有效应力法。

(一)总应力法

总应力法是指用剪切面上的总应力来表示土的抗剪强度的方法,其表达式为式(5-2),即:

$$\tau_f = \sigma\tan\varphi + c$$

式中　c,φ——以总应力法表示的黏聚力和内摩擦角,统称为总应力抗剪强度指标。

在总应力法中,孔隙水压力对抗剪强度的影响是通过在试验中控制土样的排水条件来体现的。根据排水条件的不同,在三轴剪切试验中分为排水剪(CD)、不固结不排水剪(UU)和固结不排水剪(CU)三种;相应的在直剪试验中分为慢剪(s)、快剪(q)和固结快剪(cq)三种。

(1)排水剪和慢剪。指在整个试验过程中,使土样保持充分排水固结(即孔隙水压力始终为零)的条件下进行剪切试验的方法。当用三轴试验时,在围压 σ_3 作用下,打开排水阀,使土样充分排水固结,当孔隙水压力降为零时才施加轴向力 $\Delta\sigma$,在施加轴向力的过程中也应该让土样充分排水固结,所以轴向力应缓慢增加直至土样剪切破坏。由排水剪

测得的抗剪强度指标用 c_d 和 φ_d 表示。

当用直剪试验时，在土样的上、下面与透水石之间放上滤纸，便于排水，待土样在垂直压力作用下充分排水固结稳定后，再缓慢施加水平剪力，且在土样充分排水固结条件下，直至剪坏。由于需时很长，故称慢剪。由慢剪测得的抗剪强度指标用 c_s 和 φ_s 表示。

(2)不固结不排水剪和快剪。指在整个试验过程中，均不让土样在排水固结(即不使孔隙水压力消散)的条件下进行剪切试验的方法。当用三轴试验时，无论是施加围压 σ_3，还是施加轴向力 $\Delta\sigma$，始终关闭排水阀，使土样在不排水的条件下剪坏。由不排水剪测得的抗剪强度指标用 c_u 和 φ_u 表示。

当用直剪试验时，在土样的上、下面与透水石之间用不透水薄膜隔开，在施加垂直压力后随即施加水平剪力，使试样在 3 ~5 min 内剪坏，故称为快剪。由快剪测得的抗剪强度指标用 c_q 和 φ_q 表示。

(3)固结不排水剪和固结快剪。指土样在围压或竖向压力作用下，充分排水固结，但在剪切过程中不让土样排水固结的条件下进行剪切试验的方法。如采用三轴试验，在施加围压 σ_3 时，打开排水阀，让土样充分排水固结后，再关闭排水阀，使土样在不排水的条件下施加轴向力 $\Delta\sigma$ 直至剪坏。由固结不排水剪测定的强度指标用 c_{cu} 和 φ_{cu} 表示。

当用直剪试验时，在土样的上、下面与透水石之间放上滤纸，先施加竖向压力，待土样排水固结稳定后，再施加水平剪力，将土样在 3 ~5 min 内剪坏，故称为固结快剪。由固结快剪测得的抗剪强度指标用 c_{cq} 和 φ_{cq} 表示。

上述三种剪切试验方法，对于同一种土，施加相同的总应力时，由于试验时土样的排水条件和固结程度不同，故测得的抗剪强度指标也不相同，一般情况下，三种试验方法测得的内摩擦角有如下关系：$\varphi_s > \varphi_{cq} > \varphi_q (\varphi_d > \varphi_{cu} > \varphi_u)$，测得的黏聚力 c 值也有差别，如图 5-16所示。

(二)有效应力法

如前所述，土的抗剪强度与总应力之间并没有唯一对应的关系。实质上土的抗剪强度是由受剪面上的有效法向应力所决定的。所以，库仑定律应该用有效应力来表达才接近于实际，有效应力库仑定律表达式为：

$$\tau_f = \sigma' \tan\varphi' + c' = (\sigma - u)\tan\varphi' + c' \tag{5-18}$$

式中 σ'——剪切破坏面上的法向有效应力，kPa；

φ', c'——有效内摩擦角和有效黏聚力，两者统称为有效应力强度指标。

有效应力强度指标通常用三轴剪切仪测定。取同一种土的 3 ~4 个试样，分别在不同周围压力 σ_3 下进行试验，测出剪切破坏时的最大主应力 σ_1 和孔隙水压力 u，则有效大主应力 $\sigma_1' = \sigma_1 - u$，有效小主应力 $\sigma_3' = \sigma_3 - u$。以有效主应力为横坐标、抗剪强度 τ_f 为纵坐标，根据试验结果可绘出 3 ~4 个极限应力圆，并作公切线(强度包线)，即可确定 φ' 和 c'，如图 5-17 中虚线圆所示。在实际应用中，有效应力强度指标用于有效应力强度式(5-18)来分析土体的稳定性。分析时需要知道土体中孔隙水压力实际分布情况。

试验表明，用直接剪切仪做慢剪试验测得的慢剪强度指标 φ_s、c_s 与有效应力强度指标 φ'、c' 基本相同。这是因慢剪时的孔隙水压力为零，此时总应力就等于有效应力。所以，在没有三轴剪切仪时，可以 φ_s、c_s 代替 φ'、c'。

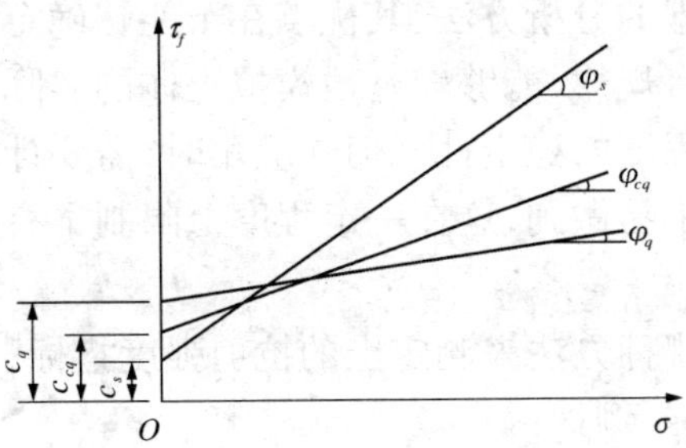

图 5-16　总应力法测得的抗剪强度指标

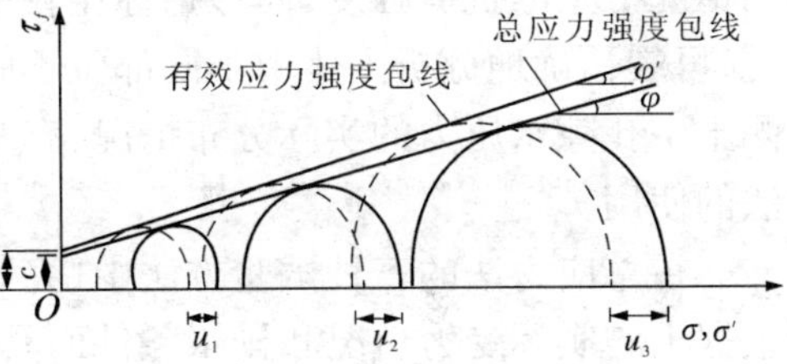

图 5-17　有效应力强度指标的确定

【例 5-2】 某饱和黏性土做固结不排水试验，三个土样所施加的围压和剪坏时的轴向应力及孔隙水压力等试验数据和计算结果见表 5-1。试求该土的固结不排水强度指标和有效应力强度指标。

表 5-1　三轴固结不排水剪试验结果　（单位：kPa）

试样编号	σ_3	σ_1	u	$\sigma_3{}' = \sigma_3 - u$	$\sigma_1{}' = \sigma_1 - u$
1	<u>50</u>	<u>142</u>	<u>23</u>	27	119
2	<u>100</u>	<u>220</u>	<u>40</u>	60	180
3	<u>150</u>	<u>314</u>	<u>67</u>	83	247

注：表中划线数据为试验所测得的数据。

解：根据表 5-1 中的测试数据，在$\tau_f \sim \sigma$ 坐标中分别绘出三个总应力极限应力圆和极限有效应力圆如图 5-18 所示，分别作总应力圆和有效应力圆的强度包线，量得总应力强度指标 $c_{cu} = 10$ kPa、$\varphi_{cu} = 18°$，有效应力强度指标 $c' = 6$ kPa、$\varphi' = 27°$。

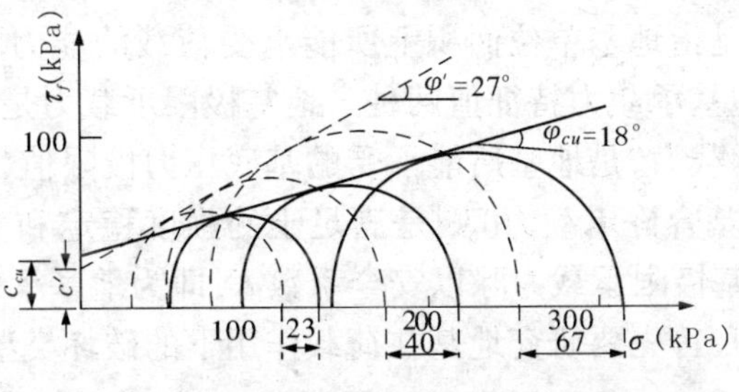

图 5-18　总应力强度包线和有效应力强度包线

六、抗剪强度指标的选用

土的抗剪强度指标对地基或土工建筑物的稳定分析起主要作用，如果指标选择不当，将会使稳定分析计算结果严重偏离实际情况。所以，在选择抗剪强度指标这个问题上，要紧密结合工程实际，考虑土体的实际受力情况和排水条件等因素，尽量选用试验条件与实际工程条件相一致的抗剪强度指标。

在实际工程中，有效应力法是一种比较合理的分析方法，其优点在于能够确定任何固结情况下土的抗剪强度，而且指标比较稳定和有规律，能够较好地模拟土体的实际固结情况，可较精确地分析土体中不同部位不同固结程度的稳定性。但在应用时，需要计算或实测土中孔隙水压力的实际分布情况，有时这些不易做到，这在一定程度上限制了有效应力法的使用。

在总应力法的三种试验方法中，究竟选用哪种方法来测定土的抗剪强度指标，主要应根据土的实际受力情况和排水条件而具体分析。例如：

(1)如地基为饱和黏性土，且土层厚度较大，渗透性较弱，排水条件不好(无夹砂层)，当建筑物施工进度快，估计在施工期间地基来不及固结就可能失去稳定，应考虑采用不排水剪或快剪测定的指标。

(2)如地基为饱和黏土层厚度较薄或有夹砂层时，其渗透性较强，排水条件较好，当施工速度较慢，施工期较长，估计在施工期间地基可能充分固结，则可采用排水剪或慢剪测定的指标。

(3)如建筑物已完工很久或在施工期固结已基本完成，但在运用过程中可能突然施加荷载，如水闸完工后挡水情况，可采用固结不排水剪或固结快剪测定的指标。

(4)当分析土坝坝身的稳定性时，一般地，施工期采用不饱和快剪指标，正常运用期则采用饱和固结快剪指标。当分析水库水位骤然下降的坝体稳定性时，也应采用饱和固结快剪指标。

问题：(1)土的抗剪强度指标有哪些测定方法？直接剪切试验与三轴剪切试验各有何缺点？

(2)如何选用土的抗剪强度指标？

第三节　地基承载力

所谓地基承载力，是指地基单位面积上所能承受荷载的能力。地基承载力一般可分为地基极限承载力和地基承载力特征值两种。地基极限承载力是指地基发生剪切破坏丧失整体稳定时的地基承载力，是地基所能承受的基底压力极限值(极限荷载)，用 p_u 表示；地基承载力特征值(地基容许承载力)则是满足土的强度稳定和变形要求时的地基承载能力，以 f_a 表示。将地基极限承载力除以安全系数 K，即为地基承载力特征值。

要研究地基承载力，首先要研究地基在荷载作用下的破坏类型和破坏过程。

一、地基的破坏类型与变形阶段

现场载荷试验和室内模型试验表明，在荷载作用下，建筑物地基的破坏通常是由承载力不足而引起的剪切破坏，地基剪切破坏随着土的性质而不同，一般可分为整体剪切破坏、局部剪切破坏和冲切剪切破坏三种类型。三种不同破坏类型的地基作用荷载 p 和沉降量 s 之间的关系，即 $p\sim s$ 曲线如图 5-19 所示。

(一)整体剪切破坏

对于比较密实的砂土或较坚硬的黏性土，常发生这种破坏类型。其特点是地基中产生连续的滑动面一直延续到地表，基础两侧土体有明显隆起，破坏时基础急剧下沉或向一侧突然倾斜，$p\sim s$ 曲线有明显拐点，如图 5-19(a)所示。

(二)局部剪切破坏

在中等密实砂土或中等强度的黏性土地基中都可能发生这种破坏类型。局部剪切破坏的特点是基底边缘的一定区域内有滑动面，类似于整体剪切破坏，但滑动面没有发展到地表，基础两侧土体微有隆起，基础下沉比较缓慢，一般无明显倾斜，$p\sim s$ 曲线拐点不易确定，如图 5-19(b)所示。

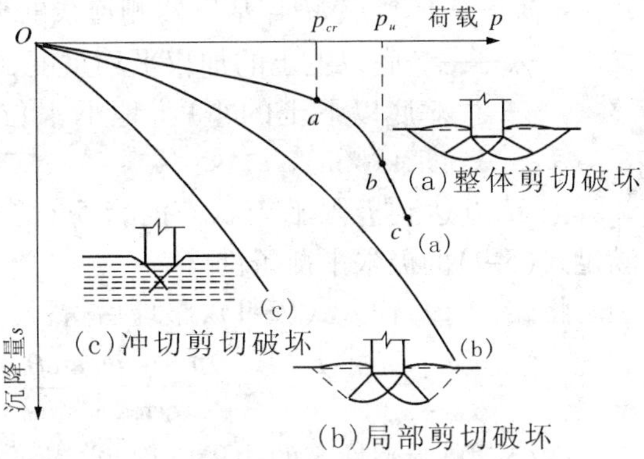

图 5-19 地基破坏型式

(三)冲切剪切破坏

当地基为压缩性较高的松砂或软黏土时，基础在荷载作用下会连续下沉，破坏时地基无明显滑动面，基础两侧土体无隆起也无明显倾斜，基础只是下陷，就像"切入"土中一样，故称为冲切剪切破坏，或称为刺入剪切破坏。该破坏型式的 $p\sim s$ 曲线也无明显的拐点，如图 5-19(c)所示。

(四)地基变形的三个阶段

根据地基从加荷到整体剪切破坏的过程，地基的变形一般经过三个阶段。

(1)弹性变形阶段。当基础上的荷载较小时，地基主要产生压密变形，$p\sim s$ 曲线接近于直线，如图 5-19(a)曲线的 Oa 段，此时地基中任意点的剪应力均小于抗剪强度，土体处于弹性平衡状态。

(2)塑性变形阶段。在图 5-19(a)曲线中，拐点 a 所对应的荷载称为临塑荷载，用 p_{cr} 表示。当作用荷载超过临塑荷载 p_{cr} 时，首先在基础边缘地基中开始出现剪切破坏，剪切破坏随着荷载的增大而逐渐形成一定的区域，称为塑性区。$p\sim s$ 呈曲线关系，如图 5-19(a)曲线的 ab 段。

(3)破坏阶段。在图 5-19(a)曲线中，拐点 b 所对应的荷载称为极限荷载，以 p_u 表示。当作用荷载达到极限荷载 p_u 时，地基土体中的塑性区发展到形成一连续的滑动面，若荷载略有增加，基础变形就会突然增大，同时地基土从基础两侧挤出，地基因发生整体剪切破坏而丧失稳定。

二、地基的临塑荷载与临界荷载

(一)临塑荷载

临塑荷载 p_{cr} 是指地基土中即将产生塑性区(即基础边缘将要出现剪切破坏)时对应的基底压力，也是地基从弹性变形阶段转为塑性变形阶段的分界荷载。临塑荷载可根据土中应力计算的弹性理论和土体的极限平衡条件导出。

设在均质地基中，埋深 d 处作用一条形均布铅直荷载 p，如图 5-20 所示，根据弹性理论，在地基中任一深度 M 点处产生的大、小主应力的计算公式为：

$$\left.\begin{matrix}\sigma_1\\\sigma_3\end{matrix}\right\}=\frac{p-\gamma_0 d}{\pi}(\beta_0 \pm \sin\beta_0)+\gamma_0 d+\gamma z \tag{5-19}$$

式中　β_0——任意点 M 与基底两侧连线的夹角，rad；

γ_0——基底以上土的加权平均重度，kN/m^3；

γ——基底以下土的重度，地下水位以下用有效重度，kN/m^3。

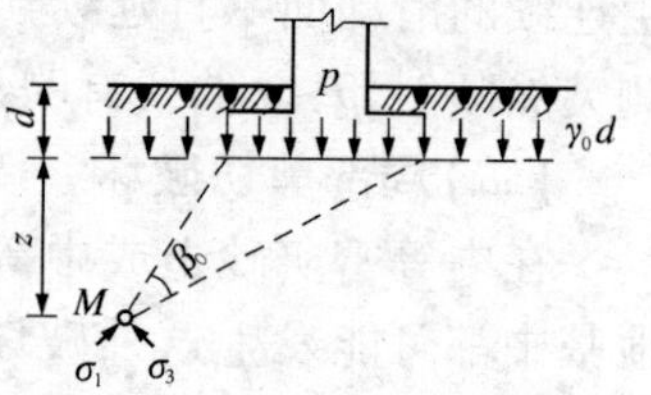

图 5-20　条形均布荷载作用下地基中的主应力

当 M 点达到极限平衡状态时，该点的大、小主应力应满足式(5-9)的极限平衡条件。

将式(5-19)代入式(5-9)，整理后得：

$$z=\frac{p-\gamma_0 d}{\gamma\pi}\left(\frac{\sin\beta_0}{\sin\varphi}-\beta_0\right)-\frac{c}{\gamma\tan\varphi}-\frac{\gamma_0}{\gamma}d \tag{5-20}$$

式(5-20)为塑性区的边界方程，它表示塑性区边界上任一点的 z 与 β_0 之间的关系。如果基础的埋置深度 d、荷载 p 以及土的性质指标 γ, c, φ 均已知，根据式(5-20)可绘出塑性区的边界线，如图 5-21 所示。

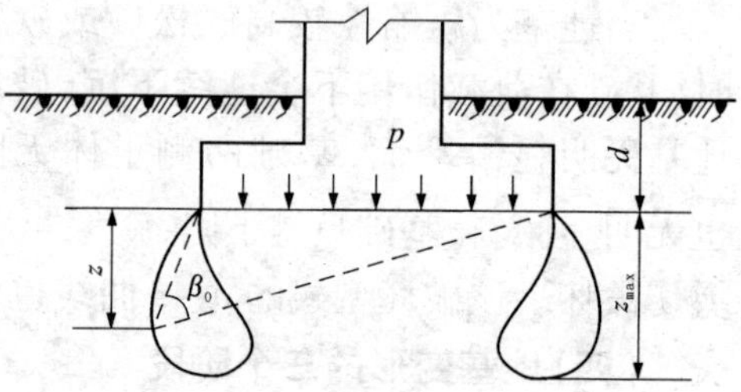

图 5-21　条形基础底面边缘的塑性区

在实际应用时，一般只需要了解在一定的荷载 p 作用下塑性区开展的最大深度 z_{max}。为计算塑性区开展的最大深度 z_{max}，可由 $dz/d\beta_0=0$ 的条件求得，即：

$$\frac{dz}{d\beta}=\frac{p-\gamma_0 d}{\gamma\pi}\left(\frac{\cos\beta_0}{\sin\varphi}-1\right)=0 \tag{5-21}$$

由式(5-21)得出 $\cos\beta_0=\sin\varphi$，所以当 $\beta_0=\pi/2-\varphi$ 时式(5-20)有极值。将 $\beta_0=\pi/2-\varphi$ 代回式(5-20)中，即可得到塑性变形区开展的最大深度为：

$$z_{max}=\frac{p-\gamma_0 d}{\gamma\pi}\left[\cot\varphi-\left(\frac{\pi}{2}-\varphi\right)\right]-\frac{c}{\gamma\tan\varphi}-\frac{\gamma_0}{\gamma}d \tag{5-22}$$

由式(5-22)可见，在其他条件不变的情况下，p 增大时，z_{max} 也增大（即塑性区发展）。若 $z_{max}=0$，则表示地基即将产生塑性区，与此相应的基底压力 p 即为临塑荷载 p_{cr}。因此，令 $z_{max}=0$，得临塑荷载的计算式为：

$$p_{cr}=\frac{\pi(\gamma_0 d+c\cot\varphi)}{\cot\varphi-\dfrac{\pi}{2}+\varphi}+\gamma_0 d=N_c c+N_q\gamma_0 d \tag{5-23}$$

$$N_c=\frac{\pi\cot\varphi}{\cot\varphi-\dfrac{\pi}{2}+\varphi}$$

$$N_q=\frac{\cot\varphi+\dfrac{\pi}{2}+\varphi}{\cot\varphi-\dfrac{\pi}{2}+\varphi}$$

式中　N_c, N_q——承载力系数，是内摩擦角的函数。

临塑荷载可作为地基承载力特征值，即：

$$f_a = p_{cr} \tag{5-24}$$

（二）临界荷载

一般情况下将临塑荷载 p_{cr} 作为地基承载力特征值（或地基容许承载力）是偏于保守和不经济的。经验表明，在大多数情况下，即使地基中发生局部剪切破坏，存在塑性变形区，但只要塑性区的范围不超过某一容许限度，就不至影响建筑物的安全和正常使用。地基的塑性区的容许界限深度与建筑类型、荷载性质及土的特性等因素有关。一般认为，在中心荷载作用下，塑性区的最大深度 z_{max} 可控制在基础宽度的 1/4，即 $z_{max} = b/4$，相应的基底压力用 $p_{\frac{1}{4}}$ 表示。在偏心荷载作用下，令 $z_{max} = b/3$，相应的基底压力用 $p_{\frac{1}{3}}$ 表示。$p_{\frac{1}{4}}$ 和 $p_{\frac{1}{3}}$ 统称为临界荷载，临界荷载可作为地基承载力特征值。

将 $z_{max} = b/3$ 或 $b/4$ 代入式(5-22)，整理得相应的临界荷载 $p_{\frac{1}{3}}$ 或 $p_{\frac{1}{4}}$ 为：

$$p_{\frac{1}{3}} = \frac{\pi(\gamma_0 d + c\cot\varphi + \frac{1}{3}\gamma b)}{\cot\varphi - \frac{\pi}{2} + \varphi} + \gamma_0 d = N_{\frac{1}{3}}\gamma b + N_c c + N_q \gamma_0 d \tag{5-25}$$

$$p_{\frac{1}{4}} = \frac{\pi(\gamma_0 d + c\cot\varphi + \frac{1}{4}\gamma b)}{\cot\varphi - \frac{\pi}{2} + \varphi} + \gamma_0 d = N_{\frac{1}{4}}\gamma b + N_c c + N_q \gamma_0 d \tag{5-26}$$

$$N_{\frac{1}{3}} = \frac{\pi}{3(\cot\varphi - \frac{\pi}{2} + \varphi)}$$

$$N_{\frac{1}{4}} = \frac{\pi}{4(\cot\varphi - \frac{\pi}{2} + \varphi)}$$

式中　$N_{\frac{1}{3}}, N_{\frac{1}{4}}$——承载力系数，是内摩擦角的函数。

其余符号意义同前。

临塑荷载 p_{cr}、临界荷载 $p_{\frac{1}{3}}$ 和 $p_{\frac{1}{4}}$ 的计算式是在条形均布荷载作用下导出的，对于矩形基础和圆形基础，其结果偏于安全。

【例 5-3】　有一条形基础，宽度 $b = 3$ m，埋置深度 $d = 1$ m。地基土的重度水上 $\gamma = 19$ kN/m^3，水下饱和重度 $\gamma_{sat} = 20$ kN/m^3，土的抗剪强度指标 $c = 10$ kPa，$\varphi = 10°$。试求：(1)无地下水时的临界荷载 $p_{\frac{1}{4}}, p_{\frac{1}{3}}$；(2)当地下水位升至基础底面时，地基承载力有何变化。

解：(1)由 $\varphi = 10°$，计算得 $N_{\frac{1}{3}} = 0.24$，$N_{\frac{1}{4}} = 0.18$，$N_q = 1.73$，$N_c = 4.17$。代入式(5-25)、式(5-26)得到：

$$p_{\frac{1}{3}} = N_{\frac{1}{3}}\gamma b + N_q \gamma_0 d + N_c c = 0.24 \times 19 \times 3 + 1.73 \times 19 \times 1 + 4.17 \times 10 = 88.3 \text{(kPa)}$$

$$p_{\frac{1}{4}} = N_{\frac{1}{4}}\gamma b + N_q \gamma_0 d + N_c c = 0.18 \times 19 \times 3 + 1.73 \times 19 \times 1 + 4.17 \times 10 = 84.8 \text{(kPa)}$$

(2)当地下水位上升至基础底面时，若假设土的强度指标 c, φ 值不变，因而承载力系数同上。地下水位以下土的重度采用有效重度 $\gamma' = 20 - 9.8 = 10.2$(kN/m^3)。将 γ' 及承载力系数等值代入式(5-25)、式(5-26)中，即可得出地下水位上升后的地基承载力为：

$$p_{\frac{1}{3}} = N_{\frac{1}{3}}\gamma' b + N_q \gamma_0 d + N_c c = 0.24 \times 10.2 \times 3 + 1.73 \times 19 \times 1 + 4.17 \times 10 = 81.9 \text{(kPa)}$$

$p_{\frac{1}{4}} = N_{\frac{1}{4}}\gamma' b + N_q\gamma_0 d + N_c c = 0.18 \times 10.2 \times 3 + 1.73 \times 19 \times 1 + 4.17 \times 10 = 80.1(\text{kPa})$

从计算可以看出，当有地下水时，会降低地基承载力值。故当地下水位升高较大时，对地基的稳定不利。

三、地基的极限荷载

地基的极限荷载 p_u（即极限承载力）是指地基濒于发生整体破坏时的最大基底压力，即地基从塑性变形阶段转为破坏阶段的分界荷载。极限荷载的计算理论，根据地基不同的破坏类型有所不同，但目前的计算公式均是按整体剪切破坏模式推导的，只是有的计算公式可根据经验修正后，用于其他破坏模式的计算。下面介绍工程界常用的太沙基公式和汉森公式。

（一）太沙基公式

太沙基（K. Terzaghi）在作极限荷载计算公式推导时，假定条件为：①基础为条形浅基础；②基础两侧埋置深度 d 范围内的土重被视为边荷载 $q = \gamma_0 d$，而不考虑这部分土的抗剪强度；③基础底面是粗糙的；④在极限荷载 p_u 作用下，地基中的滑动面如图 5-22 所示，滑动土体共分为 5 个区（左右对称）：

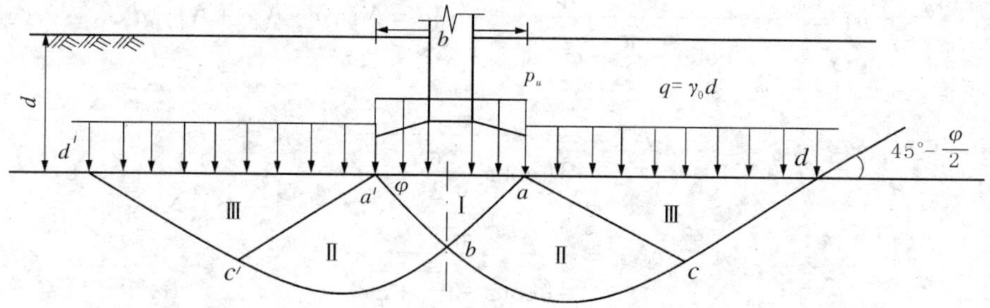

图 5-22　太沙基承载力理论假定的滑动面

Ⅰ区——基底下的楔形压密区（$a'ab$），因基底与土体之间的摩擦力，能阻止基底处土体发生剪切位移，因此直接位于基底下的土不会处于塑性平衡状态，而是处于弹性平衡状态。楔体与基底面的夹角为 φ，在地基破坏时该区随基础一同下沉。

Ⅱ区——辐射受剪区，滑动面 bc 及 bc' 是按对数螺旋线变化所形成的曲面。

Ⅲ区——朗肯被动土压力区，滑动面 cd 及 $c'd'$ 为直线，它与水平面的夹角为 $45° - \varphi/2$，作用于 ab 和 $a'b$ 面上的力是被动土压力。

根据弹性楔形体 $a'ab$ 的静力平衡条件求得的太沙基极限荷载 p_u 的计算公式为：

$$p_u = \frac{1}{2}\gamma b N_\gamma + qN_q + cN_c \qquad (5\text{-}27)$$

式中　b——基础宽度，m；

γ——基础底面以下土的重度，kN/m^3；

q——基础的旁侧荷载，kPa，$q = \gamma_0 d$；

γ_0——基础底面以上土的重度加权平均值，kN/m^3；

d——基础埋深,m;

N_γ, N_q, N_c——承载力系数,仅与土的内摩擦角有关,可由表5-2查得。

表5-2 太沙基公式承载力系数

φ(°)	N_c	N_q	N_γ	N'_c	N'_q	N'_γ
0	5.7	1.0	0	5.7	1.0	0
5	7.3	1.6	0.5	6.7	1.4	0.2
10	9.6	2.7	1.2	8.0	1.9	0.5
15	12.9	4.4	2.5	9.7	2.7	0.9
20	17.7	7.4	5.0	11.8	3.9	1.7
25	25.1	12.7	9.7	14.8	5.6	3.2
30	37.2	22.5	19.7	19.0	8.3	5.7
34	52.6	36.5	35.0	23.7	11.7	9.0
35	57.8	41.4	42.4	25.2	12.6	10.1
40	95.7	81.3	100.4	34.9	20.5	18.8

式(5-27)适用于条形荷载作用下地基土整体剪切破坏情况,即适用于坚硬黏土和密实砂土。对于地基发生局部剪切破坏的情况,太沙基建议对土的抗剪强度指标进行折减,即取 $c'=2c/3$、$\tan\varphi'=(2\tan\varphi)/3$。根据调整后的指标并由 φ' 查得 N_c, N_q, N_γ,按式(5-27)计算条形基础局部剪切破坏的极限承载力。或者由 φ 查取表5-2中的 N'_c, N'_q, N'_γ,按式(5-28)计算极限承载力:

$$p_u=\frac{2}{3}cN'_c+qN'_q+\frac{1}{2}\gamma bN'_\gamma \tag{5-28}$$

对于圆形或方形基础,太沙基建议用下列半经验公式计算地基极限承载力。

对于方形基础(边长为 b)

整体剪切破坏: $$p_u=1.2cN_c+qN_q+0.4\gamma bN_\gamma \tag{5-29}$$

局部剪切破坏: $$p_u=0.8cN'_c+qN'_q+0.4\gamma bN'_\gamma \tag{5-30}$$

对于圆形基础(半径为 b)

整体剪切破坏: $$p_u=1.2cN_c+qN_q+0.6\gamma bN_\gamma \tag{5-31}$$

局部剪切破坏: $$p_u=0.8cN'_c+qN'_q+0.6\gamma bN'_\gamma \tag{5-32}$$

按照太沙基公式计算得到的地基极限承载力 p_u 除以安全系数 K,即可得到地基承载力特征值 f_a,一般取安全系数 $K=2\sim3$。

【例5-4】 有一条形基础,宽度 $b=6$ m,埋置深度 $d=1.5$ m,其上作用中心荷载 $\overline{P}=$ 1 500 kN/m。地基土质均匀,重度 $\gamma=19$ kN/m^3,土的抗剪强度指标 $c=20$ kPa,$\varphi=20°$,若安全系数 $K=2.5$,试验算:(1)地基的稳定性;(2)当 $\varphi=15°$ 时地基的稳定性又如何?

解:(1)当 $\varphi=20°$ 时的稳定性验算。

基底压力为:

$$p=\frac{\overline{P}}{b}=\frac{1\,500}{6}=250(\text{kPa})$$

由 $\varphi=20°$ 查表 5-2 得 $N_\gamma=5.0$，$N_q=7.4$ 和 $N_c=17.7$。将以上各值代入式(5-27)，得到地基的极限荷载为：

$$p_u=\frac{1}{2}\gamma bN_\gamma+qN_q+cN_c=\frac{1}{2}\times19\times6\times5.0+19\times1.5\times7.4+20\times17.7=849.9(\text{kPa})$$

地基承载力特征值为：

$$f_a=\frac{p_u}{K}=\frac{849.9}{2.5}=340.0(\text{kPa})$$

因为基底压力 p 小于地基承载力特征值 f_a，所以地基是稳定的。

(2)验算 $\varphi=15°$ 时的地基稳定性。

由 $\varphi=15°$ 查表 5-2 得 $N_\gamma=2.5$，$N_q=4.4$ 和 $N_c=12.9$。将各值代入式(5-27)，得到地基的极限承载力为：

$$p_u=\frac{1}{2}\gamma bN_\gamma+qN_q+cN_c=\frac{1}{2}\times19\times6\times2.5+19\times1.5\times4.4+20\times12.9=525.9(\text{kPa})$$

$$f_a=\frac{p_u}{K}=\frac{525.9}{2.5}=210.36(\text{kPa})$$

此时因为 p 大于 f_a，所以地基稳定性不满足要求。

通过计算可以看出，当其他条件不变，仅 φ 由 20°减小为 15°时，地基承载力特征值几乎减小一半，可见地基土的内摩擦角 φ 值对地基承载力影响极大。

(二)汉森公式

汉森(Hansen. B. J,1961)公式是半经验公式，由于适用范围较广，对水利工程有实用意义。

汉森公式的基本形式与太沙基公式类似，所不同的是汉森公式中考虑了荷载倾斜、基础形状及基础埋深等影响，但承载力系数与太沙基公式中不同。

汉森公式的普遍形式为：

$$p_{uv}=\frac{1}{2}\gamma b'N_\gamma i_\gamma S_\gamma d_\gamma g_\gamma+qN_q i_q S_q d_q g_q+cN_c i_c S_c d_c g_c \tag{5-33}$$

$$g_c=1-\frac{\beta}{147°}$$

$$g_q=g_\gamma=(1-0.5\tan\beta)^5$$

式中 γ——基础底面下土的重度，kN/m^3，水下用浮重度；

b'——基础的有效宽度，m，$b'=b-2e_b$；

b——基础实际宽度，m；

e_b——荷载的偏心距，m；

q——基础底面以上的边荷载，kPa；

c——地基土的黏聚力，kPa；

N_γ,N_q,N_c——汉森承载力系数，可查表 5-3；

S_γ,S_q,S_c——与基础形状有关的形状系数，其值查表 5-4；

d_γ,d_q,d_c——与基础埋深有关的深度系数：$d_\gamma=1$，$d_q\approx d_c\approx1+0.35\dfrac{d}{b'}$，此式适用于

$d/b'<1$的情况，当 d/b'很小时，可不考虑此系数；

d——基础埋深，m；

i_γ, i_q, i_c——与荷载倾角有关的荷载倾斜系数，按土的内摩擦角 φ 与荷载倾角 d（荷载作用线与铅直线的夹角）由表 5-5 查得；

g_γ, g_q, g_c——与基础以外地基表面倾斜有关的倾斜修正系数（见图 5-23）。

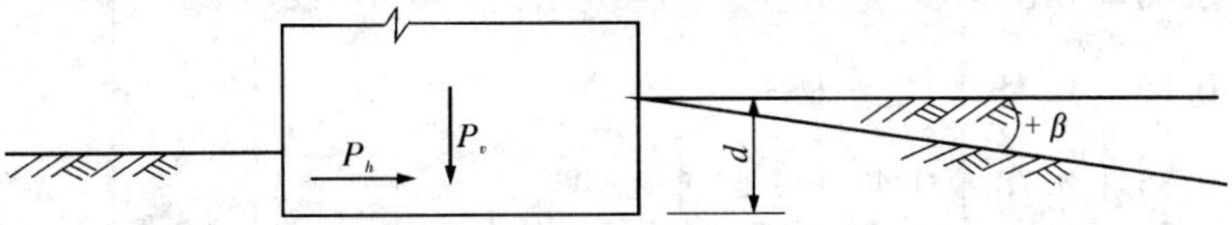

图 5-23 地表倾斜情况

相应水平极限荷载的汉森公式为：

$$p_{uh} = p_{uv}\tan d \tag{5-34}$$

地基承载力特征值（或地基容许承载力）为：

$$f_a = \frac{p_{uv}}{K} \tag{5-35}$$

式中 K——安全系数，一般取 2 ~ 2.5，对于软弱地基或重要建筑物可大于 2.5。

表 5-3 汉森承载力系数

φ(°)	N_γ	N_q	N_c	φ(°)	N_γ	N_q	N_c
0	0	1.00	5.14	24	6.90	9.61	19.33
2	0.01	1.20	5.69	26	9.53	11.83	22.25
4	0.05	1.43	6.17	28	13.13	14.71	25.80
6	0.14	1.72	6.82	30	18.09	18.40	30.15
8	0.27	2.06	7.52	32	24.95	23.18	35.50
10	0.47	2.47	8.35	34	34.54	29.45	42.18
12	0.76	2.97	9.29	36	48.08	37.77	50.61
14	1.16	3.58	10.37	38	67.43	48.92	61.36
16	1.72	4.34	11.62	40	95.51	64.23	75.36
18	2.49	5.25	13.09	42	136.72	85.36	93.69
20	3.54	6.40	14.83	44	198.77	115.35	118.41
22	4.96	7.82	16.89	45	240.95	134.86	133.86

表 5-4 基础形状系数

基础形状	形状系数	
	S_c, S_q	S_γ
条形	1.0	1.0
矩形	$1+0.3\,b'/l$	$1-0.4\,b'/l$
方形及圆形	1.2	0.6

表 5-5 汉森荷载倾斜系数 i_γ, i_q, i_c

φ(°)	tan*d*											
	0.1			0.2			0.3			0.4		
	i_γ	i_q	i_c	i_γ	i_q	i_c	i_γ	i_q	i_c	i_γ	i_q	i_c
6	0.64	0.80	0.53									
10	0.72	0.85	0.75									
12	0.73	0.85	0.78	0.40	0.63	0.44						
16	0.73	0.85	0.81	0.46	0.68	0.58						
18	0.73	0.85	0.82	0.47	0.69	0.61	0.23	0.48	0.36			
20	0.72	0.85	0.82	0.47	0.69	0.63	0.26	0.51	0.42			
22	0.72	0.85	0.82	0.47	0.69	0.64	0.27	0.52	0.45	0.10	0.32	0.22
26	0.70	0.84	0.82	0.46	0.68	0.65	0.28	0.53	0.48	0.15	0.38	0.32
28	0.69	0.83	0.82	0.45	0.67	0.65	0.27	0.52	0.49	0.15	0.39	0.34
30	0.69	0.83	0.82	0.44	0.67	0.65	0.27	0.52	0.49	0.15	0.39	0.35
32	0.68	0.82	0.81	0.43	0.66	0.64	0.26	0.51	0.49	0.15	0.39	0.36
34	0.67	0.82	0.81	0.42	0.65	0.64	0.25	0.50	0.49	0.14	0.38	0.36
36	0.66	0.81	0.81	0.41	0.64	0.63	0.25	0.50	0.48	0.14	0.37	0.36
38	0.65	0.80	0.80	0.40	0.63	0.62	0.24	0.49	0.47	0.13	0.37	0.35
40	0.64	0.80	0.79	0.36	0.62	0.62	0.23	0.48	0.47	0.13	0.36	0.35
44	0.61	0.78	0.78	0.36	0.60	0.59	0.20	0.45	0.44	0.11	0.33	0.32
45	0.61	0.78	0.78	0.35	0.60	0.59	0.19	0.44	0.44	0.11	0.33	0.32

【例 5-5】 某条形水闸基础,地基土的饱和重度 $\gamma_{sat}=21.0\ \text{kN/m}^3$,湿重度 $\gamma=20\ \text{kN/m}^3$,地下水位与基底齐平,地基土的内摩擦角 $\varphi=16°$,黏聚力 $c=18$ kPa,基础宽度 $b=18$ m,基础埋深 $d=1.6$ m,闸前后地形平整(即不考虑地面倾斜系数)。水闸刚建成未挡水时,垂直总荷载 $P=2\ 055$ kN/m,偏心距 $e_b=0.21$ m。在设计水位时,垂直总荷载 $P=1\ 530$ kN/m,偏心距 $e_b=0.78$ m。总水平荷载为 300 kN/m。试按汉森公式分别求出水闸刚建成未挡水时及设计水位情况下地基的容许承载力,并验算该水闸是否安全。

解:(1)水闸刚建成未挡水时,由 $\varphi=16°$,查表 5-3 得 $N_q=4.34$,$N_c=11.62$,$N_\gamma=1.72$。因偏心距 $e_b=0.21$ m,故有效宽度 $b'=b-2e_b=18-2\times0.21=17.58$(m)。由于 d/b' 很小,可不作深度修正。对于条形基础,形状系数 $S_\gamma=S_q=S_c=1$。

由式(5-33)得极限荷载为:

$$p_{uv}=\frac{1}{2}\times(21-10)\times17.58\times1.72+1.6\times20\times4.34+18\times11.62=514(\text{kPa})$$

取安全系数 $K=2$，则：

$$f_a=\frac{p_{uv}}{K}=\frac{514}{2}=257(\text{kPa})$$

而地基实际所受的最大压力为：

$$p_{\max}=\frac{2\ 055}{18}\times\left(1+\frac{6\times0.21}{18}\right)=122(\text{kPa})$$

因地基容许承载力 f_a 为 257 kPa，远大于基底最大压力 122 kPa，故水闸安全。

（2）当水闸挡水至设计水位时，各承载力系数 N 值不变，但此时须作偏心荷载及水平荷载两种修正。因 $e_b=0.78$，故 $b'=b-2e_b=18-2\times0.78=16.44(\text{m})$。

这时 $\tan d=\frac{300}{1\ 530}=0.2$，根据 $\varphi=16°$ 查表 5-5 得 $i_\gamma=0.46$，$i_q=0.68$，$i_c=0.58$；按式（5-33）得：

$$p_{uv}=\frac{1}{2}\times(21-10)\times16.44\times1.72\times0.46+20\times1.6\times4.34\times0.68+18\times11.6\times0.58$$
$$=287.08(\text{kPa})$$

仍取安全系数 $K=2$，得：

$$f_a=\frac{p_{uv}}{K}=\frac{287.08}{2}=143.54(\text{kPa})$$

而此时地基所受的最大基底压力为：

$$p_{\max}=\frac{1\ 530}{18}\times(1+\frac{6\times0.78}{18})=107.1(\text{kPa})$$

因此时地基容许承载力 f_a 仍大于基底最大压力 $p_{\max}$，故水闸安全。

四、根据《建筑地基基础设计规范》（GB 50007—2002）确定地基承载力特征值

《建筑地基基础设计规范》（GB 50007—2002）规定：地基承载力特征值可由现场静载荷试验或其他原位试验、公式计算，并结合工程实践经验等方法确定。

（一）按现场静载荷试验确定地基承载力特征值

对于设计等级为甲级的建筑物或地质条件复杂，土质不均，难以取得原状土样的杂填土、松砂、风化岩石等，采用现场静载荷试验法，可以取得较精确可靠的地基承载力数值。

现场静载荷试验是用一块承压板代替基础，承压板的面积不应小于 0.25 m^2，对于软土不应小于 0.5 m^2。在承压板上施加荷载，观测荷载与承压板的沉降量，根据测试结果绘出荷载与沉降量关系曲线，即 $p\sim s$ 曲线，如图 5-24 所示，并依据下列规定确定地基承载力特征值：

（1）当 $p\sim s$ 曲线上有比例界限时，取该比例界限所对应的荷载值。

（2）当极限荷载小于对应比例界限的荷载值的 2 倍时，取极限荷载值的 1/2。

（3）当不能按上述两条要求确定时，若承压板面积为 0.25～0.50 m^2，可取 $s/b=0.01\sim0.015$ 所对应的荷载，但其值不应大于最大加载量的 1/2。

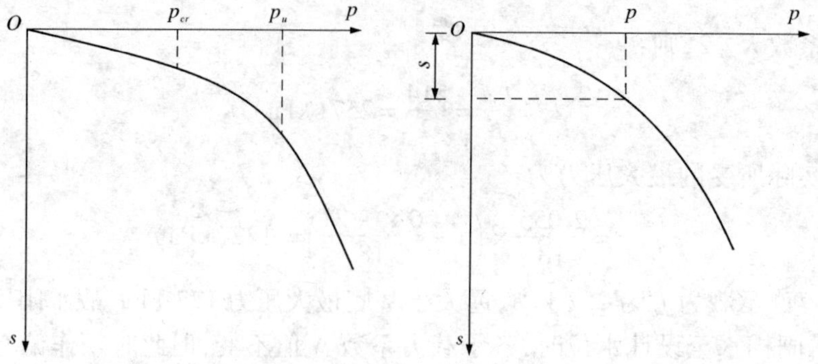

(a)有明确的p_{cr}，p_u值　　(b)p_{cr}，p_u值不明确

图 5-24　按现场静载荷试验 $p \sim s$ 曲线确定地基承载力特征值

(4)同一土层参加统计的试验点不应少于三点，当试验实测值的极差不超过其平均值的30%时，取此平均值作为该土层的地基承载力特征值f_{ak}。

(二)按其他原位试验确定地基承载力特征值

1. 静力触探试验

静力触探试验是利用机械或油压装置将一个内部装有传感器的探头以一定的匀速压入土中，由于地层中各土层的强度不同，探头在贯入过程中所受到的阻力也不同，用电子量测仪器测出土的比贯入阻力。土愈软，探头的比贯入阻力愈小，土的强度愈低，土愈硬，探头的比贯入阻力愈大，土的强度愈高。根据比贯入阻力与地基承载力之间的关系确定地基承载力特征值。这种方法一般适用于软黏土、一般黏性土、砂土和黄土等，但不适用于含碎石、砾石较多的土层和致密的砂土层。最大贯入深度为 30 m。

静力触探试验目前在国内应用较广，我国不少单位通过对比试验，已建立了不少经验公式。不过这类经验公式具有很大的地区性，因此在使用时要注意所在地区的适用性与土层的相似性。

2. 标准贯入试验

标准贯入试验是先用钻机钻孔，再把上端接有钻杆的标准贯入器放置孔底，然后用质量 63.5 kg 的穿心锤，以 76 cm 的自由落距，将标准贯入器在孔底先预打入土中 15 cm，再测记打入土中 30 cm 的锤击数，称为标准贯入锤击数 N。标准贯入锤击数 N 越大，说明土越密实，强度越大，承载力越高。利用标准贯入锤击数与地基承载力之间的关系，可以得出相应的地基承载力特征值。标准贯入试验适用于砂土、粉土和一般黏性土。

3. 动力触探试验

动力触探试验与标准贯入试验基本相同，都是利用一定的落锤能量，将一定规格的探头连同探杆打入土中，根据探头在土中贯入一定深度的锤击数，来确定各类土的地基承载力特征值。它与标准贯入试验不同的是采用的锤击能量、探头的规格及贯入深度不同。动力触探试验根据锤击能量及探头的规格分为轻型、重型和超重型三种。轻型动力触探试验适用于浅部的填土、砂土、粉土和黏性土；重型动力触探试验适用于砂土、中密以下的碎石土、极软岩;超重型重力触探试验适用于密实和很密的碎石土、软岩和极软岩。

除载荷试验外,静力触探试验、标准贯入试验和动力触探试验等原位试验,在我国已积累了丰富的经验,《建筑地基基础设计规范》(GB 50007—2002)允许将其应用于确定地基承载力特征值,但是强调必须有地区经验,即当地的对比资料。同时还应注意,当地基基础设计等级为甲级和乙级时,应结合室内试验结果综合分析,不宜独立应用。

(三)按公式计算确定地基承载力特征值

《建筑地基基础设计规范》(GB 50007—2002)建议:当偏心距 e 小于等于 0.033 倍的基底宽度时,可根据土的抗剪强度指标按式(5-36)确定地基承载力特征值 f_a,但尚应满足变形要求。

$$f_a = M_b\gamma b + M_d\gamma_m d + M_c c_k \tag{5-36}$$

式中 f_a——由土的抗剪强度指标确定的地基承载力特征值,kPa;

M_b, M_d, M_c——承载力系数,可由土的内摩擦角标准值 φ_k 查表 5-6;

γ_m——基础底面以上土的加权平均重度,地下水位以下取浮重度,kN/m^3;

γ——基础底面以下土的重度,地下水位以下取浮重度,kN/m^3;

b——基础底面宽度,当大于 6 m 时按 6 m 取值,对于砂土小于 3 m 时按 3 m 取值;

c_k——基础底面以下 1 倍短边宽深度范围内土的黏聚力标准值。

表 5-6 承载力系数 M_b, M_d, M_c

土的内摩擦角标准值 φ_k(°)	M_b	M_d	M_c
0	0	1.00	3.14
2	0.03	1.12	3.32
4	0.06	1.25	3.51
6	0.10	1.39	3.71
8	0.14	1.55	3.93
10	0.18	1.73	4.17
12	0.23	1.94	4.42
14	0.29	2.17	4.69
16	0.36	2.43	5.00
18	0.43	2.72	5.31
20	0.51	3.06	5.66
22	0.61	3.44	6.04
24	0.80	3.87	6.45
26	1.10	4.37	6.90
28	1.40	4.93	7.40
30	1.90	5.59	7.95
32	2.60	6.35	8.55
34	3.40	7.21	9.22
36	4.20	8.25	9.97
38	5.00	9.44	10.80
40	5.80	10.84	11.73

注:φ_k 为基础底面以下 1 倍短边宽深度范围内土的内摩擦角标准值。

土的内摩擦角标准值 φ_k 和黏聚力标准值 c_k,可按下列规定计算:

(1)根据室内 n 组三轴压缩试验的结果,按式(5-37)~式(5-39)计算某一土性指标的变异系数、试验平均值和标准差:

$$\delta = \frac{\sigma}{\mu} \tag{5-37}$$

$$\mu = \frac{\sum_{i=1}^{n} \mu_i}{n} \tag{5-38}$$

$$\sigma = \sqrt{\frac{\sum_{i=1}^{n} \mu_i^2 - n\mu^2}{n-1}} \tag{5-39}$$

式中 δ——变异系数;

μ——试验平均值;

σ——标准差。

(2)按式(5-40)、式(5-41)计算内摩擦角和黏聚力的统计修正系数 ψ_φ,ψ_c:

$$\psi_\varphi = 1 - \left(\frac{1.704}{\sqrt{n}} + \frac{4.678}{n^2}\right)\delta_\varphi \tag{5-40}$$

$$\psi_c = 1 - \left(\frac{1.704}{\sqrt{n}} + \frac{4.678}{n^2}\right)\delta_c \tag{5-41}$$

式中 ψ_φ——内摩擦角的统计修正系数;

ψ_c——黏聚力的统计修正系数;

δ_φ——内摩擦角的变异系数;

δ_c——黏聚力的变异系数。

(3)按式(5-42)、式(5-43)计算内摩擦角标准值和黏聚力标准值 φ_k,c_k:

$$\varphi_k = \psi_\varphi \varphi_m \tag{5-42}$$

$$c_k = \psi_c c_m \tag{5-43}$$

式中 φ_k——内摩擦角标准值;

c_k——黏聚力标准值;

φ_m——内摩擦角的试验平均值;

c_m——黏聚力的试验平均值。

(四)按经验方法确定地基承载力

对于简单场地上,荷载不大的中小工程,可根据邻近条件相似的建筑物的设计和使用情况,进行综合分析确定其地基承载力特征值。

(五)地基承载力特征值的修正

地基承载力除了与土的性质有关外,还与基础底面尺寸及埋深等因素有关。《建筑地基基础设计规范》(GB 50007—2002)规定,当基础的宽度 b 大于 3 m,或者基础的埋置深度 d 大于 0.5 m 时,从载荷试验或其他原位测试、经验值等方法确定的地基承载力特征值尚需按式(5-44)修正,即:

$$f_a = f_{ak} + \eta_b \gamma(b-3) + \eta_d \gamma_m (d-0.5) \tag{5-44}$$

式中 f_a——修正后的地基承载力特征值,kPa;

f_{ak}——修正前的地基承载力特征值,kPa;

η_b,η_d——基础宽度和埋置深度的承载力修正系数,按基底土的类别从表5-7中查取;

γ——基础底面以下土的重度,地下水位以下取浮重度,kN/m^3;

γ_m——基础底面以上土的加权平均重度,地下水位以下取浮重度,kN/m^3;

b——基础宽度,m,当基础宽度小于3 m时按3 m计,大于6 m时按6 m计;

d——基础埋置深度,m,一般自室外地面标高算起。在填方整平地区,可自填土地面标高算起,但填土在上部结构施工后完成时,应从天然地面标高算起。对于地下室,如采用箱形基础或筏基础时,基础埋深自室外地面标高算起,当采用独立基础或条形基础时,应从室内地面标高算起。

表5-7 承载力的宽度和埋置深度修正系数

土的类别		η_b	η_d
淤泥和淤泥质土		0	1.0
人工填土 e或I_L大于等于0.85的黏性土		0	1.0
红黏土	含水比α_w>0.8	0	1.2
	含水比$\alpha_w \leq 0.8$	0.15	1.4
大面积压实填土	压实系数大于0.95、黏粒含量$\rho_c \geq 10\%$的粉土	0	1.5
	最大干密度大于2.1 t/m^{3}的级配砂石	0	2.0
粉土	黏粒含量$\rho_c \geq 10\%$的粉土	0.3	1.5
	黏粒含量$\rho_c < 10\%$的粉土	0.5	2.0
e及I_L均小于0.85的黏性土		0.3	1.6
粉砂、细砂(不包括很湿和饱和时的稍密状态)		2.0	3.0
中砂、粗砂、砾砂和碎石土		3.0	4.4

注:1.强风化和全风化的岩石,可参照所风化成的相应土类取值,其他状态下的岩石不修正。

2.地基承载力特征值按《建筑地基基础设计规范》(GB 50007—2002)附录D深层载荷试验时,η_d取0。

问题:(1)地基有哪些破坏类型?地基变形可分为哪几个阶段?

(2)何谓地基承载力?地基承载力有哪些确定方法?

小 结

土的抗剪强度与地基承载力是土力学的基本内容之一,也是建筑物基础设计计算的基本内容之一。无论是天然地基还是人工地基都需要确定土的抗剪强度与地基承载力,地基承载力是建筑物基础设计的主要依据。

本章内容主要包括土的抗剪强度、土的极限平衡条件、土的抗剪强度指标的测定方法以及地基承载力。

1)土的抗剪强度

土的抗剪强度是指土体抵抗剪切破坏的极限能力。其表达式也称为库仑定律,即:

$$\tau_f = \sigma\tan\varphi + c$$

它由两部分构成:内摩擦力 $\sigma\tan\varphi$ 和黏聚力 c,砂土的黏聚力 $c=0$。

2)土的极限平衡条件式

土的极限平衡状态是指土体在某一剪切面上的剪应力达到土的抗剪强度时($\tau_f=\tau$),该点所处的应力状态。此时,土的莫尔应力圆与库仑直线相切。

土的极限平衡条件式为在极限平衡条件下,土中某一点所承受的大主应力 σ_1 和小主应力 σ_3 之间的关系式。其表达式为:

$$\sigma_{1f} = \sigma_3\tan^2(45° + \frac{\varphi}{2}) + 2c\tan(45° + \frac{\varphi}{2})$$

$$\sigma_{3f} = \sigma_1\tan^2(45° - \frac{\varphi}{2}) - 2c\tan(45° - \frac{\varphi}{2})$$

用土的极限平衡条件式可以判断土中任一点的应力是否达到破坏状态。

3)抗剪强度指标的测定

土的抗剪强度的试验方法一般分室内试验和现场试验两类。室内试验常用的有直接剪切试验、三轴压缩试验、无侧限抗压强度试验等;现场常用的有十字板剪切试验等。不同的试验方法、不同的排水条件测得的抗剪强度指标完全不同。在实际应用中,要考虑土体的实际受力情况和排水条件等因素,尽量选用试验条件与实际工程条件相一致的强度指标。

4)地基的破坏型式与变形阶段

在荷载作用下,建筑物地基的破坏型式分为整体剪切破坏、局部剪切破坏和冲切剪切破坏三种。对整体剪切破坏其破坏过程分为三个变形阶段,即弹性变形阶段、塑性变形阶段和破坏阶段。对应有三个荷载:

(1)临塑荷载 p_{cr}。指地基土中将要而尚未出现塑性区(即基础边缘将要出现剪切破坏)时的基底压力。

(2)临界荷载 $p_{1/4}$,$p_{1/3}$。指地基中塑性区的最大深度 z_{max} 等于基础宽度的 1/4 或 1/3 时,对应的基底压力。

(3)极限荷载 p_u。指地基濒于发生整体破坏时的最大基底压力。

5)地基承载力的确定

地基承载力是指地基单位面积上所能承受荷载的能力。地基极限承载力 p_u 是指地基发生剪切破坏丧失整体稳定时的地基承载力,地基容许承载力 f_a 则是满足土的强度稳定和变形要求时的地基承载力。在实际应用中,如用临塑荷载作为地基容许承载力偏于保守;用临界荷载作为地基容许承载力比较合理,既安全,又能充分发挥地基的承载能力。用地基极限承载力除以安全系数,作为地基容许承载力也是比较合理的。

《建筑地基基础设计规范》(GB 50007—2002)中将地基承载力的允许值用地基承载力特征值 f_{ak} 表示,其概念为由载荷试验测定的地基土压力变形曲线线性变形内规定的变形所对应的压力值，其最大值为比例界限值。地基承载力特征值可由现场静载荷试验或其他原位试验、公式计算，并结合工程实践经验等方法确定。

习　题

5-1　某土样剪切试验结果见表5-8，试画出库仑强度线，求 c，φ 值。

表5-8　某土样剪切试验结果

试样编号	1	2	3	4
法向应力(kPa)	100	200	300	400
抗剪强度(kPa)	101	155	210	264

（参考答案：$c=50$ kPa，$\varphi=29°$）

5-2　设砂基中某点的大主应力 $\sigma_1=300$ kPa，小主应力 $\sigma_3=200$ kPa，砂土的内摩擦角 $\varphi=20°$，问该点处于什么状态？

（参考答案：稳定状态）

5-3　某土样的内摩擦角 $\varphi=26°$，黏聚力 $c=20$ kPa，承受大主应力 $\sigma_1=480$ kPa，小主应力 $\sigma_3=150$ kPa，试判断该土样是否达到极限平衡状态。

（参考答案：已达到极限平衡状态）

5-4　试判别土中 A，B 两点是否会沿剪应力的方向剪破。

已知土体的 $c=26$ kPa，$\varphi=30°$，土体中 A 点的剪应力 $\tau=80$ kPa，法向应力 $\sigma=125$ kPa，B 点的剪应力 $\tau=160$ kPa，法向应力 $\sigma=200$ kPa。

（参考答案：A 点未剪坏，B 点剪坏）

5-5　某饱和黏土进行三轴固结不排水剪切试验测得四个试样剪损时的最大主应力、最小主应力和孔隙水压力见表5-9。试用总应力法和有效应力法确定土的抗剪强度指标。

表5-9

σ_1(kPa)	145	228	310	401
σ_3(kPa)	60	100	150	200
u (kPa)	31	55	92	120

（参考答案：$\varphi_{cu}=16.5°$，$c_{cu}=15$ kPa，$\varphi'=33°$，$c'=5$ kPa）

5-6　某条形基础的宽度 $b=1.2$ m，基础埋深 $d=2.5$ m，地基土为均质土，湿重度为 $\gamma=18$ kN/m^3，内摩擦角为 $\varphi=16°$，黏聚力为 $c=10$ kPa，地下水位埋藏很深，试求地基土的临塑荷载 p_{cr} 和临界荷载 $p_{\frac{1}{4}}$。

（参考答案：$p_{cr}=159.2$ kPa，$p_{\frac{1}{4}}=166.9$ kPa）

5-7　某黏性土地基上建筑条形基础，$b=2$ m，埋置深度 $d=1.5$ m，地下水位与基底面齐平。地基土的比重 $d_s=2.70$，孔隙比 $e=0.70$，地下水位以上的饱和度 $s_r=0.75$，土的抗剪强度 $c=10$ kPa，$\varphi=15°$。求地基土的临塑荷载 p_{cr} 和临界荷载 $p_{\frac{1}{4}}$、$p_{\frac{1}{3}}$。

（参考答案：$p_{cr}=112.54$ kPa，$p_{\frac{1}{4}}=118.81$ kPa，$p_{\frac{1}{3}}=120.97$ kPa）

5-8 某条形基础的宽度 $b=3$ m，基础埋深 $d=1$ m，地基土的重度 $\gamma=19$ kN/m^3，黏聚力 $c=1.0$ kPa，内摩擦角 $\varphi=10°$。试按太沙基公式求地基的极限荷载；当地下水位上升到基础底面时，极限荷载的变化。

（参考答案：95.1 kPa，变小）

第六章　土压力与挡土墙

本章提要　在土木工程实践中，常常需要计算作用在挡土墙上的侧压力，其中最主要的是土压力。土压力计算与土坡稳定性分析都是建立在土的强度理论基础之上的。本章将重点讲述各种条件下挡土墙朗肯土压力理论和库仑土压力理论，并简要介绍土压力计算的规范法，对土压力计算中存在的实际问题进行讨论；同时也简要介绍了重力式挡土墙的选型、构造要求与计算方法；最后，简要介绍了土坡稳定性的分析方法。

本章重点是朗肯土压力理论和库仑土压力理论以及重力式挡土墙设计。关于土坡稳定性分析只要求作一般性的了解。

第一节　挡土墙上的土压力

土压力通常是指挡土墙后的填土因自重或外荷载作用对墙背产生的侧压力。由于土压力是挡土墙的主要外荷载，因此设计挡土墙时首先要确定土压力的性质、大小、方向和作用点。土压力计算是一个比较复杂的问题，它随挡土墙可能位移的方向分为主动土压力、被动土压力和静止土压力。土压力的大小还与墙后土体的性质、墙背倾斜方向等因素有关。

挡土墙是防止土体坍塌的构筑物，在房屋建筑、水利、港口、交通等工程中得到广泛应用，如图 6-1 所示。

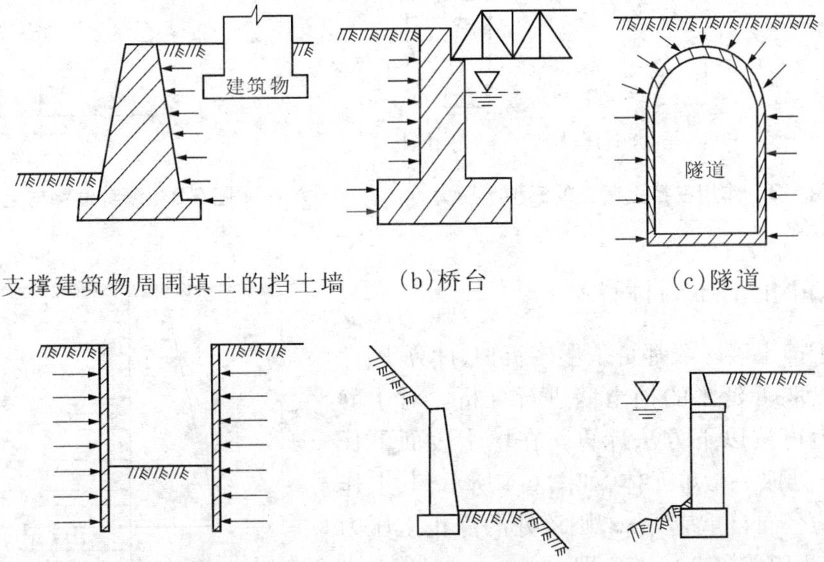

(a)支撑建筑物周围填土的挡土墙　(b)桥台　(c)隧道

(d)基坑围护结构　(e)支撑边坡的挡土墙　(f)码头

图 6-1　挡土墙应用举例

挡土墙设计包括结构类型选择、构造措施及计算。由于挡土墙墙背上作用着土压力，计算中挡土墙基础抗倾覆和抗滑移稳定性验算是十分重要的。

一、土压力的类型

根据挡土墙的位移情况和墙后土体所处的应力状态，土压力可分为以下三类。

(一)主动土压力

当挡土墙向离开土体方向偏移至土体达到极限平衡状态时，作用在墙背上的土压力称为主动土压力，如图6-2(a)所示。主动土压力强度用σ_a表示，主动土压力的合力用E_a表示。

(二)被动土压力

当挡土墙向土体方向偏移至土体达到极限平衡状态时，作用在墙背上的土压力称为被动土压力，如图6-2(b)所示。被动土压力强度用σ_p表示，被动土压力的合力用E_p表示。

(三)静止土压力

当挡土墙静止不动，墙后土体处于弹性平衡状态时，作用在墙背上的土压力称为静止土压力，如图6-2(c)所示。静止土压力强度用σ_0表示，静止土压力的合力用E_0表示。

试验表明：在相同条件下，被动土压力E_p最大，主动土压力E_a最小，静止土压力E_0介于两者之间，即$E_p > E_0 > E_a$，而且产生被动土压力所需的位移Δ_p大大超过产生主动土压力的位移Δ_a，如图6-3所示。

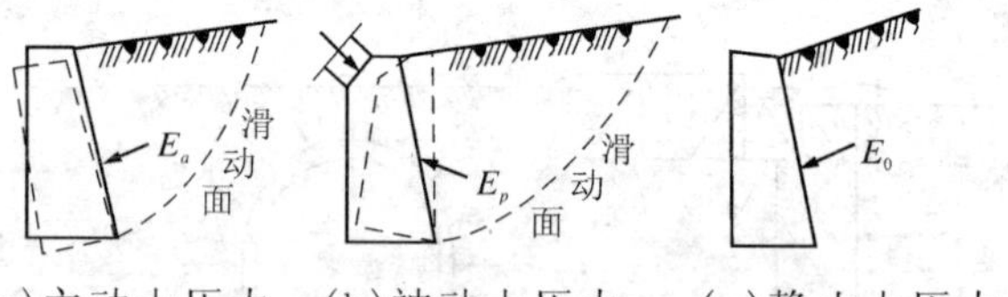

图6-2　作用在挡土墙上的三种土压力

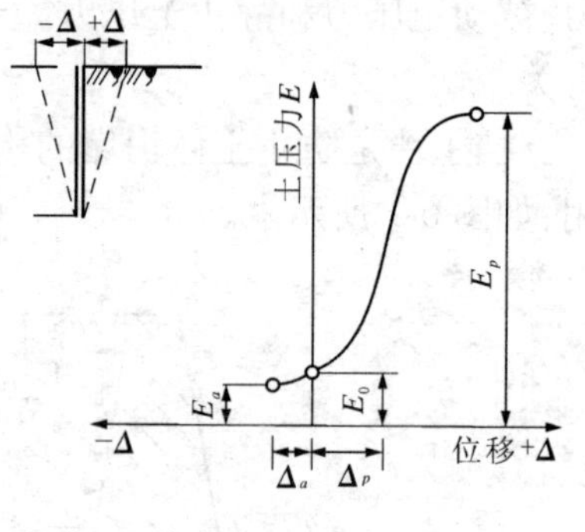

图6-3　墙身位移与土压力的关系

二、静止土压力计算

由于挡土墙一般都是条形构筑物，计算土压力时可以取1延米的挡土墙进行分析。对于静止土压力可按以下方法计算。在填土表面下任意深度z处取一微单元体，如图6-4所示，其上作用着土的竖向自重应力γz，则该处的静止土压力强度σ_0可用式(6-1)计算，即：

$$\sigma_0 = K_0 \gamma z \tag{6-1}$$

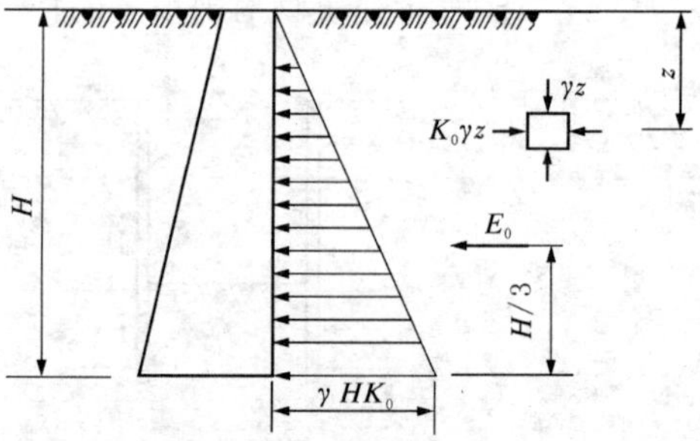

图6-4　静止土压力的分布

式中　γ——土的重度，kN/m^3；

K_0——静止土压力系数（或称为土的静止侧压力系数）。

理论上 $K_0 = \mu/(1-\mu)$，实际中 K_0 可通过试验测定，若无试验资料，也可近似按 $K_0 = 1-\sin\varphi'$（φ' 为土的有效内摩擦角）计算。对于压实填土的 K_0 值，查表 6-1 取用。

表 6-1　压实填土的静止土压力系数

土的名称	砾石、卵石	砂土	亚砂土（粉土）	亚黏土（粉质黏土）	黏土
K_0	0.20	0.25	0.35	0.45	0.55

注：表中数据为《公路桥涵设计通用规范》（JTG D60—2004）的规定。

由式（6-1）可知，静止土压力沿墙高 H 为三角形分布，静止土压力的合力 E_0 应为静止土压力分布图形的面积，即：

$$E_0 = \frac{1}{2}\gamma H^2 K_0 \tag{6-2}$$

E_0 单位为 kN/m，作用点距墙底为 $H/3$，方向水平，如图 6-4 所示。

问题：（1）何谓静止土压力、主动土压力与被动土压力？

（2）如何计算静止土压力？

第二节　朗肯土压力理论

一、基本原理

朗肯土压力理论是根据半无限土体内的应力状态和土的极限平衡条件得出的土压力计算方法。图 6-5（a）表示半无限土体内的微单元体，在离地表 z 处取一微单元体 M，当整个土体都处于静止状态时，各点都处于弹性平衡状态。若土的重度为 γ，显然 M 单元体水平截面上的法向应力 $\sigma_z = \gamma z$；而竖直截面上的水平法向应力 σ_x 相当于静止土压力强度 $K_0\gamma z$。由于半无限土体内每一竖直面都是对称面，因此竖直截面和水平截面上的剪应力为零，因而相应截面上的法向应力 σ_z 和 σ_x 都是主应力，此时的应力状态用莫尔应力圆表示为如图 6-5（d）所示的圆Ⅰ，由于该点处于弹性平衡状态，故莫尔应力圆没有和抗剪强度线相切。

设想由于某种原因使整个土体在水平方向均匀地伸张或压缩，使土体由弹性平衡状态转为塑性平衡状态。如果土体在水平方向伸张，则 M 单元竖直截面上的法向应力 σ_x 将逐渐减小，而在水平截面上的法向应力 σ_z 是不变的，当满足极限平衡条件时，即莫尔应力圆与抗剪强度线相切，如图 6-5（d）圆Ⅱ所示，称为主动朗肯状态，此时 σ_x 达到低限值是小主应力 σ_3，而 σ_z 是大主应力 σ_1。反之，如果土体在水平方向压缩，那么 σ_x 不断增大，而 σ_z 仍保持不变，直到满足极限平衡条件，称为被动朗肯状态，这时 σ_x 达到极限值，是大主应力 σ_1，而 σ_z 是小主应力 σ_3，莫尔应力圆为图 6-5（d）中的圆Ⅲ。

由于土体处于主动朗肯状态时 σ_1 所作用的面是水平面，故剪切破坏面与竖直面的夹角为(45° - $\varphi/2$)(见图 6-5(b));当土体处于被动朗肯状态时 σ_1 所作用的面是竖直面,因而剪切破坏面与水平面的夹角为(45° - $\varphi/2$)(见图 6-5(c))。

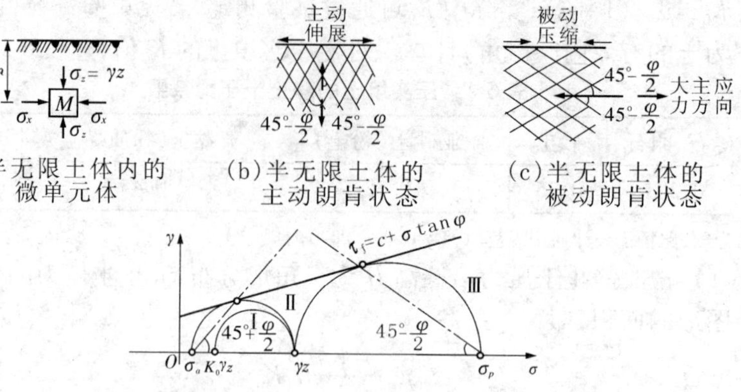

(a)半无限土体内的微单元体 (b)半无限土体的主动朗肯状态 (c)半无限土体的被动朗肯状态

(d)用莫尔圆表示主动和被动朗肯状态

图 6-5 半无限土体的极限平衡状态

朗肯将上述原理应用于挡土墙的土压力计算中,设想用墙背竖直且光滑的挡土墙代替半无限土体左边的土(见图 6-6),则墙背与土的接触面上满足剪应力为零的边界应力条件及产生主动或被动朗肯状态的边界变形条件。由此可推导出主动土压力和被动土压力的计算公式。

二、主动土压力

根据主动土压力的概念与朗肯土压力理论的基本原理,相当于已知墙背上任意深度 z 处的竖向应力 σ_z 是大主应力 σ_1,来求解达到极限平衡时的水平应力 $\sigma_x = \sigma_3$,就是主动土压力强度 σ_a。根据极限平衡方程 $\sigma_3 = \sigma_1 \tan^2(45° - \varphi/2) - 2c\tan(45° - \varphi/2)$ 可得:

$$\sigma_a = \sigma_z K_a - 2c\sqrt{K_a} \tag{6-3}$$

式中 K_a——朗肯主动土压力系数,$K_a = \tan^2(45° - \varphi/2)$;

c——填土的黏聚力,kPa;

φ——填土的内摩擦角(°)。

(一)均质填土的主动土压力

对于墙后土体重度为 γ 的均质填土情况,如图 6-6 所示,此时墙背处任一点的竖向应力 $\sigma_z = \gamma z$,代入式(6-3)得:

$$\sigma_a = \gamma z K_a - 2c\sqrt{K_a} \tag{6-4}$$

(1)当填土为无黏性土($c = 0$)时,主动土压力强度与深度 z 成正比,沿墙高呈三角形分布,如图 6-6(b)所示。主动土压力合力大小为土压力分布图形的面积,即:

$$E_a = \frac{1}{2}\gamma H^2 K_a \tag{6-5}$$

E_a 的方向水平指向墙背,作用点距墙底为 $H/3$。

(2)若填土为黏性土和粉土($c > 0$),当 $z = 0$(墙顶处)时,$\sigma_a = -2c\sqrt{K_a} < 0$,即出现

拉应力区；当 $z=H$ 时，$\sigma_a=\gamma HK_a-2c\sqrt{K_a}$。因此，对于黏性土和粉土，在墙背上将出现压力为零的 a 点，a 点离填土面的深度 z_0 常称为临界深度，可令式(6-4)为零求得 z_0 值，即：

$$z_0=\frac{2c}{\gamma\sqrt{K_a}} \tag{6-6}$$

由于墙与土体为接触关系，实际上墙与土体在很小的拉力作用下就会分离，故在计算土压力时，这部分应忽略不计，因此黏性土和粉土的土压力分布仅为 abc 部分，如图6-6(c)所示，其主动土压力合力大小为 abc 部分的面积，即：

$$E_a=\frac{1}{2}(\gamma HK_a-2c\sqrt{K_a})(H-z_0) \tag{6-7}$$

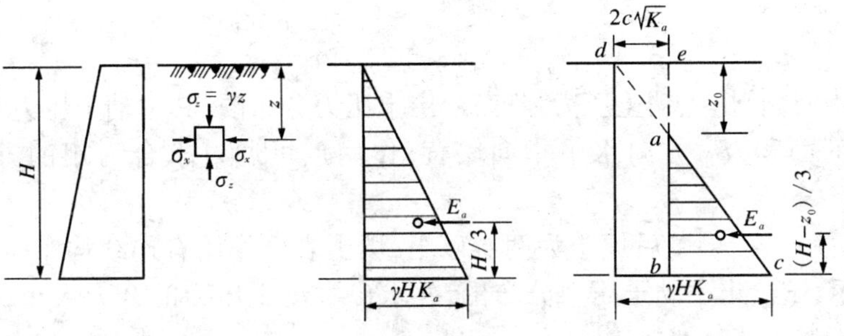

(a)主动土压力的作用　(b)无黏性土　(c)黏性土

图6-6　均质填土的主动土压力

E_a 方向水平指向墙背，作用点距墙底为 $(H-z_0)/3$。

【例6-1】 有一挡土墙，高5 m，墙背直立、光滑，填土面水平。填土的物理力学性质指标如下：$c=10$ kPa，$\varphi=20°$，$\gamma=18$ kN/m^3。试绘出主动土压力分布图，并求出主动土压力的合力大小，指出其方向与作用点的位置。

解：按朗肯土压力理论 $K_a=\tan^2(45°-\varphi/2)=\tan^2(45°-20°/2)=0.49$。

在墙底处的主动土压力强度为：

$\sigma_a=\gamma HK_a-2c\sqrt{K_a}=18\times5\times0.49-2\times10\times\sqrt{0.49}=30.1(\text{kPa})$

临界深度为：

$z_0=2c/(\gamma\sqrt{K_a})$

$=2\times10/(18\times\sqrt{0.49})=1.59(\text{m})$

主动土压力强度的分布图如图6-7所示。

$E_a=(H-z_0)(\gamma HK_a-2c\sqrt{K_a})/2$

$=(5-1.59)(18\times5\times0.49-2\times10\times\sqrt{0.49})/2$

$=51.3(\text{kN/m})$

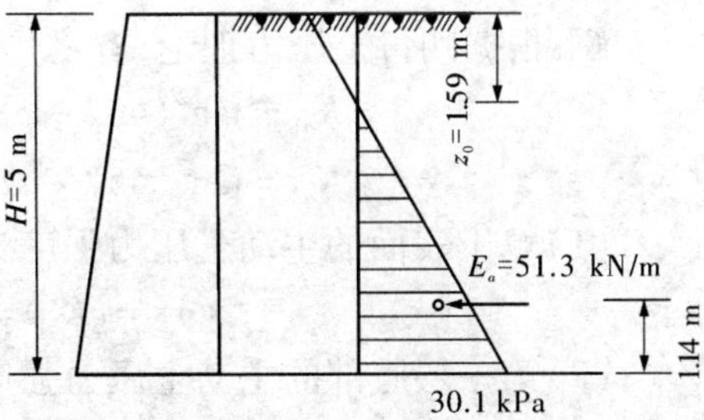

图6-7　例6-1图

E_a 方向水平指向墙背，作用点距墙底为 $(H-z_0)/3=(5-1.59)/3=1.14(\text{m})$。

(二)成层填土的主动土压力

当墙后填土为成层土时,式(6-3)中 $\sigma_z = \sum \gamma_i H_i$,即:

$$\sigma_a = \sum \gamma_i H_i K_a - 2c\sqrt{K_a} \tag{6-8}$$

对于成层土由式(6-8)计算出各土层上下层面处的主动土压力强度,绘出土压力分布图,其主动土压力的合力 E_a 为土压力分布图的面积,E_a 方向水平指向墙背,作用点可通过求合力矩的方法求出,详见例6-2。

(三)填土表面有垂直均布荷载作用时的主动土压力

当填土表面有垂直均布荷载 q 作用时,任一深度 z 处的竖向应力 $\sigma_z = \gamma z + q$,代入式(6-3)可得:

$$\sigma_a = (q + \gamma z)K_a - 2c\sqrt{K_a} \tag{6-9}$$

由式(6-9)计算出主动土压力强度,绘出土压力分布图,其主动土压力的合力 E_a 为土压力分布图的面积,E_a 方向水平指向墙背,作用点可通过求合力矩的方法求出,详见例6-2。

【例6-2】 某挡土墙后填土为两层砂土,填土表面作用有连续均布荷载 $q = 20$ kPa,如图6-8所示,试绘出主动土压力分布图,并求出主动土压力的合力大小,指出其方向与作用点的位置。

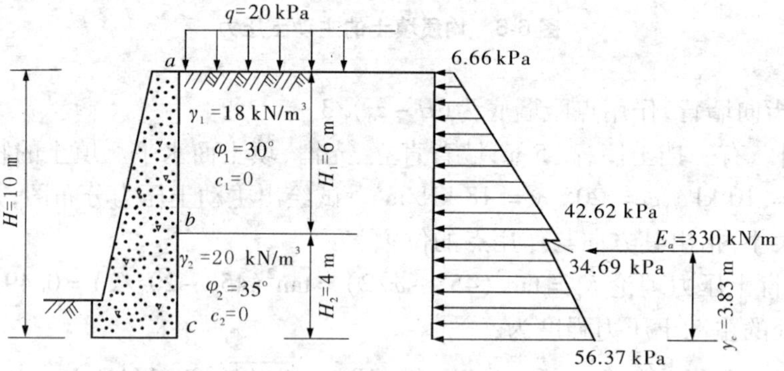

图6-8 例6-2图

解:根据朗肯土压力理论,有:

$$K_{a1} = \tan^2(45° - \varphi_1/2) = \tan^2(45° - 30°/2) = 0.333$$

$$K_{a2} = \tan^2(45° - \varphi_2/2) = \tan^2(45° - 35°/2) = 0.271$$

(1)填土表面的主动土压力强度为:

$$\sigma_a = qK_{a1} = 20 \times 0.333 = 6.66(\text{kPa})$$

(2)第一层底部的主动土压力强度为:

$$\sigma_a = (q + \gamma_1 H_1)K_{a1} = (20 + 18 \times 6) \times 0.333 = 42.62(\text{kPa})$$

(3)第二层顶部的主动土压力强度为:

$$\sigma_a = (q + \gamma_1 H_1)K_{a2} = (20 + 18 \times 6) \times 0.271 = 34.69(\text{kPa})$$

(4)第二层底部的主动土压力强度为:

$$\sigma_a = (q+\gamma_1 H_1+\gamma_2 H_2)K_{a2} = (20+18\times 6+20\times 4)\times 0.271 = 56.37(\text{kPa})$$

主动土压力分布如图 6-8 所示。

由主动土压力分布图求得主动土压力的合力 E_a 为：

$$E_a = 6.66\times 6+(42.62-6.66)\times 6/2+34.69\times 4+(56.37-34.69)\times 4/2$$
$$=39.96+107.88+138.76+43.36=330.0(\text{kN/m})$$

E_a 方向水平指向墙背，设其作用点距墙底为 y_c，则：

$$y_c = [39.96\times(4+3)+107.88\times(4+2)+138.76\times 2+43.36\times 4/3]/330.0 = 3.83(\text{m})$$

(四)墙后填土中有地下水时的总压力

当墙后填土有地下水时，作用在墙背上的总压力 E 为主动土压力 E_a 与水压力 E_w 之和。计算主动土压力时，一般可忽略水对砂土内摩擦角的影响，但计算竖向应力 σ_z 时，水位以下应采用浮重度 γ'。在墙底处水压力强度为 $\gamma_w H_2$，如图 6-9 所示，水压力合力 E_w 为：

$$E_w = \frac{1}{2}\gamma_w H_2^2 \tag{6-10}$$

【例 6-3】 某挡土墙高 6 m，墙背直立、光滑，无黏性填土表面水平，如图 6-10 所示。地下水位距填土表面 2 m，地下水位以上土的重度 $\gamma = 18\ \text{kN/m}^3$，地下水位以下土的饱和重度 $\gamma_{sat} = 19.3\ \text{kN/m}^3$，填土的内摩擦角 $\varphi = 35°$，试计算作用在挡土墙上的主动土压力与水压力。

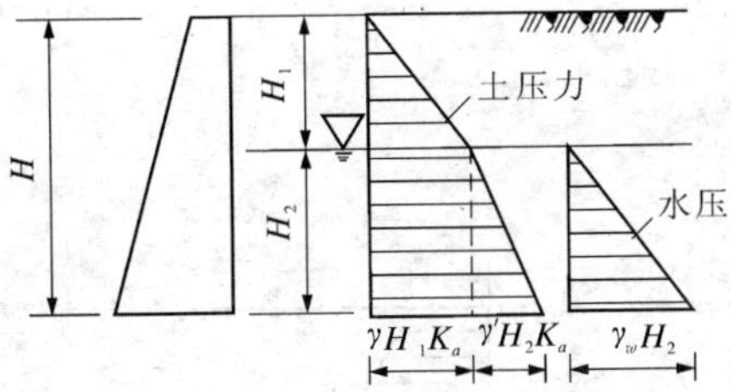

图 6-9 填土中有地下水时的主动土压力分布

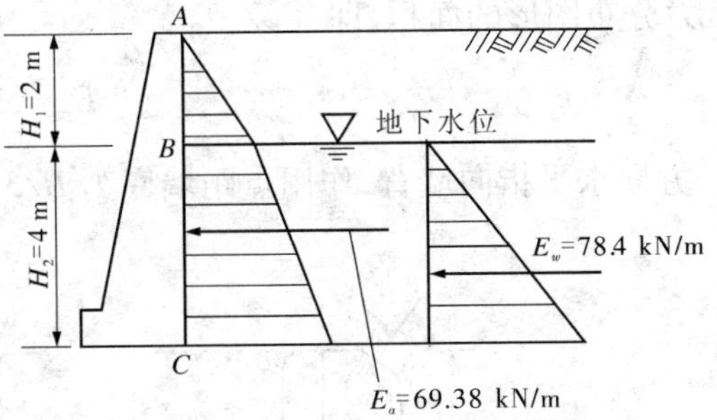

图 6-10 例 6-3 图

解：根据朗肯土压力理论，有：

$$K_a = \tan^2(45° - \varphi/2) = \tan^2(45° - 35°/2) = 0.271$$

由式(6-3)计算图 6-10 中 A、B、C 三点处的主动土压力强度分别为：

A 点：$\sigma_{aA} = 0$

B 点：$\sigma_{aB} = \gamma H_1 K_a = 18\times 2\times 0.271 = 9.76(\text{kPa})$

C 点：$\sigma_{aC} = (\gamma H_1+\gamma' H_2)K_a = [18\times 2+(19.3-9.8)\times 4]\times 0.271 = 20.05(\text{kPa})$

主动土压力分布如图 6-10 所示。

由主动土压力分布图求得主动土压力的合力 E_a 为：

$$E_a = \frac{1}{2}\times 9.76\times 2+9.76\times 4+\frac{1}{2}\times(20.05-9.76)\times 4$$
$$=9.76+39.04+20.58=69.38(\text{kN/m})$$

水压力从地下水位到墙底为三角形分布，其合力为：

$$E_w = \frac{1}{2}\gamma_w H_2^2 = \frac{1}{2} \times 9.8 \times 4^2 = 78.40(\text{kN/m})$$

墙背上的总压力为：

$$E = E_a + E_w = 69.38 + 78.40 = 147.78(\text{kN/m})$$

E 方向水平指向墙背，设其作用点距墙底为 y_c，则：

$$y_c = \frac{9.76 \times (4 + 2/3) + 39.04 \times 2 + 20.58 \times 4/3 + 78.40 \times 4/3}{69.38 + 78.40} = 1.73(\text{m})$$

三、被动土压力

根据被动土压力的概念与朗肯土压力理论的基本原理，相当于已知墙背上任意深度 z 处的竖向应力 σ_z 为小主应力 σ_3，来求解达到极限平衡时的水平应力 $\sigma_x = \sigma_1$，就是被动土压力强度 σ_p。根据极限平衡方程 $\sigma_1 = \sigma_3 \tan^2(45° + \varphi/2) + 2c\tan(45° + \varphi/2)$ 可得：

$$\sigma_p = \sigma_z K_p + 2c\sqrt{K_p} \qquad (6\text{-}11)$$

式中 K_p——朗肯被动土压力系数，$K_p = \tan^2(45° + \varphi/2)$。

（一）均质无黏性土的被动土压力

当填土为均质无黏性土（$c = 0$）时，墙背处任一点的竖向应力 $\sigma_z = \gamma z$，被动土压力强度与深度 z 成正比，沿墙高呈三角形分布，如图 6-11（b）所示。被动土压力合力大小为土压力分布图形的面积，即：

$$E_p = \frac{1}{2}\gamma H^2 K_p \qquad (6\text{-}12)$$

E_p 方向水平指向墙背，作用点距墙底为 $H/3$。

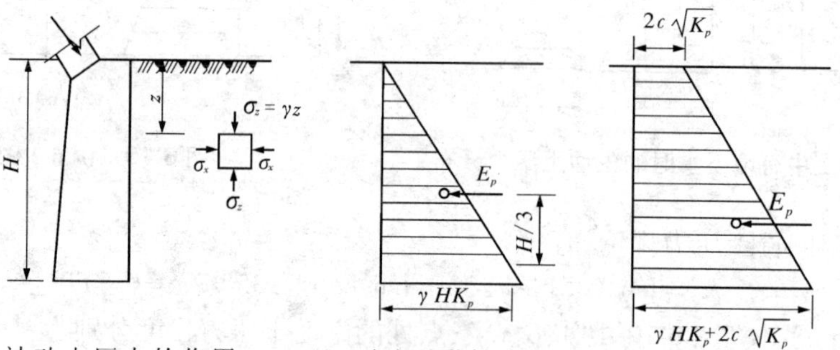

（a）被动土压力的作用　（b）无黏性土　（c）黏性土

图 6-11　均质填土的被动土压力

（二）均质黏性土的被动土压力

当填土为均质黏性土时，由式（6-10）得：在墙顶处，竖向应力 $\sigma_z = 0$，则 $\sigma_p = 2c\sqrt{K_p}$；在墙底处，$\sigma_z = \gamma H$，则 $\sigma_p = \gamma HK_p + 2c\sqrt{K_p}$，被动土压力为梯形分布，如图 6-11（c）所示。被动土压力合力大小为土压力分布图形的面积，即：

$$E_p = \frac{1}{2}\gamma H^2 K_p + 2cH\sqrt{K_p} \tag{6-13}$$

E_p 方向水平指向墙背，作用点通过梯形分布图的形心。

问题：(1)朗肯土压力理论的基本原理和适用条件是什么？

(2)如何利用朗肯土压力理论计算各种情况的主、被动土压力？

第三节　库仑土压力理论

一、基本原理

库仑土压力理论是根据墙后土体处于极限平衡状态并形成一滑动楔体时，从楔体的静力平衡条件得出的土压力计算理论。其基本假设：①墙后的填土是理想的散粒体（黏聚力 $c=0$）；②滑动破坏面为一平面。

二、主动土压力

一般挡土墙的计算均属于平面应变问题，均沿墙的长度方向取 1 m 进行分析计算，如图 6-12(a)所示。当墙向前移动或转动而使墙后土体沿某一破坏面 BC 破坏时，土楔 ABC 向下滑动而处于主动极限平衡状态。此时，作用于土楔 ABC 上的力有：

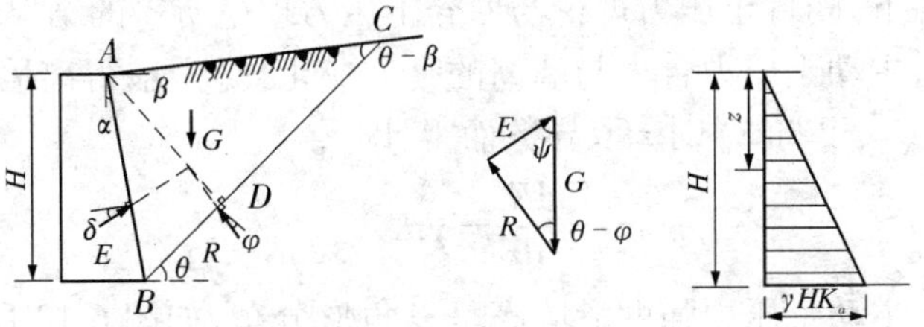

(a)土楔上的作用力　(b)力矢三角形　(c)主动土压力分布

图 6-12　按库仑土压力理论求主动土压力

(1)滑动楔体 ABC 的自重 G，若 θ 角为已知，则 G 的大小、方向及作用点均为已知。

(2)滑动面 BC 上的反力 R，它与 BC 面法线间夹角为土的内摩擦角 φ，位于法线的下侧。滑动面 BC 上的反力 R 方向已知、大小未知。

(3)墙背 AB 对土楔体的反力 E，与该力大小相等、方向相反，作用在墙上的土压力即为主动土压力。E 的方向与墙背法线间夹角为土对挡土墙背的摩擦角 δ，位于法线的下侧，该力方向已知，但大小未知。

当土楔体 ABC 处于极限平衡状态（即将滑动）时，根据静力平衡条件，G,E,R 三力构成一闭合的力矢三角形，如图 6-12(b)所示，按正弦定律可知：

$$E = G\sin(\theta-\varphi)/\sin(\theta-\varphi+\psi) \tag{6-14}$$

式中　$\psi = 90° - \alpha - \delta$。

由式(6-14)可知，当 α,β 及填土的性质均为已知时，E 的大小仅取决于滑动面的倾角 θ。即 θ 变化，E 也变化，相应于 E 最大时的倾斜面，才是最危险的滑动面，此时与 E_{max} 大小相等、方向相反作用在墙背上的力 E_a，才是所求的总主动土压力。为此，令 $dE/d\theta=0$，求出 θ 值，代入式(6-14)，整理得：

$$E_a=\frac{1}{2}\gamma H^2 K_a \tag{6-15}$$

$$K_a=\frac{\cos^2(\varphi-\alpha)}{\cos^2\alpha\cos(\alpha+\delta)\left[1+\sqrt{\frac{\sin(\varphi+\delta)\sin(\varphi-\beta)}{\cos(\alpha+\delta)\cos(\alpha-\beta)}}\right]} \tag{6-16}$$

式中 K_a——库仑主动土压力系数，是 $\varphi,\alpha,\beta,\delta$ 的函数，可由式(6-16)计算，也可以参见其他参考书查表；

H——挡土墙高度，m；

γ,φ——墙后填土的重度，kN/m^3，及内摩擦角(°)；

α——墙背的倾斜角(°)，俯斜时取正号，仰斜时取负号；

β——墙后填土面的倾角(°)；

δ——土对挡土墙背的摩擦角，称外摩擦角(°)，可按以下规定取值：俯斜的混凝土或砌体墙取(1/2 ~ 2/3)φ，台阶形墙取 $2\varphi/3$，垂直混凝土或砌体墙取 $\varphi/3\sim\varphi/2$。

当符合朗肯土压力条件(即 $\alpha=\beta=\delta=0$)时，由式(6-16)可得 $K_a=\tan^2(45°-\varphi/2)$。由此可见，在特定条件下，朗肯土压力理论与库仑土压力理论所得的结果是相同的。

由式(6-15)可知，主动土压力合力与墙高的平方成正比，为求得离墙顶为任意深度 z 处的主动土压力强度 σ_a，可将 E_a 对 z 取导数而得，即：

$$\sigma_a=\frac{dE_a}{dz}=\gamma z K_a \tag{6-17}$$

由式(6-17)可见，主动土压力强度沿墙高呈三角形分布，如图 6-12 所示。E_a 作用点在离墙底 $H/3$ 处，方向与墙背法线成 δ 角，位于法线的上方，与水平面的夹角为$(\delta+\alpha)$。必须注意，在图 6-12(c)所示的土压力强度分布图中只表示其大小，而不表示其作用方向。

【例 6-4】 某挡土墙高 4 m，墙背的倾斜角 $\alpha=10°$(俯斜)，填土坡角 $\beta=30°$，回填砂土，其重度 $\gamma=18\ kN/m^3$，$\varphi=30°$，填土与墙背的摩擦角 $\delta=2\varphi/3=20°$，试计算作用于挡土墙上的主动土压力。

解：由 $\varphi=30°,\delta=20°,\alpha=10°,\beta=30°$，代入式(6-16)得：

$$K_a=1.051$$

总主动土压力为：

$$E_a=\frac{1}{2}\gamma H^2K_a=\frac{1}{2}\times18\times4^2\times1.051=151.3(kN/m)$$

主动土压力合力作用在离墙底为 $H/3=4/3=1.33(m)$处，方向与墙背法线成 20°夹角，位于法线的上方，如图 6-13 所示。

三、被动土压力

当挡土墙受外力作用推向填土，直到土体沿某一破坏面 BC 破坏时，土楔 ABC 向上滑动，并处于被动极限平衡状态，如图 6-14(a) 所示。此时土楔体 ABC 在其自重 G、反力 R 和 E_p 作用下平衡，如图 6-14(b) 所示，R 和 E_p 的方向分别在 BC 面和 AB 面法线的上方。按上述求主动土压力同样的原理可求得被动土压力合力 E_p 为：

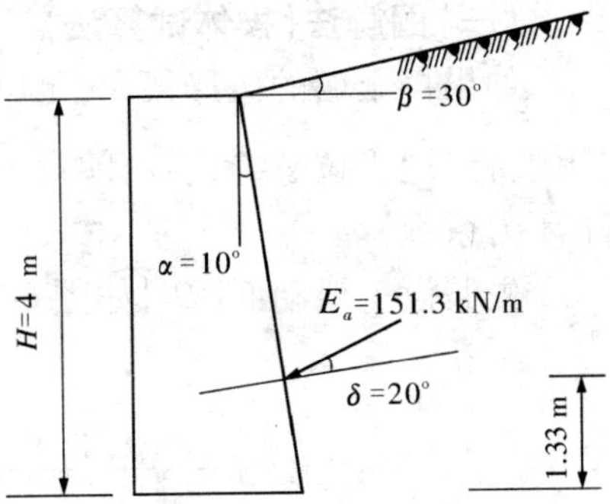

图 6-13　例 6-4 图

$$E_p = \frac{1}{2}\gamma H^2 K_p \tag{6-18}$$

$$K_p = \frac{\cos^2(\varphi+\alpha)}{\cos^2\alpha\cos(\alpha-\delta)\left[1-\sqrt{\dfrac{\sin(\varphi+\delta)\sin(\varphi+\beta)}{\cos(\alpha-\delta)\cos(\alpha-\beta)}}\right]^2} \tag{6-19}$$

式中　K_p——库仑被动土压力系数，是 $\varphi,\alpha,\beta,\delta$ 的函数。

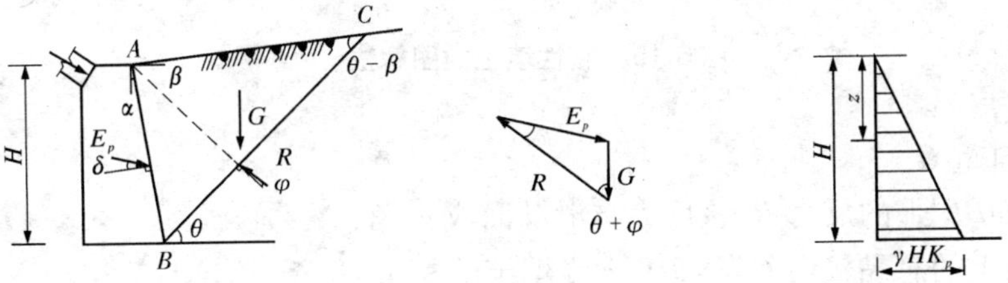

(a) 土楔上的作用力　(b) 力矢三角形　(c) 被动土压力分布

图 6-14　按库仑土压力理论求被动土压力

当符合朗肯土压力条件(即 $\alpha=\beta=\delta=0$)时，由式(6-19)可得：

$$K_p = \tan^2(45°+\varphi/2)$$

被动土压力 E_p 与墙背法线成 δ 角，位于法线下方，被动土压力强度沿墙背的分布仍呈三角形，挡土墙底部的被动土压力强度 $\sigma_p=\gamma HK_p$。

问题：库仑土压力理论与朗肯土压力理论的基本原理和适用条件有什么不同？

四、黏性土和粉土的主动土压力

库仑土压力理论假设墙后填土是理想的散粒体，也就是填土只有内摩擦角 φ，而没有黏聚力 c，因此从理论上说库仑土压力理论只适用于无黏性土。但在实际工程中常常不得不用黏性土，为了考虑黏性土和粉土的黏聚力 c 对土压力的影响，在应用库仑公式时，曾有将内摩擦角 φ 增大，采用所谓“等代内摩擦角 φ_D”来综合考虑黏聚力对土压力的影响，但误差较大。对于黏性土和粉土，可采用以下方法确定。

(一)图解法(楔体试算法)

如果挡土墙的位移很大,足以使黏性土的抗剪强度充足,在离填土表面 z_0 的深度范围内将出现张拉裂缝,引用朗肯土压力理论的临界深度 $z_0=2c/(\gamma\sqrt{K_a})$($K_a$ 为朗肯主动土压力系数)。

先假设一滑动面 $\overline{BD'}$,如图 6-15(a)所示,作用于滑动土楔 $A'BD'$ 上的力有:

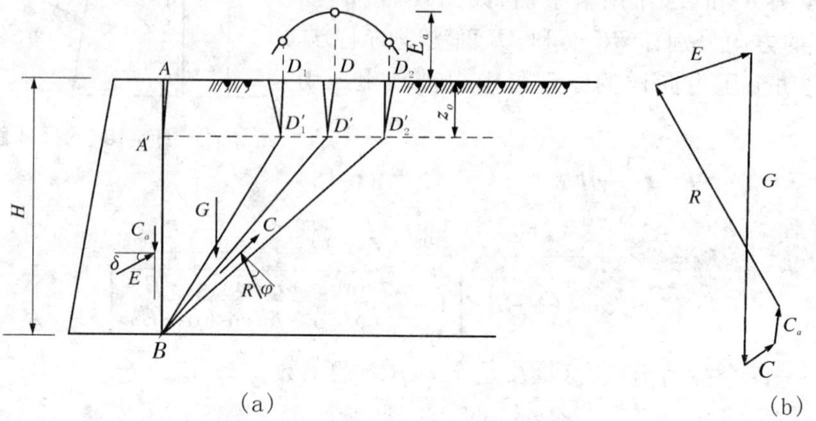

图 6-15 黏性填土的图解法

(1)土楔自重 G;

(2)滑动面 $\overline{BD'}$ 上的反力 R,该反力与滑动面成 φ 角;

(3)$\overline{BD'}$ 面上的总黏聚力 $C=c\,\overline{BD'}$,c 为填土的黏聚力;

(4)墙背 $\overline{A'B}$ 面上的总黏聚力 $C_a=c_a\,\overline{A'B}$,c_a 为墙背与填土间的黏聚力。

在上述各力中,G,C,C_a 的大小和方向均为已知,R 与 E 的方向为已知,但大小未知,考虑到力系的平衡,由力矢多边形可以确定 E 的数值,如图 6-15(b)所示。假定若干个滑动,按以上方法试算,其中最大值即为所求的主动土压力 E。

(二)规范法

《建筑地基基础设计规范》(GB 50007—2002)推荐的公式,采用与楔体试算法相似的平面滑动面假定,得到黏性土和粉土的主动土压力为:

$$E_a=\psi_c\frac{1}{2}\gamma H^2K_a \tag{6-20}$$

式中 ψ_c——主动土压力增大系数,土坡高度小于 5 m 时取 1.0,高度在 5~8 m 时取 1.1,高度大于 8 m 时,取 1.2;

H——挡土墙高度,m;

K_a——规范主动土压力系数,按式(6-21)确定。

$$K_a=\frac{\sin(\alpha'+\beta)}{\sin^2\alpha'\sin^2(\alpha'+\beta-\varphi-\delta)}\{K_q[\sin(\alpha'+\beta)\sin(\alpha'-\delta)+\sin(\varphi+\delta)\sin(\varphi-\beta)]+2\eta\sin\alpha'\cos\varphi\cos(\alpha'+\beta-\varphi-\delta)-2[K_q\sin(\alpha'+\beta)\sin(\varphi-\beta)+\eta\sin\alpha'\cos\varphi)(K_q\sin(\alpha'-\delta)\sin(\varphi+\delta)+\eta\sin\alpha'\cos\varphi)]^{1/2}\} \tag{6-21}$$

$$K_q = 1 + \frac{2q\sin\alpha'\cos\beta}{\gamma H\sin(\alpha' + \beta)}$$

$$\eta = \frac{2c}{\eta H}$$

式中　q——地表均布荷载,按单位水平投影面上的荷载强度计;

α',β,δ——如图 6-16 所示。

规范法计算主动土压力具有普遍性,但主动土压力系数 K_a 的公式很长,计算烦琐。

(1)当填土为无黏性土时,K_a 可按库仑土压力理论确定。

(2)当挡土墙满足朗肯条件时,K_a 可按朗肯土压力理论确定。对于黏性土或粉土的 K_a 也可采用楔体试算法图解求得。

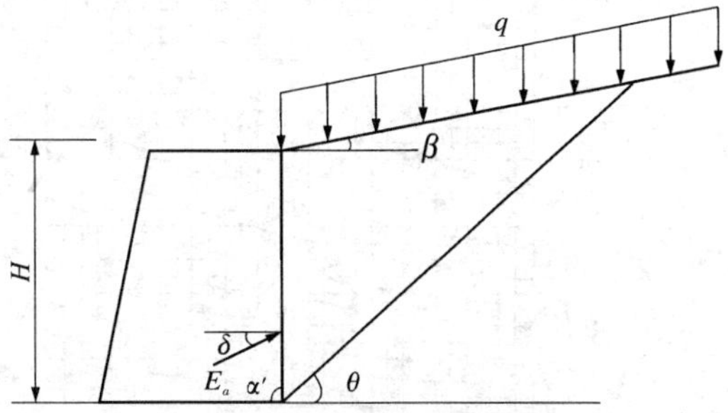

图 6-16　规范法计算简图

(3)对于高度小于或等于 5 m 的挡土墙,当排水条件及填土质量符合要求时,其主动土压力系数可由《建筑地基基础设计规范》(GB 50007—2002)中所规定的不同填土质量主动土压力系数图查得。填土质量及所查图表如表 6-2 和图 6-17 所示。

表 6-2　查主动土压力系数图的填土质量要求

类别	填土名称	密实度	干密度(t/m³)
1	碎石土	中密	$\rho_d \geqslant 2.0$
2	砂土(包括砾砂、粗砂、中砂)	中密	$\rho_d \geqslant 1.65$
3	黏土夹块石土		$\rho_d \geqslant 1.90$
4	粉质黏土		$\rho_d \geqslant 1.65$

问题:楔体试算法与规范法主动土压力计算有何优点?

【例 6-5】　某挡土墙墙高 $H = 4$ m,墙后填土为中密粗砂,$\gamma_d = 16.8\ \text{kN/m}^3$,$\omega = 10\%$,$\varphi = 36°$,$\delta = 18°$,$\beta = 20°$,$\alpha' = 98°$,试按规范法计算主动土压力。

解: 因为填土为中密粗砂,$\rho_d = \gamma_d/\gamma_w = 16.8/9.8 = 1.71(\text{t/m}^3) > 1.65\ \text{t/m}^3$,且墙高 $H = 4\ \text{m} < 5\ \text{m}$,按规范法主动土压力系数查图 6-17(b)得:$K_a = 0.32$,$\psi_c = 1.0$,另填土重度 $\gamma = \gamma_d(1 + \omega) = 16.8 \times (1 + 0.1) = 18.5(\text{kN/m}^3)$,所以:

$$E_a = \psi_c \frac{1}{2}\gamma H^2 K_a = 1.0 \times \frac{1}{2} \times 18.5 \times 4^2 \times 0.32 = 47.4(\text{kN/m})$$

五、有车辆荷载时的主动土压力

在桥台或路堤挡土墙设计时,应该考虑车辆荷载引起的土压力,在《公路桥涵设计通用规范》(JTG D60—2004)中规定,按库仑土压力理论,先将台背或墙背填土的破坏棱体(滑动土楔)范围内的车辆荷载,用均布荷载 q 或换算成等代土层来代替。当填土水平

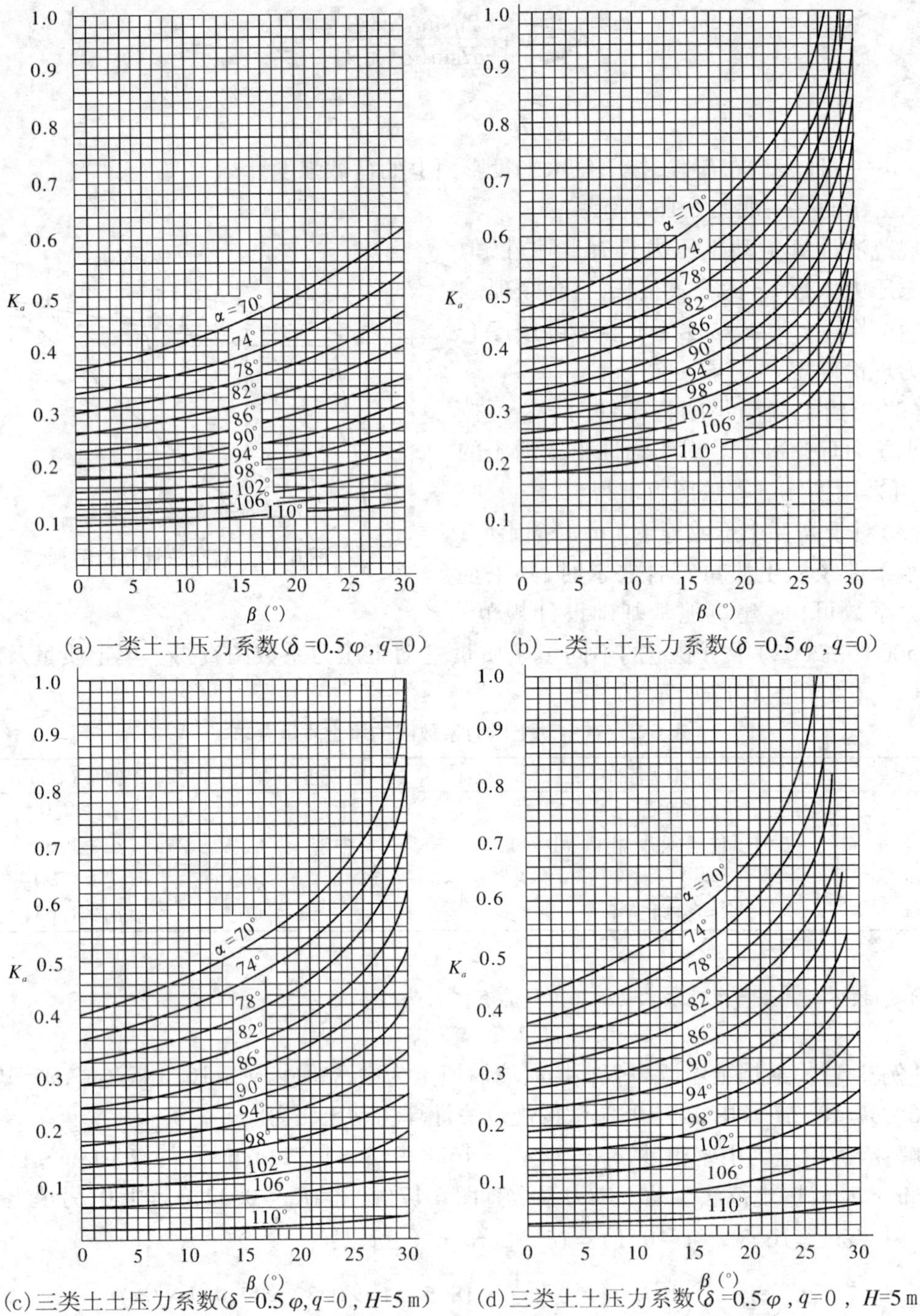

图 6-17　主动土压力系数图

(β=0°)时，等代土层的厚度 h 的计算公式如下(见图 6-18)：

$$h = \frac{q}{\gamma} = \frac{\sum G}{BL_0\gamma} \tag{6-22}$$

式中　B——桥台的计算宽度或挡土墙的计算长度，m；

L_0——台背或墙背填土的破坏棱体长度,m;

$\sum G$——布置在 $B \times L_0$ 面积内的车辆车轮重力,kN。

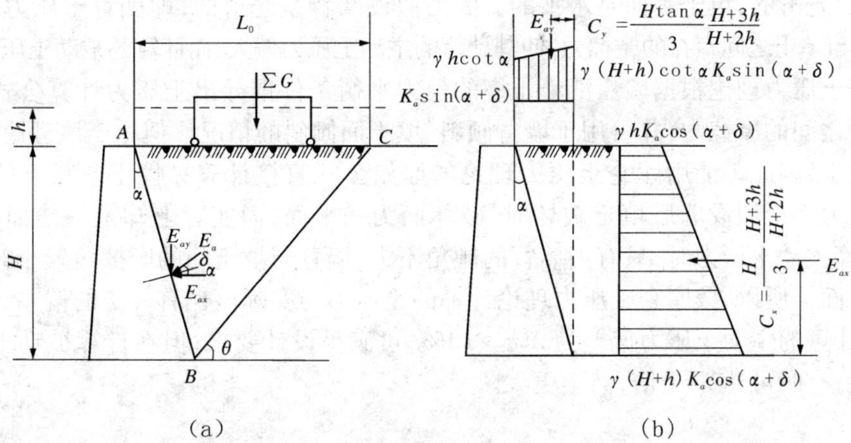

图 6-18　有车辆荷载时的主动土压力

桥台的计算宽度 B 为桥台的横向全宽;挡土墙的计算长度应根据车辆荷载级别,由汽车荷载扩散长宽和挡土墙的分段长宽综合选取,详见《公路桥涵设计通用规范》(JTG D60—2004)。

关于台背或墙背填土的破坏棱体长度 L_0,对于墙顶以上有填土的挡土墙,L_0 为破坏棱体范围内的路基宽度部分;对于桥台或墙顶以上没有填土的挡土墙,L_0 可用式(6-23)计算(见图 6-18):

$$L_0 = H(\tan\alpha + \cot\theta) \tag{6-23}$$

式中　H——桥台或挡土墙高度,m;

α——台背或墙背倾斜角,仰斜时取负值,垂直时则 $\alpha = 0$;

θ——滑动倾斜角,当填土表面水平时,其余切值 $\cot\theta$ 可按式(6-24)计算。

$$\cot\theta = -\tan(\alpha+\delta+\varphi) + \sqrt{[\cot\varphi + \tan(\alpha+\delta+\varphi)][\tan(\alpha+\delta+\varphi) - \tan\alpha]} \tag{6-24}$$

布置在 $B \times L_0$ 面积内的车辆车轮重力 $\sum G$ 的确定详见《公路桥涵设计通用规范》(JTG D60—2004)。当填土表面水平,有车辆荷载时的主动土压力可按式(6-25)计算:

$$E_a = \frac{1}{2}\gamma H(H+2h)K_a \tag{6-25}$$

主动土压力合力 E_a 方向与水平面成$(\alpha+\delta)$夹角,作用点距墙底为:$z = \frac{H}{3}\ \frac{H+3h}{H+2h}$。

六、朗肯土压力理论与库仑土压力理论的比较

朗肯土压力理论与库仑土压力理论分别根据不同的假设,以不同的分析方法计算土压力,只有在最简单的情况下($\alpha = \beta = \delta = 0$),用这两种理论计算的结果才相同,否则将得出不同的结果。

朗肯土压力理论应用半无限空间中的应力状态,根据极限平衡理论求解,概念明确,

公式简单,便于记忆,对于黏性土、粉土和无黏性土都可以用该公式直接计算,故在工程中得到广泛应用。但为了使墙后土体的应力状态符合半无限空间的应力状态,必须假设墙背是直立、光滑的,填土表面是水平的。因为假设墙背是光滑的,即朗肯土压力理论没有考虑墙背与填土之间存在的摩擦力,使其计算的主动土压力偏大,而计算的被动土压力偏小。

库仑土压力理论根据墙后滑动土楔的静力平衡条件推导出土压力计算公式,考虑了墙背与土之间的摩擦力,并可用于墙背倾斜、填土面倾斜的情况。但由于该理论假设填土为无黏性土,因此不能用库仑土压力理论的原始公式直接计算黏性土或粉土的土压力。库仑土压力理论假设墙后填土破坏时,破坏面为一平面,而实际上却是一曲面。试验证明,在计算主动土压力时,只有当墙背的倾角不大,墙背与填土间的摩擦角较小时,破坏面才接近平面。所以,按库仑土压力理论计算的土压力与实际值也有一定的偏差,在通常情况下,其计算的主动土压力偏差为2% ~10%,可满足设计要求;但在计算被动土压力时,误差较大,有时可达2 ~3 倍,甚至更大。

问题:(1)有车辆荷载作用时的主动土压力如何计算?

(2)朗肯土压力理论与库仑土压力理论的主要区别是什么?

第四节　挡土墙设计简介

一、挡土墙的类型

挡土墙是用来支挡天然边坡或人工填土边坡的构筑物。挡土墙的种类繁多,按其所用材料分类,有毛石、砖、混凝土和钢筋混凝土等。按结构类型分类,则有重力式、悬臂式、扶壁式、板桩式等,如图6-19 所示。

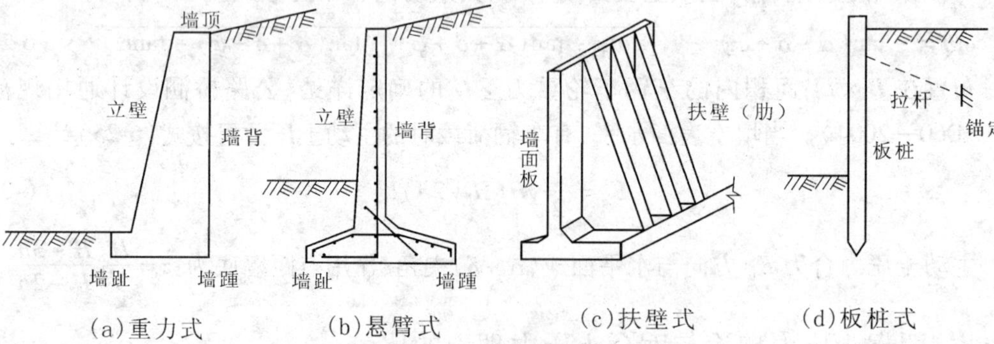

图6-19　挡土墙类型

重力式挡土墙(见图6-19(a))是靠自身重量来维持稳定的。这种挡土墙通常是用砖、块石或素混凝土修筑的,一般适用于墙高不大的情况;而悬臂式挡土墙(见图6-19

(b))用钢筋混凝土建造，一般由三个悬臂板，即立壁、墙趾悬臂和墙踵悬臂组成。这类挡土墙主要是靠墙踵悬臂以上的土重来维持其稳定性的，适用于重要工程中墙高大于 5 m，地基土较差，当地缺乏石料等情况；当墙高更大时，常选用扶壁式挡土墙（见图 6-19(c)），即在悬臂式挡土墙基础上沿墙的长度方向每隔 1/3 ~ 1/2 墙高设一道扶壁，以增加立壁的抗弯性能和减少材料用量，通常适用于墙高大于 8 m，且地基土质较软弱的情况；板桩式挡土墙（见图 6-19(d)）按所用材料的不同，分为钢板桩、木板桩和钢筋混凝土板桩墙等。它可用做永久性也可用做临时性的挡土结构，是一种承受弯矩的结构。其中重力式挡土墙构造简单、施工方便、造价低，在工程中应用最为广泛。

二、重力式挡土墙设计

(一)重力式挡土墙的选型

选择合理的挡土墙墙型，对挡土墙的设计具有重要的意义，主要有以下几点。

1. 使墙后土压力最小

重力式挡土墙按墙背的倾斜情况分为仰斜、垂直和俯斜三种，如图 6-20 所示。仰斜墙主动土压力最小，俯斜墙主动土压力最大，垂直墙主动土压力介于仰斜与俯斜之间。因此，如果边坡为挖方，采用仰斜式较合理，因为仰斜式的墙背主动土压力最小，且墙背可以与开挖的边坡紧密贴合，墙身截面设计较为经济；如果边坡为填方，则采用垂直式或俯斜式较合理，因为仰斜式的墙背填土的夯实比较困难。在进行墙背的倾斜形式选择时，还应根据使用要求、地形条件和施工等情况综合考虑确定。

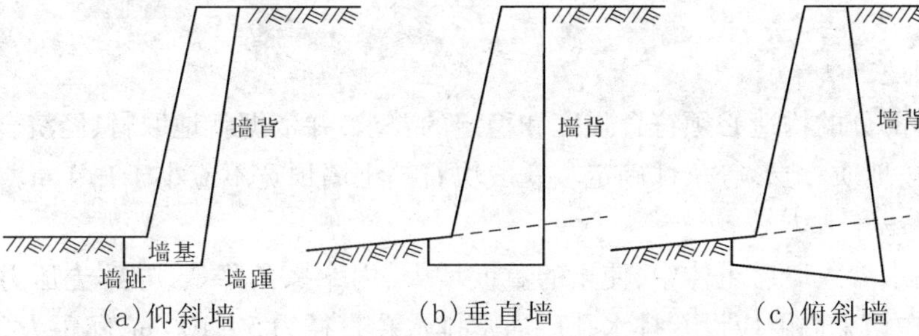

图 6-20　重力式挡土墙墙背倾斜形式

2. 墙的背坡和面坡的选择

在墙前地面坡度较陡处，墙面坡可取 1∶0.05 ~ 1∶0.2，也可采用直立的截面。当墙前地形较平坦时，对于中、高挡土墙，墙面坡可用较缓坡度，但不宜缓于 1∶0.4，以免增高墙身或增加开挖深度。墙背仰斜时其倾斜度一般不宜缓于 1∶0.25。面坡应尽量与背坡平行，如图 6-21 所示。

3. 基底逆坡坡度

在墙体稳定性验算中，倾覆稳定较易满足要求，而滑动稳定常不易满足要求。为了增加墙身的抗滑稳定性，将基底做成逆坡是一种有效的办法，如图 6-22 所示。对于土质地基，基底逆坡一般不宜大于 0.1∶1(n∶1)。对于岩石地基，基底逆坡一般不宜大于 0.2∶1。

由于基底倾斜，会使地基承载力降低，因此需将地基承载力特征值折减。当基底逆坡为0.1∶1时，折减系数为0.9；当基底逆坡为0.2∶1时，折减系数为0.8。

4. 墙趾台阶

当墙高超过一定的限度时，基底压力往往是控制截面尺寸的重要因素。为了使基底压力不超过地基承载力，可加墙趾台阶，如图6-23所示，以扩大基底宽度，增加挡土墙的稳定性。墙趾高 h 和墙趾宽 a 的比例可取 $h:a=2:1$，且 a 不得小于20 cm。

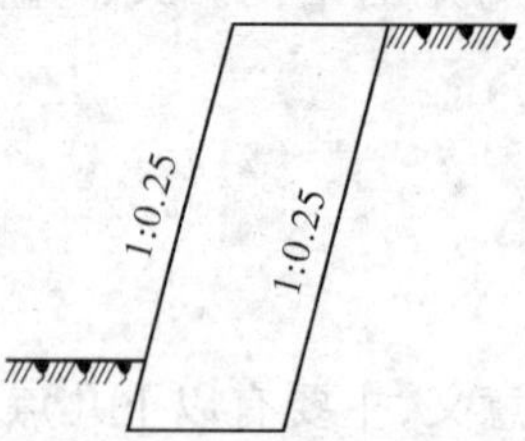

图6-21

图6-22

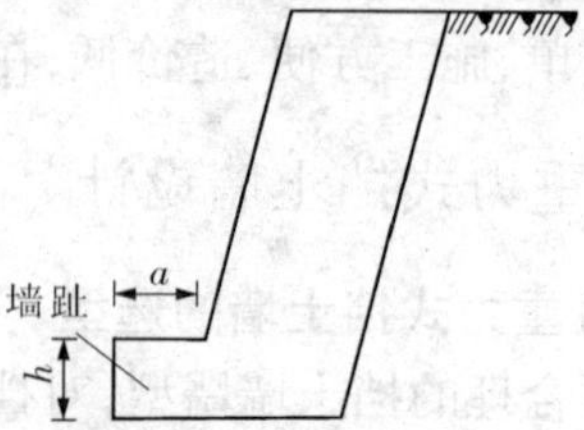

图6-23

(二)重力式挡土墙的构造

1. 挡土墙的埋置深度

挡土墙的埋置深度(如基底倾斜，则按最浅的墙趾处计算)，应根据地基承载力、冻结因素确定。土质地基一般不小于0.5 m。若基底下为风化岩层，除应将其全部清除外，一般应加挖0.15~0.25 m；如基底下为基岩，则挡土墙应嵌入岩层一定的深度，一般不小于0.25 m。

2. 墙身构造

挡土墙各部分的构造必须符合强度和稳定的要求，并依据就地取材、经济合理和施工方便等原则，按地质、地形等条件确定。一般块石挡土墙顶宽不应小于0.4 m。

3. 排水措施

为防止雨水渗入墙后土体中，使土的重度增大、内摩擦角降低，导致土压力和水压力的增大，所以在挡土墙上应设有排水孔。通常排水孔直径为5~10 cm，间距为2~3 m，排水孔应高于墙前水位，如图6-24所示。当墙后填土表面倾斜时还应开挖截水沟。

4. 填土质量要求

选择质量好的填料以及保证填土的密实度是挡土墙施工的两个关键问题。理想的回填土为卵石、砾石、粗砂等粗粒土料，用这类土料有利于减小主动土压力，增加挡土墙的稳定。在选料时要求土料洁净，含泥量少。在工程中实际的回填料往往含有黏性土，这时应适当混入碎石，以便易于夯实和提高其抗剪强度。

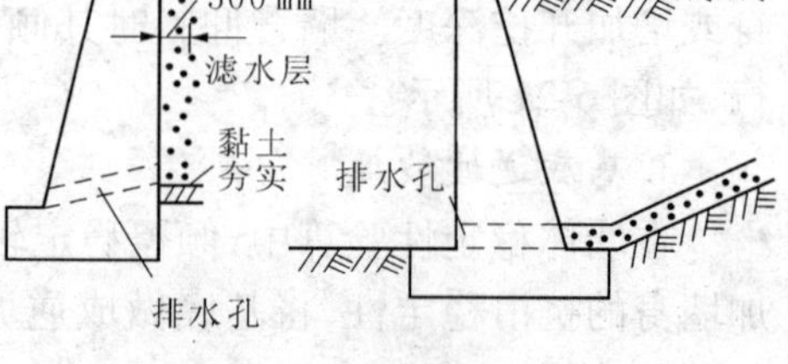

图6-24 挡土墙排水措施

对于常用的砖、石挡土墙，当砌筑的砂浆达到强度的70%时，方可回填，回填土应分层夯实。

5. 沉降缝和伸缩缝

由于墙高、墙后土压力及地基压缩性的差异，挡土墙宜设置沉降缝；为了避免因混凝土及砖石砌体的收缩硬化和温度变化等作用引起的破裂，挡土墙宜设置伸缩缝。沉降缝与伸缩缝实际上是同时设置的，可把沉降缝兼作伸缩缝，一般每隔 10 ~ 20 m 设置一道，缝宽约 2 cm，缝内嵌填柔性防水材料。

(三)重力式挡土墙的计算

挡土墙的计算通常包括下列内容：①抗倾覆验算；②抗滑移验算；③地基承载力验算；④墙身强度验算；⑤抗震计算。下面仅介绍抗倾覆验算与抗滑移验算，其他计算可参见其他教材。

1. 挡土墙抗倾覆验算

在挡土墙抗倾覆验算中，将土压力 E_a 分解成水平分力 E_{ax} 和垂直分力 E_{az}，如图 6-25 所示。显然，对墙趾 O 点的倾覆力矩为 $E_{ax}z_f$，而抗倾覆力矩为 $(Gx_0 + E_{az}x_f)$。为了保证挡土墙的稳定，应使抗倾覆力矩大于倾覆力矩，两者之比值称为抗倾覆稳定安全系数 K_t，即：

$$K_t = \frac{Gx_0 + E_{az}x_f}{E_{ax}z_f} \geqslant 1.6 \tag{6-26}$$

$$E_{az} = E_a\cos(\alpha - \delta) \qquad E_{ax} = E_a\sin(\alpha - \delta)$$

$$x_f = b - z_f\cot\alpha \qquad z_f = z - b\tan\alpha_0$$

式中 G——每延米挡土墙的重力，kN/m；

b——基底的水平投影宽度，m；

z——土压力作用点离墙踵的高度，m；

α——墙背与水平线之间的夹角(°)；

α_0——基底与水平线之间的夹角(°)。

当墙背垂直($\alpha = 90°$)、基底水平($\alpha_0 = 0$)时：

$$E_{az} = E_a\sin\delta \qquad E_{ax} = E_a\cos\delta$$

$$x_f = b \qquad z_f = z$$

2. 挡土墙抗滑移验算

在挡土墙抗滑移验算中，将主动土压力 E_a 及挡土墙的重力 G 各分解为平行与垂直于基底的两个分力，如图 6-26 所示。滑动力为$(E_{at} - G_t)$，抗滑力为 E_{an} 及 G_n 在基底产生的摩擦力。抗滑力与滑动力的比值称为抗滑移稳定安全系数 K_s，即：

$$K_s = \frac{(G_n + E_{an})\mu}{E_{at} - G_t} \geqslant 1.3 \tag{6-27}$$

式中 G_n——垂直于基底的重力分力，$G_n = G\cos\alpha_0$，kN/m；

G_t——平行于基底的重力分力，$G_t = G\cos\alpha_0$，kN/m；

E_{an}——垂直于基底的土压力分力，$E_{an} = E_a\cos(\alpha - \alpha_0 - \delta)$，kN/m；

E_{at}——平行于基底的土压力分力，$E_{at} = E_a\sin(\alpha - \alpha_0 - \delta)$，kN/m；

μ——挡土墙基底对地基的摩擦系数，由试验确定，当无试验资料时，可参考表 6-3 选用。

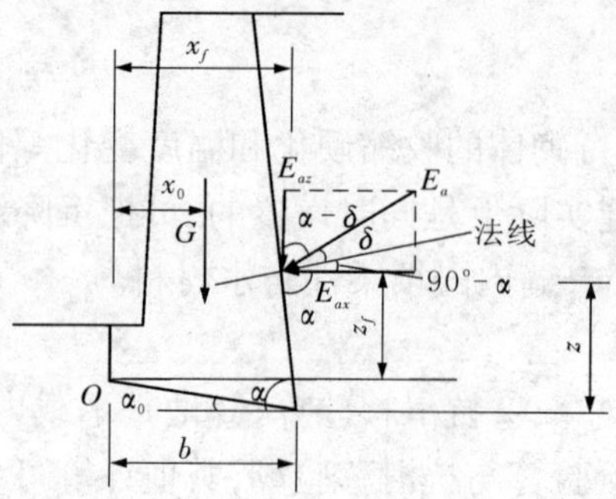

图 6-25　挡土墙的抗倾覆验算

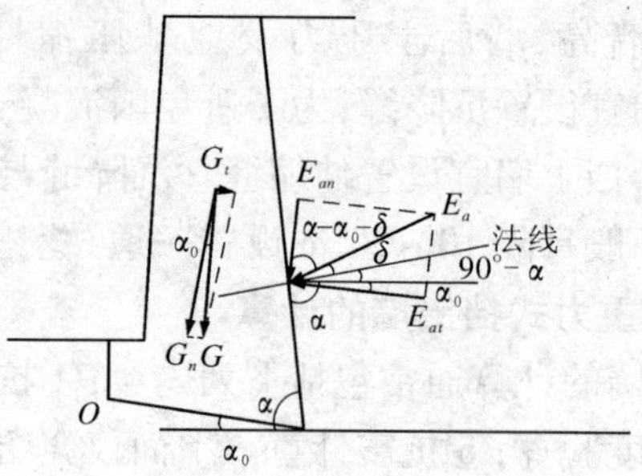

图 6-26　挡土墙的抗滑移验算

当墙背垂直($\alpha=90°$)、基底水平($\alpha_0=0$)时：

$$G_n=G \qquad G_t=0 \qquad E_{an}=E_a\sin\delta \qquad E_{at}=E_a\cos\delta$$

挡土墙的稳定性验算通常包括抗倾覆稳定验算和抗滑移稳定验算。对于软弱地基，由于超载等因素，还可能出现沿地基中某一曲面滑动，对于这种情况，应采用圆弧法进行地基稳定性验算。

表 6-3　挡土墙基底对地基的摩擦系数 μ 值

土的类别		摩擦系数 μ
黏性土	可塑	0.25 ~ 0.30
	硬塑	0.30 ~ 0.35
	坚硬	0.35 ~ 0.45
粉土	稍湿	0.30 ~ 0.40
中砂、粗砂、砾砂		0.40 ~ 0.50
碎石土		0.40 ~ 0.60
岩石	软质岩	0.40 ~ 0.60
	表面粗糙的硬质岩	0.65 ~ 0.75

注：1. 对于易风化的软质岩石和塑性指数 I_P 大于 22 的黏性土，基底摩擦系数应通过试验确定。
2. 对于碎石土，密实的可取高值；稍密、中密及颗粒为中等或强风化的取低值。

3. 地基承载力验算

挡土墙在自重与土压力垂直分力作用下，基底压力可按直线变化计算。其地基承载力的验算方法及要求与天然地基的浅基础完全相同，具体可参见第七章。

4. 墙身强度验算

挡土墙的墙身强度验算，与一般砌体构件相同，应满足《混凝土结构设计规范》(GB 50010—2002)和《砌体结构设计规范》(GB 50003—2001)中的有关要求。

5. 挡土墙抗震计算

计算地震区挡土墙时需考虑两种情况，即有地震时的挡土墙和无地震时的挡土墙。在这两种情况的计算结果中，选用其中墙截面较大者。这是因为在考虑附加组合时，安全度降低，有时算出的墙截面可能反而比无地震时的小，此时应选用无地震时的墙截面，具体的计算请参考其他教材。

问题:(1)如何进行重力式挡土墙的选型?其有哪些构造要求?

(2)重力式挡土墙的计算包括哪些内容?如何进行其抗倾覆与抗滑移稳定验算?

【例6-6】 若例6-1中挡土墙顶宽 $b_0=0.6$ m、底宽 $b=2.4$ m(见图6-7),用毛石砌筑,砌体重度 $\gamma_G=22.0$ kN/m³,基底位于坚硬黏土上,$\mu=0.41$。试验算该挡土墙的抗倾覆稳定性与抗滑移稳定性。

解:由例6-1计算结果可知,其主动土压力 $E_a=51.3$ kN/m,方向与墙背垂直,作用点距墙底 $z_f=1.14$ m。

挡土墙自重分两部分计算。

左侧为一三角形,设其自重为 G_1,则:

$$G_1=\frac{1}{2}(b-b_0)H\gamma_G=\frac{1}{2}(2.4-0.6)\times5\times22.0=99.0(\text{kN/m})$$

右侧为一矩形,设其自重为 G_2,则:

$$G_2=b_0H\gamma_G=0.6\times5\times22.0=66.0(\text{kN/m})$$

(1)抗倾覆稳定性验算。

由于挡土墙墙背直立、光滑,基底水平,故:

$$E_{az}=0\qquad E_{ax}=E_a\qquad x_f=b\qquad z_f=1.14\ \text{m}$$

因此,挡土墙抗倾覆稳定安全系数 K_t 为:

$$K_t=\frac{Gx_0+E_{az}x_f}{E_{ax}z_f}=\frac{G_1\times1.2+G_2\times2.1}{E_{ax}z_f}$$

$$=\frac{99.0\times1.2+66.0\times2.1}{51.3\times1.14}=4.40>1.6\quad(\text{满足要求})$$

(2)抗滑移稳定性验算。

由于挡土墙墙背直立、光滑,基底水平,故:

$$G_n=G\qquad G_t=0\qquad E_{an}=0\qquad E_{ax}=E_a$$

因此,挡土墙抗滑移稳定安全系数 K_s 为:

$$K_s=\frac{(G_n+E_{an})\mu}{E_{at}-G_t}=\frac{(99.0+66.0)\times0.41}{51.3}=1.32>1.3\quad(\text{满足要求})$$

第五节　土坡和地基稳定性

一、概述

土坡是指具有倾斜坡面的土体。它通常可分为天然土坡(由于地质作用自然形成的土坡,如山坡、河流、岸坡等)和人工土坡(经人工开挖或填筑而成的土坡,如基坑、渠道、土坝、路堤等)。当土坡的顶面和底面水平,并延伸至无穷远,且由均质土组成时,则称为简单土坡。简单土坡的外形和各部分的名称,如图6-27所示。由于土坡表面倾斜,在土体自重及外力作用下，土坡将出现自上而下的滑动趋势。斜坡上的部分岩土在自重及其他因素的作用下，沿着某一滑动面整体下滑的现象，称为滑坡。

影响土坡稳定的因素主要有以下几个方面：

(1)土坡作用力发生变化。如在坡顶堆放重物或建造建筑物使坡顶受力，或因打桩、车辆行驶、爆破、地震等引起振动而改变原来的平衡状态。

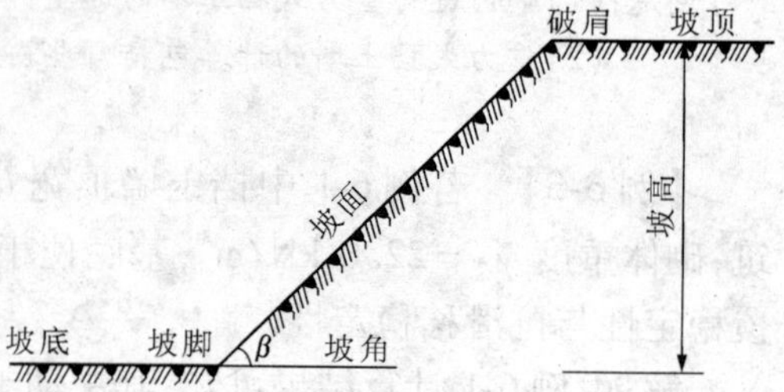

图 6-27　简单土坡

(2)土体的抗剪强度降低。如受雨雪等天气影响，土中的含水量或孔隙水压力增加，有效应力降低，导致土体的抗剪强度降低，抗滑力减小。

(3)水压力的作用。如雨水或地表水流入土坡中的竖向裂隙，对土体产生侧向压力，致使土坡滑动。

土坡的稳定性问题是高速公路、铁路、机场、露天矿井、土坝以及高层建筑深基坑开挖等工程建设中十分重要的问题。土坡的稳定性问题可以通过土坡稳定分析解决，本节将主要介绍简单土坡的稳定性分析方法，并简介地基稳定性问题。

二、无黏性土坡的稳定性分析

由于无黏性土颗粒间无黏聚力存在，因此只要位于坡面上的土单元体能保持稳定，则整个土坡就是稳定的。

在坡面上任取一侧面竖直、底面与坡面平行的微单元体 M(见图 6-28)，不计微单元体两侧应力对稳定性的影响。设单元体自重为 G，边坡的坡角为 β，则单元体的滑动力 $T=G\sin\beta$；抗滑力 T_f 为单元体自重在坡面法线方向的分力 N 引起的摩擦力，故 $T_f=N\tan\varphi=G\cos\beta\tan\varphi$。抗滑力与滑动力的比值称为稳定安全系数，用 K 表示，即：

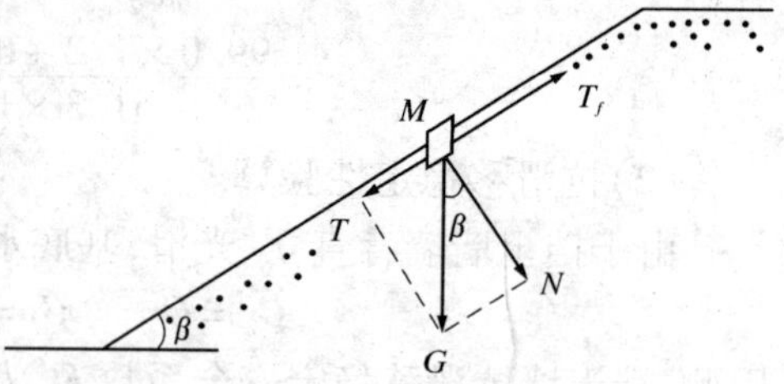

图 6-28　无黏性土坡稳定性分析

$$K=\frac{T_f}{T}=\frac{G\cos\beta\tan\varphi}{G\sin\beta}=\frac{\tan\varphi}{\tan\beta} \tag{6-28}$$

由式(6-28)可知，对于均质无黏性土坡，理论上土坡的稳定性与坡高无关，只要坡角 β 大于土的内摩擦角 φ，稳定安全系数 $K>1$，土坡就是稳定的。当 $\beta=\varphi$ 时，$K=1$，此时抗滑力等于滑动力，土坡处于极限平衡状态，相应的坡角称为自然休止角。为了保证土坡具有足够的安全储备，可取 $K=1.3\sim1.5$。

问题：(1)何谓简单土坡？影响土坡稳定的主要因素是什么？

(2)如何进行无黏性土坡的稳定性分析？

三、黏性土坡的稳定性分析

均质黏性土坡发生滑坡时，其滑动面形状一般为一近似圆弧面的曲面，为了简化，通常采用圆弧面进行分析计算。

黏性土坡稳定分析的常用方法有瑞典圆弧法、稳定数法和条分法等，下面对这三种分析方法作一简要介绍。

（一）瑞典圆弧法

对于均质简单土坡，假定土坡失稳破坏时滑动面为一圆弧面，将滑动面以上的土体视为刚体，如图 6-29 所示，AC 为假定的滑动面，圆心为 O，半径为 R。在重力 G 作用下，土体 ABC 将绕圆心旋转。

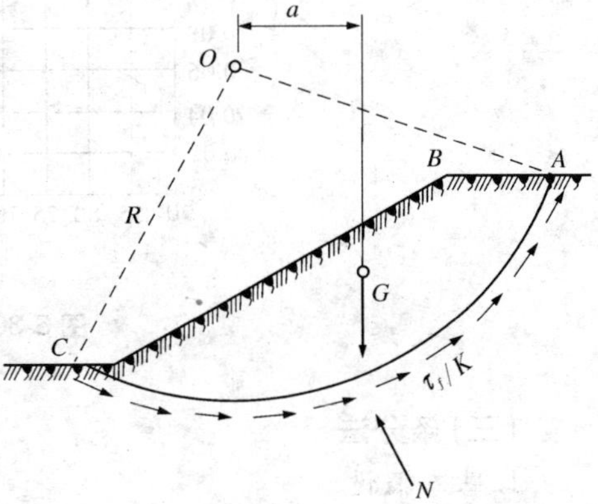

图 6-29　圆弧法的计算示意图

使土体 ABC 绕圆心 O 下滑的滑动力矩：$M_S = Ga$；抗滑力矩 M_R 为滑弧 AC 的长度 $\hat{L}$ 与滑动面上抗剪强度 τ_f 的乘积，即：

$$M_R = \tau_f \hat{L} R$$

所以土体的稳定安全系数 K 为：

$$K = \frac{M_R}{M_S} = \frac{\tau_f \hat{L} R}{Ga} \tag{6-29}$$

该方法是由瑞典工程师彼得森（Petterson）最先提出来的，所以称为瑞典圆弧法。验算一个土坡的稳定性时，需假设多个不同的滑动面，分别求出稳定安全系数 K，相应于最小稳定安全系数的滑弧即为最危险滑动面。为了保证土坡的稳定性，要求最小稳定安全系数 $K_{\min}$ 应不小于有关规范要求的数值，一般可取 $K_{\min} = 1.2 \sim 1.5$。

（二）稳定数法

土坡的稳定分析大都需要经过试验，计算工作量很大，因此不少学者提出简化的图表计算法。图 6-30 给出了根据计算资料整理得到的极限状态时的均质土坡内摩擦角 φ、坡角 β 与稳定数 N_s 之间的关系曲线，其中：

$$N_s = \frac{c}{\gamma h} \tag{6-30}$$

式中　c——土的黏聚力，kPa；

γ——土体重度，kN/m^3；

h——土坡的极限高度，m。

从图 6-30 中可以直接由已知的 $c, \varphi, \gamma, \beta$ 确定土坡的极限高度 h；也可以由已知的 c，φ, γ, h 及安全系数 K 确定土坡的坡角 β。

【例 6-7】　已知某土坡边坡坡比为 1:1（β 为 45°），土的黏聚力 $c = 12$ kPa，$\varphi = 20°$，重度 $\gamma = 17.0\ kN/m^3$，试确定土坡的极限高度 h。

解：根据 $\beta = 45°$，$\varphi = 20°$ 查图 6-30 得 $N_s = 0.065$，所以土坡的极限高度为：

$$h = \frac{c}{\gamma N_s} = \frac{12}{17.0 \times 0.065} = 10.9\text{(m)}$$

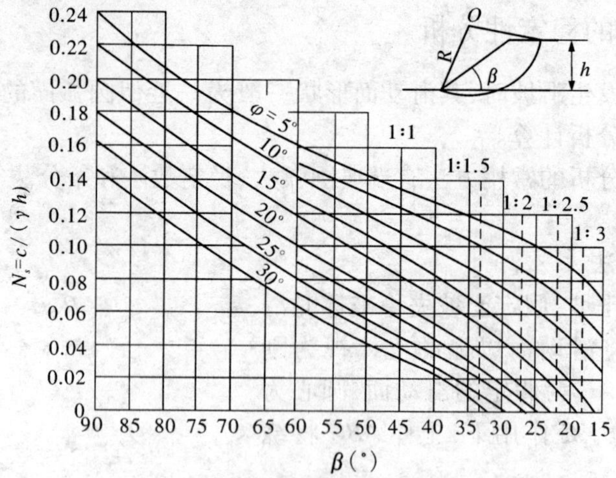

图 6-30　稳定数 N_s 计算图

(三)条分法

1. 基本假设

(1)土坡沿最危险圆弧面发生破坏。

(2)各土条间的侧向作用力忽略不计。

2. 分析计算步骤

(1)按比例绘制土坡剖面图,如图 6-31(a)所示。

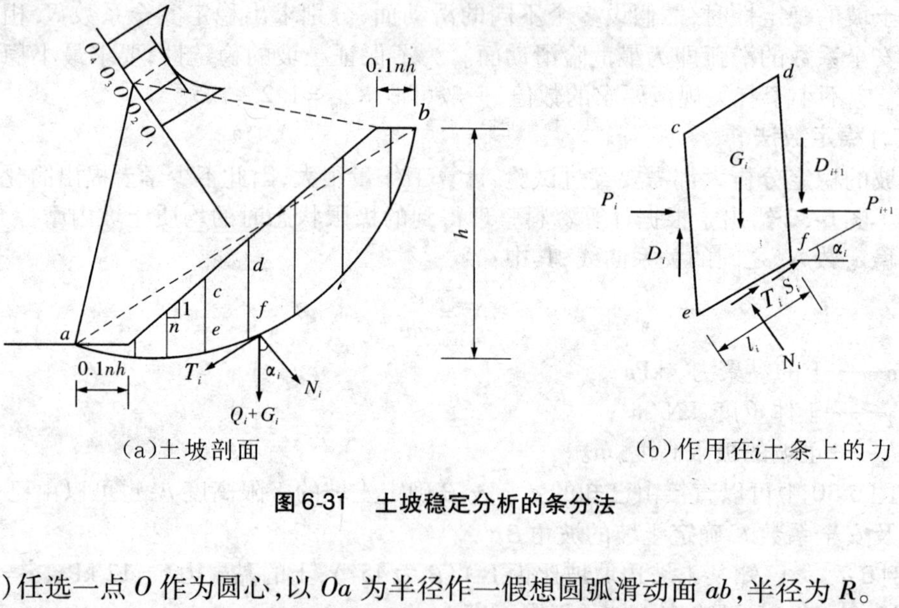

图 6-31　土坡稳定分析的条分法

(2)任选一点 O 作为圆心,以 Oa 为半径作一假想圆弧滑动面 ab,半径为 R。

(3)将滑动面以上土体竖直分成宽度相等的若干土条。为了计算方便,一般取某一土条宽度 $b_i=R/10$。

(4)计算 i 土条自重 G_i 在滑动面 ef 上的法向分力 N_i 和切向分力 T_i:

$$N_i = G_i\cos\alpha_i \qquad T_i = G_i\sin\alpha_i$$

切向分力 T_i 即为 i 土条的滑动力；而 ef 面上黏聚力 cl_i 与摩擦力 $N_i\tan\varphi$ 之和即为 i 土条的滑动力 S_i：

$$S_i = cl_i + N_i\tan\varphi = cl_i + G_i\cos\alpha_i\tan\varphi$$

在分析计算时认为该土条两侧面上的作用力 $P_i = P_{i+1}$，$D_i = D_{i+1}$，因而可忽略不计，如图 6-31(b)所示，不考虑土条间的侧向作用力，其误差为 10%～15%，这样简化后的结果偏于安全。

(5)计算土坡稳定安全系数 K。

各土条对圆心 O 的抗滑力矩 M_R 为：

$$M_R = \sum cl_iR + \sum G_i\cos\alpha_i\tan\varphi R = c\hat{L}R + R\sum G_i\cos\alpha_i\tan\varphi$$

各土条对圆心 O 的滑动力矩 M_S 为：

$$M_S = \sum T_iR = R\sum G_i\sin\alpha_i$$

所以土坡稳定安全系数 K 为：

$$K = \frac{M_R}{M_S} = \frac{c\hat{L}R + R\sum G_i\cos\alpha_i\tan\varphi}{R\sum G_i\sin\alpha_i} = \frac{c\hat{L} + \sum G_i\cos\alpha_i\tan\varphi}{\sum G_i\sin\alpha_i} \tag{6-31}$$

(6)假定若干个可能滑动面，分别计算相应的 K 值，其中 $K_{\min}$ 所对应的滑动面为最危险滑动面。从理论上讲当 $K_{\min} > 1$ 时，土坡是稳定的，根据《建筑边坡工程技术规范》(GB 50330—2002)规定，一般可取 $K_{\min} = 1.20 \sim 1.30$，当 $K_{\min}$ 的计算值大于或等于根据有关规定所取值时，则边坡是稳定的，否则边坡是不稳定的，需要进行加固处理。

这种方法是通过试算求得边坡的最小稳定安全系数 $K_{\min}$ 的，工作量很大，目前可采用计算机求解。著名学者陈惠发(1980)根据大量的计算经验指出，最危险滑动圆弧的两端距坡顶点和坡脚点各为 0.1nh 处，且最危险滑弧圆心在 ab 的垂直平分线上，如图 6-31(a)所示。因此，计算时只需在此垂直平分线上取若干点作为滑弧圆心，按上述方法分别计算相应的稳定安全系数，就可求得最小稳定安全系数 $K_{\min}$。

问题：黏性土坡稳定性分析常用方法有哪些？如何进行？

四、地基的稳定性

广义上的地基稳定性问题包括地基承载力不足而失稳、建(构)筑物基础在水平荷载作用下的倾覆和滑动失稳、基础在水平荷载作用下连同地基一起滑动失稳以及土坡坡顶上的建(构)筑物地基失稳等。通常在下述情况下可能使地基丧失稳定性：①承受很大水平力或倾覆力矩的建(构)筑物，如受风或地震荷载作用的高层建筑或高耸构筑物，承受拉力的高压线塔架基础，承受水压力和土压力的挡土墙、堤坝和桥台等；②位于斜坡或坡顶上的建(构)筑物，由于荷载作用或环境因素影响，造成边坡失稳；③地基中存在软弱土层，土层下面有倾斜的基岩面、隐伏的断层带，地下水渗流等。

关于建(构)筑物基础的抗倾覆与抗滑移的稳定性验算详见本章第四节中的介绍。

关于土坡坡顶建(构)筑物地基稳定性验算可参见《建筑地基基础设计规范》(GB 50007—2002)。在这里仅介绍基础在经常性水平荷载下,连同地基一起滑动的几种地基稳定性问题。

(1)如图6-32所示挡土墙剖面,滑动破坏面接近于圆弧滑动面,并通过墙踵,分析时取绕滑动圆弧圆心 O 的抗滑力矩 M_R 与滑动力矩 M_S 的比值作为整体滑动的稳定安全系数 K,因此可粗略地按式(6-32)计算:

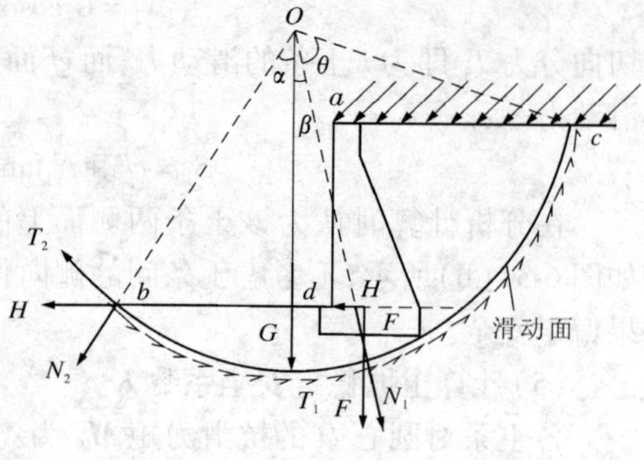

图6-32 挡土墙连同地基一起滑动

$$K=\frac{M_R}{M_S}=\frac{(\alpha+\beta+\theta)c_k\pi R/180°+(N_1+N_2+G)R\tan\varphi_k}{F\sin\beta+H\cos\alpha} \tag{6-32}$$

$$N_1=F\cos\beta$$

$$N_2=H\sin\alpha$$

$$G=\gamma\left(\frac{\alpha\pi}{180°}-\sin\alpha\cos\alpha\right)R^2$$

式中 c_k——地基土的黏聚力标准值;

φ_k——地基土的内摩擦角标准值;

F——挡土墙基底所承受的垂直分力标准值;

H——挡土墙基底所承受的水平分力标准值;

R——滑动圆弧半径。

若考虑土质的变化,也可采用类似于土坡稳定分析中的条分法计算稳定安全系数。同理,最危险圆弧滑动面必须通过试算求得,一般要求 $K_{min}\geqslant 1.2$。

(2)当挡土墙周围土体及地基土都比较软弱时,地基失稳破坏可能出现图6-33所示的贯入软土层深处的圆弧滑动面。此时,同样可采用类似于土坡稳定分析方法中的条分法计算稳定安全系数,通过试算求得最危险圆弧滑动面和相应的稳定安全系数 K_{min},一般要求 $K_{min}\geqslant 1.2$。

(3)当挡土墙位于超固结坚硬黏土层中时,其滑动破坏可能沿近似水平面的软弱结构面发生,为非圆弧滑动面,如图6-34所示。计算时,可近似地取土体 $abdc$ 为隔离体。假定作用在 ab 和 cd 竖直面上的力分别等于被动土压力和主动土压力,bd 面为滑动平面。由图6-34可知,沿此滑动面上总的抗剪强度为:

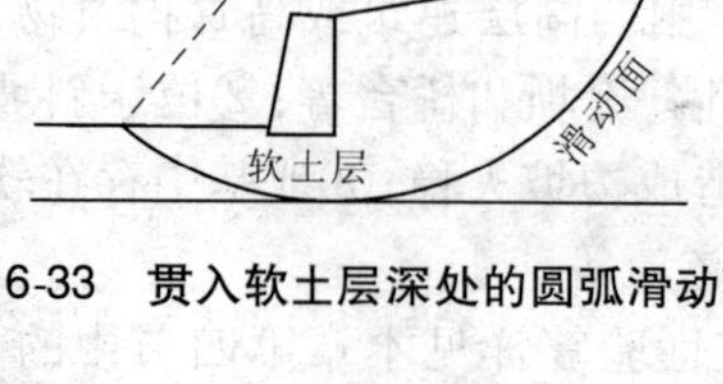

图6-33 贯入软土层深处的圆弧滑动面

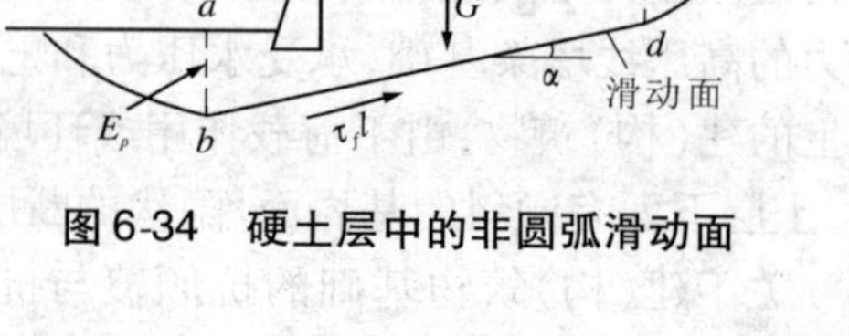

图6-34 硬土层中的非圆弧滑动面

$$\tau_f l = c_k l + G\cos\alpha\tan\varphi_k$$

所以稳定安全系数为:

$$K = \frac{E_p + c_k l + G\cos\alpha\tan\varphi_k}{E_a + G\sin\alpha} \tag{6-33}$$

式中 G——土体 $abdc$ 的自重标准值,kN;

l——bd 的长度,m;

α——bd 面的水平倾角(°)。

对于平面滑动情况,一般取 $K \geqslant 1.3$。

问题:地基稳定性问题包括哪些方面?什么情况下需要评价地基的整体稳定性?

小 结

在土木工程实践中,常常需要计算作用在挡土墙上的侧压力,其中最主要的是土压力。土压力计算与土坡稳定性分析都是建立在土的强度理论基础之上的。

本章内容主要包括挡土墙上的土压力、朗肯土压力理论、库仑土压力理论、挡土墙设计简介以及土坡和地基稳定性。

(1)挡土墙是防止土体坍塌的构筑物,在房屋建筑、水利、港口、交通等工程中得到广泛应用。根据挡土墙的位移情况和墙后土体所处的应力状态,土压力可分为静止土压力、主动土压力和被动土压力。静止土压力是指当挡土墙静止不动,墙后土体处于弹性平衡状态时,作用在墙背上的土压力;主动土压力是指当挡土墙向离开土体方向偏移至土体达到极限平衡状态时,作用在墙背上的土压力;被动土压力是指当挡土墙向土体方向偏移至土体达到极限平衡状态时,作用在墙背上的土压力。

(2)朗肯土压力理论是根据半无限土体内的应力状态和土的极限平衡条件得出的土压力计算方法,适用于挡土墙墙背直立、光滑,填土表面水平的情况。对于主动土压力,相当于已知墙背上任意深度 z 处的竖向应力 σ_z 是大主应力 σ_1,来求解达到极限平衡时的水平应力 $\sigma_x = \sigma_3$,就是主动土压力强度 σ_a;对于被动土压力,相当于已知墙背上任意深度 z 处的竖向应力 σ_z 为小主应力 σ_3,来求解达到极限平衡时的水平应力 $\sigma_x = \sigma_1$,就是被动土压力强度 σ_p。

(3)库仑土压力理论是根据墙后土体处于极限平衡状态并形成一滑动楔体时,从楔体的静力平衡条件得出的土压力计算理论,适用于墙后土体为无黏性土。

(4)挡土墙的主要类型有重力式、悬臂式、扶壁式和板桩式等,其中重力式挡土墙在工程中应用最为广泛。重力式挡土墙的设计主要包括挡土墙的选型、构造和计算,其中挡土墙的计算通常包括下列内容:①抗倾覆验算;②抗滑移验算;③地基承载力验算;④墙身强度验算;⑤抗震计算。

(5)土坡是指具有倾斜坡面的土体,通常可分为天然土坡和人工土坡。影响土坡稳定的因素主要有土坡作用力发生变化、土体的抗剪强度降低和水压力的作用。简单黏性土坡稳定分析的常用方法有瑞典圆弧法、稳定数法和条分法等。

(6)广义上的地基稳定性问题包括地基承载力不足而失稳、建(构)筑物基础在水平荷载作用下的倾覆和滑动失稳、基础在水平荷载作用下连同地基一起滑动失稳以及土坡坡顶上的建(构)筑物地基失稳等。

习 题

6-1 某挡土墙高10 m,墙背直立、光滑,填土表面水平,填土为黏性土,$\gamma = 17\ kN/m^3$,$\varphi = 15°$,$c = 18\ kPa$,试绘出主动土压力强度分布图,确定总主动土压力三要素。

(参考答案:$E_a = 263.2\ kN/m$)

6-2 某挡土墙高4 m,墙背倾斜角$\alpha = 20°$,填土表面倾角$\beta = 10°$,填土的重度$\gamma = 20\ kN/m^3$,$\varphi = 30°$,$c = 0$,填土与墙背的摩擦角$\delta = 15°$,如图6-35所示。试按库仑土压力理论绘出主动土压力强度分布图,并求总主动土压力的三要素。

(参考答案:$E_a = 89.6\ kN/m$)

6-3 某挡土墙高6 m,墙背直立、光滑,填土表面水平。填土分两层,第一层为砂土,第二层为黏性土,各层土的有关指标如图6-36所示。试求主动土压力强度,并绘出土压力沿墙高的分布图。

(参考答案:第一层底$\sigma_a = 12\ kPa$,第二层顶$\sigma_a = 3.6\ kPa$,第二层底$\sigma_a = 40.9\ kPa$)

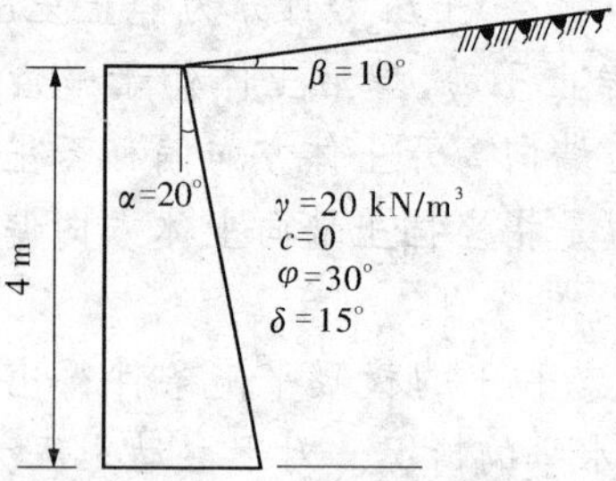

图6-35 习题6-2图

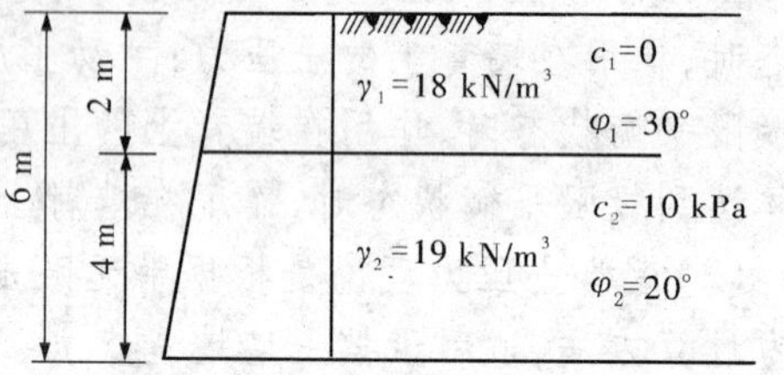

图6-36 习题6-3图

6-4 某挡土墙高6 m,墙背直立、光滑,填土表面水平,填土的重度$\gamma = 18\ kN/m^3$,$\varphi = 30°$,$c = 0$。试确定:墙后无地下水时的主动土压力;当地下水位离填土表面3 m时,作用在挡土墙上的总压力(包括水压力和主动土压力),地下水位以下填土的饱和重度为$19.8\ kN/m^3$。

(参考答案:$E_a = 108\ kN/m$,$E = 140.1\ kN/m$)

6-5 某挡土墙高5 m,墙背直立、光滑,填土表面水平,作用有连续均布荷载$q = 20\ kPa$,填土的重度$\gamma = 18\ kN/m^3$,$\varphi = 20°$,$c = 12\ kPa$。试求挡土墙墙背所受主动土压力;若墙顶宽为0.6 m,墙底宽为2.4 m,墙砌体重度$\gamma_G = 22.0\ kN/m^3$,基底位于岩石上,$\mu = 0.63$,试验算该挡土墙的抗倾覆与抗滑移稳定性。

(参考答案:$E_a = 78.1\ kN/m$,稳定性满足要求)

6-6 某地基土的天然重度$\gamma = 18.6\ kN/m^3$,内摩擦角$\varphi = 10°$,黏聚力$c = 12\ kPa$。

当采用坡度 1:1 开挖基坑时，基坑最大开挖深度可为多少？

（参考答案：6.0 m）

6-7 某挖方土坡，土的物理力学指标：$\gamma = 18.9\ \mathrm{kN/m^3}$，$\varphi = 15°$，$c = 18\ \mathrm{kPa}$，若取安全系数 $K = 1.5$。试求将坡角做成 $\beta = 60°$ 时边坡的最大坡高为多少？若挖方的开挖高度为 6 m，最大坡角为多少？

（参考答案：5.38 m，68.1°）

第七章　天然地基上的浅基础设计

本章提要　浅基础是一般建筑工程常用的基础型式，而天然地基上的浅基础又因为结构简单、施工简便、造价低，往往是工程设计中的首选。本章的主要内容包括浅基础的类型、地基基础设计的基本规定、基础埋置深度的选择、基础底面尺寸的确定、基础的结构设计和控制地基不均匀沉降的措施。本章重点介绍最常用的砖石基础设计、墙下钢筋混凝土条形基础设计和柱下钢筋混凝土独立基础设计，并对其他类型的基础也作了简要介绍。

第一节　概　述

任何建筑物的重量和各种荷载都将通过基础传给地基，地基与基础是整个建筑物的支撑体。因此，地基基础设计是一项直接关系到建筑物安全、经济、合理性的重要工作。设计时必须遵循设计原则与步骤，合理选择地基基础方案，因地制宜地精心设计与施工。

一、地基基础的类型

地基分为天然地基和人工地基两类，对于建筑物荷载不大或地基土强度较高，不需要经过特殊处理就可承受建筑物荷载的地基，称为天然地基，如图 7-1(a)所示；如果天然地基土质软弱，承载力不够，需要进行人工加固和改良，这种经过人工改造的地基称为人工地基，如图 7-1(b)所示。

基础按照埋置深度(简称埋深)及施工方法的不同可分为浅基础和深基础两类。一般埋深小于 5 m 且能用一般方法施工的基础属于浅基础；当埋深大于 5 m，采用特殊方法施工的基础则属于深基础，如桩基础、沉井和地下连续墙等，如图 7-1(c)、(d)所示。

天然地基上的浅基础具有结构简单、施工方便、造价低等优点，因此在保证建筑物安全和正常使用的前提下，一般应优先考虑；若满足设计要求的方案有多个，则需进行经济技术比较，选择其中的最优方案。

二、地基基础设计的基本规定

(一)地基基础的设计等级

《建筑地基基础设计规范》(GB 50007—2002)根据建筑物地基复杂程度、建筑物规模和功能特征以及由于地基问题可能造成建筑物破坏或影响正常使用的程度，将地基基础设计分为三个等级，设计时应根据具体情况按表 7-1 选用。

(二)地基基础设计的基本规定

根据建筑物地基基础设计等级及长期荷载作用下地基变形对上部结构的影响程度，地基基础应符合有关强度、变形及稳定性的规定。

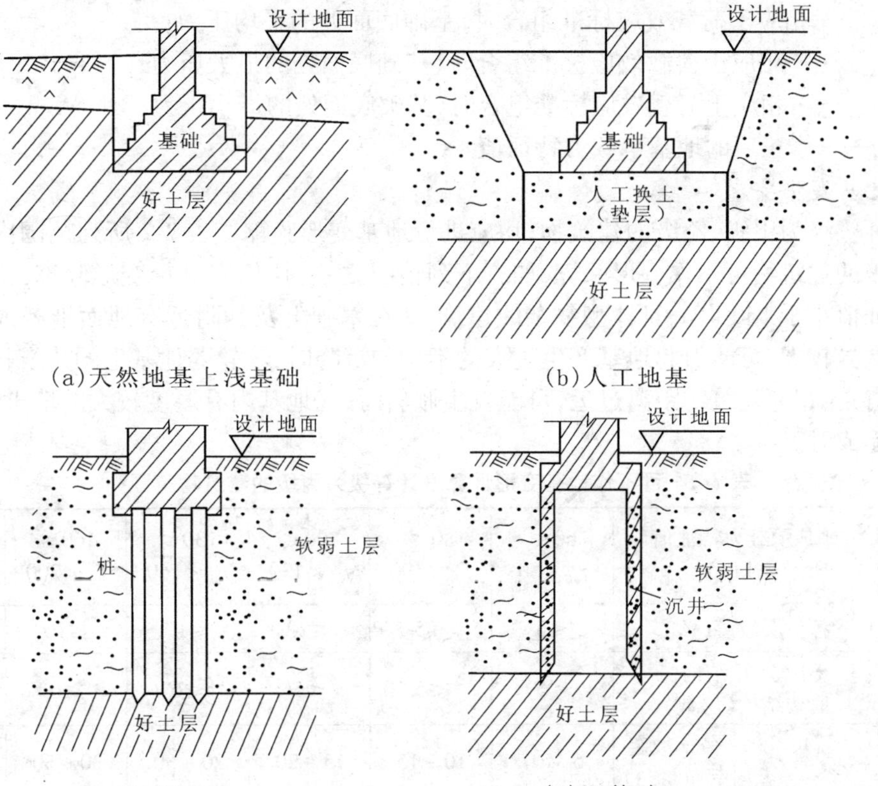

(a)天然地基上浅基础　(b)人工地基　(c)桩基础　(d)深基础

图 7-1　地基基础的类型

表 7-1　地基基础设计等级

设计等级	建 筑 类 型
甲级	重要的工业与民用建筑物;30 层以上的高层建筑;体型复杂,层数相差超过 10 层以上的高低层连成一体的建筑物;大面积的多层地下建筑物(如地下车库、商场、运动场等);对地基变形有特殊要求的建筑物;复杂地质条件下的坡上建筑物(包括高边坡);对原有建筑物影响较大的新建筑物;场地和地基条件复杂的一般建筑物;位于复杂地质条件及软土地区的二层及二层以上的地下室的基坑工程
乙级	除甲级、丙级外的工业与民用建筑
丙级	场地和地基条件简单、荷载分布均匀的七层及七层以下的民用建筑和一般工业建筑物;次要的轻型建筑物

1. 地基强度要求

各级建筑物的地基计算均应满足关于承载力计算的规定,即:

轴心荷载作用时
$$p_k \leqslant f_a \tag{7-1}$$

偏心荷载作用时
$$p_{k\max} \leqslant 1.2 f_a \tag{7-2}$$

$$\frac{p_{k\max} + p_{k\min}}{2} \leqslant f_a \tag{7-3}$$

式中 p_k——相应于荷载效应标准组合时，基础底面处的平均压力；

$p_{k\max}$——相应于荷载效应标准组合时，基础底面处的最大压力；

$p_{k\min}$——相应于荷载效应标准组合时，基础底面处的最小压力；

f_a——修正后的地基承载力特征值。

2. 地基变形要求

设计等级为甲级、乙级的建筑物，均应进行地基变形验算。表 7-2 所列范围内设计等级为丙级的建筑物可不作变形验算，如有下列情况之一时，仍应进行变形验算：①地基承载力特征值小于 130 kPa，且体型复杂的建筑；②在基础上及其附近有地面堆载或相邻基础荷载差异较大，可能引起地基产生过大的不均匀沉降时；③软弱地基上的建筑物存在偏心荷载时；④相邻建筑物距离过近，可能发生倾斜时；⑤地基内有厚度较大的填土，其自重固结未完成时。

表 7-2　可不作地基变形计算设计等级为丙级的建筑物范围

<table>
<tr><td rowspan="2">地基主要受力层情况</td><td colspan="3">地基承载力特征值 f_{ak}(kPa)</td><td>60≤ $f_{ak}<80$</td><td>80≤ $f_{ak}<100$</td><td>100≤ $f_{ak}<130$</td><td>130≤ $f_{ak}<160$</td><td>160≤ $f_{ak}<200$</td><td>200≤ $f_{ak}<300$</td></tr>
<tr><td colspan="3">各土层坡度(%)</td><td>≤5</td><td>≤5</td><td>≤10</td><td>≤10</td><td>≤10</td><td></td></tr>
<tr><td rowspan="8">建筑类型</td><td colspan="3">砌体承重结构、框架结构(层数)</td><td>≤5</td><td>≤5</td><td>≤5</td><td>≤6</td><td>≤6</td><td>≤7</td></tr>
<tr><td rowspan="4">单层排架结构(6 m 柱距)</td><td rowspan="2">单跨</td><td>吊车额定起重量(t)</td><td>5 ~ 10</td><td>10 ~ 15</td><td>15 ~ 20</td><td>20 ~ 30</td><td>30 ~ 50</td><td>50 ~ 100</td></tr>
<tr><td>厂房跨度(m)</td><td>≤12</td><td>≤18</td><td>≤24</td><td>≤30</td><td>≤30</td><td>≤30</td></tr>
<tr><td rowspan="2">多跨</td><td>吊车额定起重量(t)</td><td>3 ~ 5</td><td>5 ~ 10</td><td>10 ~ 15</td><td>15 ~ 20</td><td>20 ~ 30</td><td>30 ~ 75</td></tr>
<tr><td>厂房跨度(m)</td><td>≤12</td><td>≤18</td><td>≤24</td><td>≤30</td><td>≤30</td><td>≤30</td></tr>
<tr><td>烟囱</td><td colspan="2">高度(m)</td><td>≤30</td><td>≤40</td><td>≤50</td><td colspan="2">≤75</td><td>≤100</td></tr>
<tr><td rowspan="2">水塔</td><td colspan="2">高度(m)</td><td>≤15</td><td>≤20</td><td>≤30</td><td colspan="2">≤30</td><td>≤30</td></tr>
<tr><td colspan="2">容积(m^3)</td><td>≤50</td><td>50 ~ 100</td><td>100 ~ 200</td><td>200 ~ 300</td><td>300 ~ 500</td><td>500 ~ 1 000</td></tr>
</table>

注：1. 地基主要受力层系指条形基础底面下深度为 $3b$（b 为基础底面宽度），独立基础下为 $1.5b$，厚度均不小于 5 m 的范围（2 层以下的民用建筑除外）。

2. 地基主要受力层中当有承载力标准值小于 130 kPa 的土层时，表中砌体承重结构的设计，应符合《建筑地基基础设计规范》（GB 50007—2002）第七章的有关要求。

3. 表中砌体承重结构和框架结构均指民用建筑，对于工业建筑可按厂房高度、荷载情况折合成与其相当的民用建筑层数。

4. 表中额定吊车起重量、烟囱高度和水塔容积的数值是指最大值。设计时，应按地基承载力标准值的高低值相应选用。

有地基变形验算要求的地基变形应满足如下要求：

$$\Delta \leqslant [\Delta] \tag{7-4}$$

式中 Δ——建筑物的地基变形计算值；

$[\Delta]$——建筑物的地基变形允许值，由第四章表 4-9 查得。

3. 关于荷载取值的规定

地基基础设计时，所采用的荷载效应最不利组合与相应的抗力限值应按下列规定采用：

(1)按地基承载力确定基础底面尺寸时，传至基础底面上的荷载效应应按正常使用极限状态下荷载效应的标准组合。相应的抗力应采用地基承载力特征值。

(2)计算地基变形时，传至基础底面上的荷载效应应按正常使用极限状态下荷载效应的准永久组合，不应计入风荷载和地震作用。相应的限值应为地基变形允许值。

(3)确定基础高度、基础底板配筋和验算材料强度时，上部结构传来的荷载效应组合和相应的基底反力，应采用承载能力极限状态下荷载效应的基本组合。

(4)由永久荷载效应控制的基本组合值可取标准组合值的1.35倍。

(三)地基稳定性验算

对经常受水平荷载作用的高层建筑物、高耸结构和挡土墙等，以及建造在斜坡上或边坡附近的建筑物和构筑物，尚应验算其稳定性。即验算建筑物或构筑物在水平荷载和垂直荷载共同作用下，基础是否会沿基底发生滑动、倾覆或与地基一起滑动而丧失稳定性。

当地下水埋藏较浅，建筑地下室或地下构筑物存在可能上浮问题时，尚应进行抗浮稳定验算。

三、浅基础设计内容

天然地基浅基础的设计，包括下列各项内容：

(1)分析研究设计所必需的建筑场地的工程地质条件和地质勘察资料，建筑材料及施工技术条件资料，建筑物的结构型式、使用要求及上部结构荷载资料等。综合考虑选择基础类型，材料，平面布置。

(2)选定基础埋置深度，确定地基承载力。

(3)按地基承载力计算基础底面尺寸，必要时作地基下卧层强度验算、地基变形验算和地基稳定性验算。

(4)确定基础剖面尺寸，进行基础结构计算(包括基础内力计算、强度配筋计算)。

(5)绘制基础施工详图，提出必要的施工技术说明。

问题：地基基础设计有哪些基本规定？浅基础设计主要包括哪些内容？

第二节　浅基础类型及构造

《建筑地基基础设计规范》(GB 50007—2002)将浅基础分为无筋扩展基础、扩展基础、柱下条形基础、筏形基础等类型。

一、无筋扩展基础

无筋扩展基础是指由砖、灰土、三合土、毛石、混凝土和毛石混凝土等材料组成的墙下条形或柱下独立基础(见图7-2)。由于这类基础材料抗拉强度低，不能承受较大的弯矩作用，稍有弯曲变形，即产生裂缝，而且发展很快，以致基础不能正常工作。因此，通常采取构造措施，控制基础的外伸宽度 b_2 和基础高度 H_0 的比值不能超过表 7-3 所规定的允许宽高比 $\left[\frac{b_2}{H_0}\right]$ 范围，基础高度及台阶形基础每阶的宽高比应符合式(7-5)的要求：

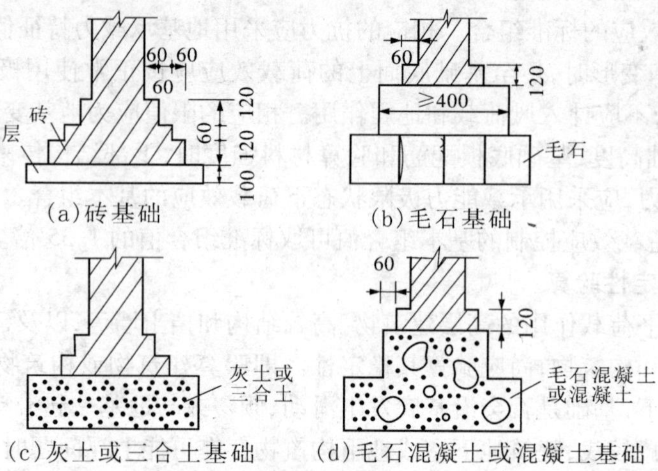

图 7-2　无筋扩展基础类型　(单位:mm)

表 7-3　无筋扩展基础台阶宽高比的允许值

基础材料	质量要求	台阶宽高比的允许值($\tan\alpha$)		
		$p_k \leqslant 100$	$100 < p_k \leqslant 200$	$200 < p_k \leqslant 300$
混凝土基础	C15 混凝土	1:1.00	1:1.00	1:1.25
毛石混凝土基础	C15 混凝土	1:1.00	1:1.25	1:1.50
砖基础	砖不低于 MU10、砂浆不低于 M5	1:1.50	1:1.50	1:1.50
毛石基础	砂浆不低于 M5	1:1.25	1:1.50	—
灰土基础	体积比为 3:7 或 2:8 的灰土，其最小干密度：粉土 1.55 t/m³，粉质黏土 1.50 t/m³，黏土 1.45 t/m³	1:1.25	1:1.50	—
三合土基础	体积比为 1:2:4～1:3:6(石灰:砂:骨料)，每层约虚铺 220 mm，夯至 150 mm	1:1.50	1:2.00	—

注：1. p_k 为荷载效应标准组合时基础底面处的平均压力值，kPa。

2. 阶梯形毛石基础的每阶伸出宽度，不宜大于 200 mm。

3. 当基础由不同材料叠合组成时，应对接触部分作局部受压承载力计算。

4. $p_k > 300$ kPa 的混凝土基础，尚应进行抗剪验算。

$$H_0 \geqslant \frac{b - b_0}{2\tan\alpha}$$

即：

$$\frac{b_2}{H_0} \leqslant \left[\frac{b_2}{H_0}\right] = \tan\alpha \qquad (7\text{-}5)$$

式中　$[\frac{b_2}{H_0}]$——无筋扩展基础的允许宽高比，查表7-3得到；

α——基础的刚性角，如图7-3所示。

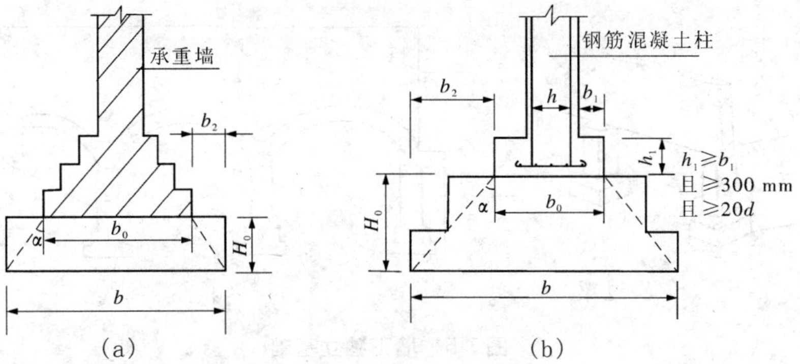

图7-3　无筋扩展基础构造示意

d—柱中纵向钢筋直径

按基础台阶宽高比允许值设计的基础，一般都具有较大的整体刚度，其抗拉、抗剪强度都能够满足要求，可不必验算。

二、扩展基础

（一）扩展基础类型

扩展基础是指柱下钢筋混凝土独立基础和墙下钢筋混凝土条形基础。

1. 柱下钢筋混凝土独立基础

柱下钢筋混凝土独立基础有现浇混凝土柱基础和预制混凝土柱基础两种。现浇混凝土柱下常采用钢筋混凝土独立基础，基础截面可做成阶梯形或锥形，如图7-4(a)、(b)所示；预制混凝土柱下采用杯形基础，如图7-4(c)所示，将柱子插入杯口后，再用细石混凝土将柱子周围的缝隙填充压实。

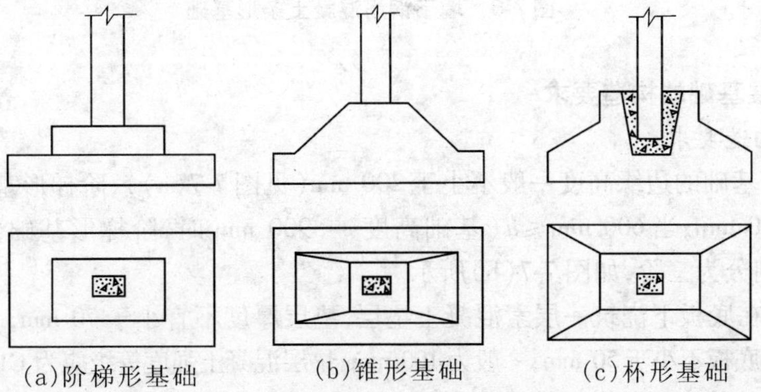

图7-4　柱下钢筋混凝土独立基础

2. 墙下钢筋混凝土独立基础

墙下基础若上层土质松软而其下不深处有较好土层,为了节约基础材料和减少开挖土方量也可采用墙下独立基础型式。如图 7-5 所示,基础上设置钢筋混凝土过梁或砖拱圈来承受墙荷载,下部为钢筋混凝土独立基础。

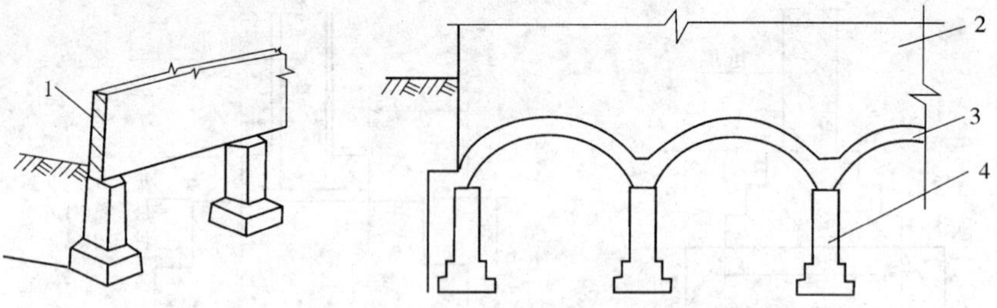

(a)过梁　　(b)砖拱

图 7-5　墙下独立基础

1—过梁;2—砖墙;3—砖拱;4—独立基础

3. 墙下钢筋混凝土条形基础

条形基础是墙基础最主要的型式,钢筋混凝土条形基础适用于建筑物荷载较大而土质较差,尤其适用于“宽基浅埋”的情况,如图 7-6(a)所示;但当基础纵向上部荷载或地基土的压缩性不均匀时,为了增强基础的整体性和纵向抗弯能力,减少不均匀沉降,也可做成带肋式的钢筋混凝土条形基础,如图 7-6(b)所示。

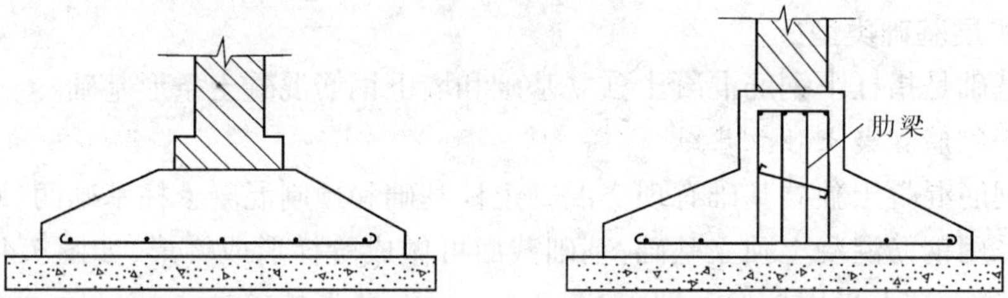

(a)不带肋　　(b)带肋

图 7-6　墙下钢筋混凝土条形基础

(二)扩展基础的构造要求

1. 一般构造要求

(1)锥形基础的边缘高度一般不小于 200 mm(见图 7-7(a));阶梯形基础的每阶高度宜为 300 ~ 500 mm;当 600 mm ≤ h(基础高度) < 900 mm 时,阶梯形基础分二阶,当 $h \geq$ 900 mm 时,则分为三阶,如图 7-7(b)所示。

(2)通常在底板下浇筑一层素混凝土垫层,垫层厚度不宜小于 70 mm,一般为100 mm;两边伸出基础底板不小于 50 mm,一般为 100 mm;垫层混凝土强度等级应为 C10。

(3)扩展基础底板受力钢筋最小直径不宜小于 10 mm ,间距不大于 200 mm,也不宜小于 100 mm;当钢筋混凝土柱基础底面边长或钢筋混凝土条形基础宽度 $b \geq 2.5$ m 时,钢筋长度可减短 10%，并应均匀交叉放置（见图 7-7（c））；当设垫层时底板钢筋保护层净厚度不应小于 40 mm；无垫层时不应小于 70 mm。

（4）基础混凝土强度等级不宜低于 C20。

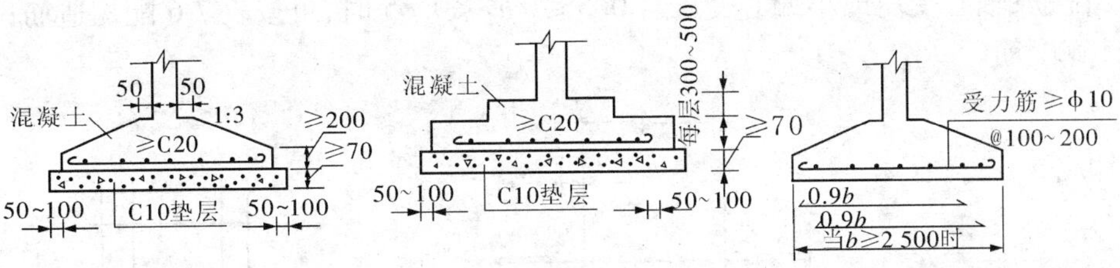

（a）锥形基础　　（b）阶梯形基础　　（c）钢筋配置

图 7-7　扩展基础的一般构造要求（单位：mm）

2. 墙下钢筋混凝土条形基础的构造要求

墙下钢筋混凝土条形基础的高度 h 应按抗剪要求计算确定，一般不小于 300 mm，并且不小于 $b/8$（b 为基础宽度）。当 $b<1\ 500$ mm（或 $h\leqslant 250$ mm）时，基础剖面宜采用平板式；当 $b\geqslant 1\ 500$ mm（或 $h>250$ mm）时剖面采用锥形，坡度 $i\leqslant 1:3$，如图 7-8 所示，墙下钢筋混凝土条形基础纵向分布钢筋的直径不小于 8 mm，间距不大于 300 mm，每延米分布筋面积不应小于受力钢筋面积的 1/10。

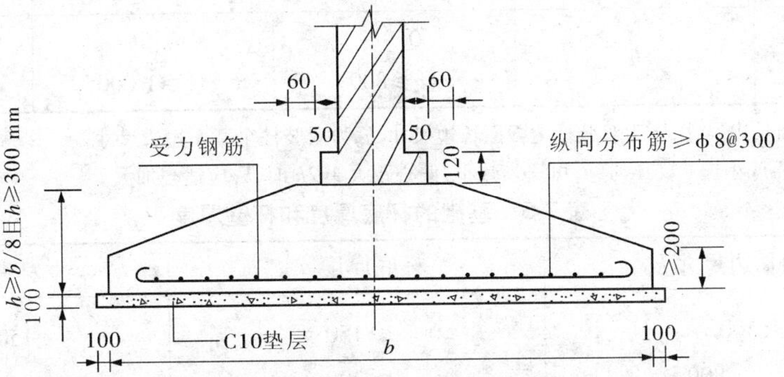

图 7-8　墙下钢筋混凝土条形基础的构造（单位：mm）

当地基土质或荷载沿基础纵向分布不均匀时，为了增加条形基础纵向抗弯能力和抵抗不均匀沉降能力，可做成带肋的条形基础，肋的纵向钢筋和箍筋一般按经验确定。

3. 柱下钢筋混凝土独立基础的构造要求

（1）现浇柱基础，其插筋的数量、直径以及钢筋种类应与柱内的纵向受力钢筋相同；插入基础的钢筋，上下至少应有两道箍筋固定；插筋与柱的纵向受力钢筋的连接方法，应符合现行《混凝土结构设计规范》（GB 50010—2002）的规定；插筋的下端宜做成直钩放在基础底板钢筋网上。当符合下列条件之一时，可仅将四角的插筋伸至底板钢筋网上，其余插筋伸入基础的长度按锚固长度确定：柱为轴心受压或小偏心受压，基础高度大于等于 1 200 mm；柱为大偏心受压构件，基础高度大于等于 1 400 mm。

(2)预制钢筋混凝土柱与杯口基础的连接应符合插入深度、杯底厚度和杯壁厚度的要求，如图 7-9 所示。其中柱的插入深度、杯底厚度和杯壁厚度可分别按表 7-4、表 7-5 选用。当柱为轴心受压或小偏心受压且 $t/h_2 \geqslant 0.65$ 时，或大偏心受压且 $t/h_2 \geqslant 0.75$ 时，杯壁可不配筋；轴心受压或小偏心受压且 $0.5 \leqslant t/h_2 < 0.65$ 时，可按表 7-6 配构造筋；其他情况按计算配筋。

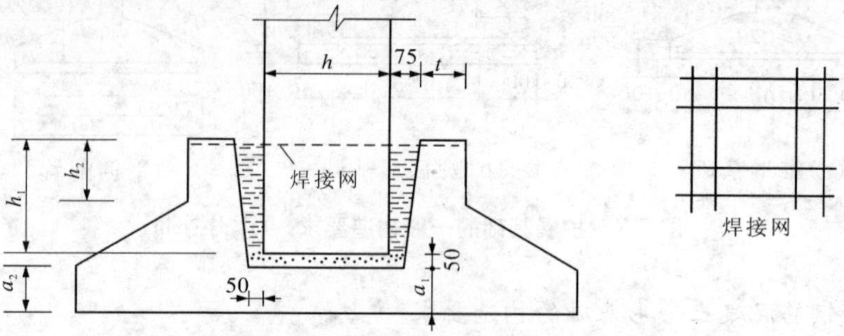

图 7-9　预制钢筋混凝土柱下独立基础　(单位:mm)

表 7-4　柱的插入深度 h_1　(单位:mm)

矩形或工字形柱				双肢柱
$h<500$	$500 \leqslant h<800$	$800 \leqslant h \leqslant 1\,000$	$h>1\,000$	
$(1 \sim 1.2)h$	h	$0.9h$ 且 $\geqslant 800$	$0.8h$ 且 $\geqslant 1\,000$	$(1/3 \sim 2/3)h_a$ $(1.5 \sim 1.8)h_b$

注:1. h 为柱截面长边尺寸，h_a 为双肢柱全截面长边尺寸，h_b 为双肢柱全截面短边尺寸。

2. 柱轴心受压或小偏心受压时，h_1 可适当减小，偏心距大于 $2h$ 时，h_1 应适当加大。

表 7-5　基础的杯底厚度和杯壁厚度　(单位:mm)

柱截面长边尺寸 h	杯底厚度 a_1	杯壁厚度 t
$h<500$	$\geqslant 150$	$150 \sim 200$
$500 \leqslant h<800$	$\geqslant 200$	$\geqslant 200$
$800 \leqslant h<1\,000$	$\geqslant 200$	$\geqslant 300$
$1\,000 \leqslant h<1\,500$	$\geqslant 250$	$\geqslant 350$
$1\,500 \leqslant h<2\,000$	$\geqslant 300$	$\geqslant 400$

注:1. 双肢柱的杯底可适当加大；有基础梁时，基础梁下的杯壁厚度，应满足其支承宽度的要求。

2. 柱子插入杯口部分的表面应凿毛，柱子与杯口之间的空隙，应用比基础混凝土强度等级高一级的细石混凝土充填密实，当达到材料设计强度的 70% 以上时，方能进行上部吊装。

表 7-6　杯壁构造配筋

柱截面长边尺寸(mm)	$h<1\,000$	$1\,000 \leqslant h<1\,500$	$1\,500 \leqslant h<2\,000$
钢筋直径(mm)	$8 \sim 10$	$10 \sim 12$	$12 \sim 16$

三、柱下条形基础

(一)柱下条形基础类型

在框架结构中,当地基软弱而柱荷载较大,且柱距又比较小时,如采用柱下独立基础,可能因基础底面积很大,使基础间的净距很小甚至重叠,为了增加基础的整体刚度,减小不均匀沉降及方便施工,可将同一排的柱基础连在一起成为钢筋混凝土条形基础(见图 7-10)。

若将纵、横两个方向均设置成钢筋混凝土条形基础,形成如图 7-11 所示的十字交叉条形基础。这种基础的整体刚度更大,是多层厂房和高层建筑物中常用的型式。

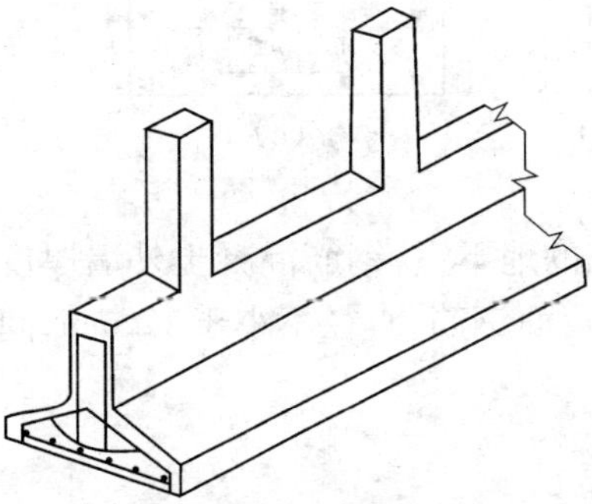

图 7-10　柱下钢筋混凝土条形基础

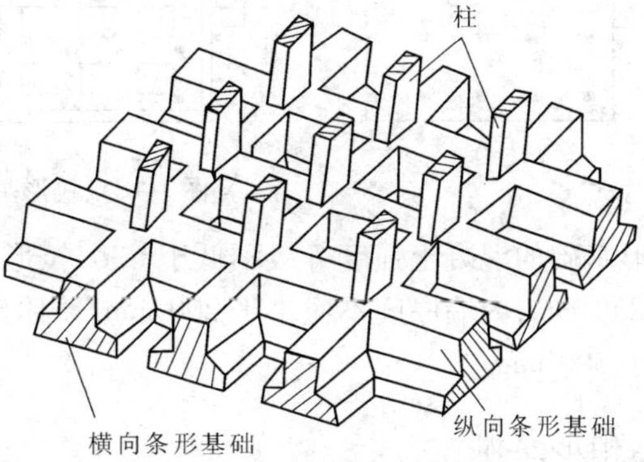

图 7-11　十字交叉条形基础

(二)构造要求

柱下条形基础除应该满足扩展基础的构造要求外,还应该符合下列要求:

(1)柱下条形基础梁的高度宜为柱距的 1/4 ~ 1/8。翼板厚不应小于 200 mm,当翼板厚度大于 250 mm 时,宜采用变厚度翼板,其坡度宜小于等于 1:3。

(2)条形基础的端部宜向外伸出,其长度宜为第一跨距的 0.25 倍。

(3)现浇柱与条形基础梁的交接处,其平面尺寸不应小于图 7-12 的规定尺寸。

(4)条形基础梁顶部和底部的纵向受力筋除满足计算要求外,顶部钢筋按计算配筋全部贯通,底部通长钢筋不应少于底部受力钢筋截面总面积的 1/3。

(5)柱下条形基础的混凝土强度等级不应低于 C20。

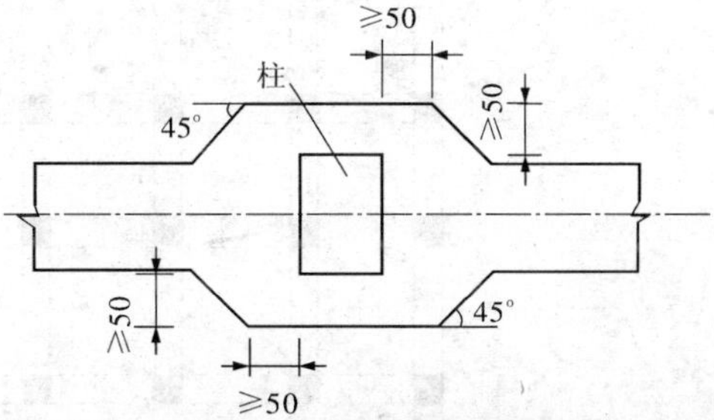

图 7-12　现浇柱与条形基础梁交接处平面尺寸
(单位:mm)

四、筏形基础

当地基软弱而荷载较大,以至采用十字交叉条形基础还不能满足要求时,可用钢筋混凝土材料做成连续整片基础,即筏形基础。它在结构上同倒置的楼盖结构一样,比十字交叉条形基础有更大的整体刚度,能很好地调整地基的不均匀沉降,特别是对有地下防渗要求的建筑物,筏形基础更是一种理想的底板结构。

筏形基础分为平板式和梁板式两种类型。平板式是一块等厚的钢筋混凝土底板，柱子直接支立在底板上，如图 7-13(a)所示，如柱网间距较小，可采用平板式；当柱网间距较大，柱荷载相差也较大时，可做成梁板式筏形基础，以增加基础刚度，使其能承受更大的弯矩，如图 7-13(b)、(c)所示。

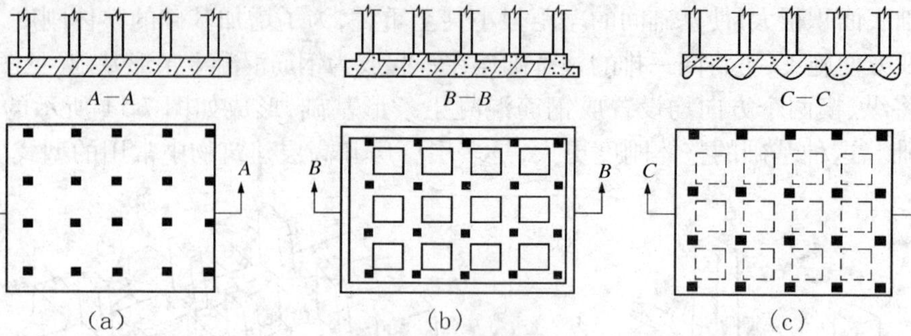

图 7-13　筏形基础

筏形基础的混凝土强度等级不低于 C30，筏形基础的地下室、钢筋混凝土外墙厚度不应小于 250 mm，内墙厚度不应小于 200 mm，墙体设置双面钢筋，直径不小于 12 mm，间距不应大于 300 mm。

五、箱形基础

箱形基础是由现浇的钢筋混凝土底板、顶板、外墙和内隔墙组成的有一定高度的整体空间结构，如图 7-14 所示。这种基础具有相当大的整体抗弯刚度，使上部结构不易开裂，并可利用箱形基础的中空部分作为地下室。由于基础深埋、空腹，可大大减小作用于基础底面的附加压力，减少建筑物的沉降。因此，适用于软弱地基、高层、重型建筑物及某些对不均匀沉降有严格要求的设备和构筑物基础。

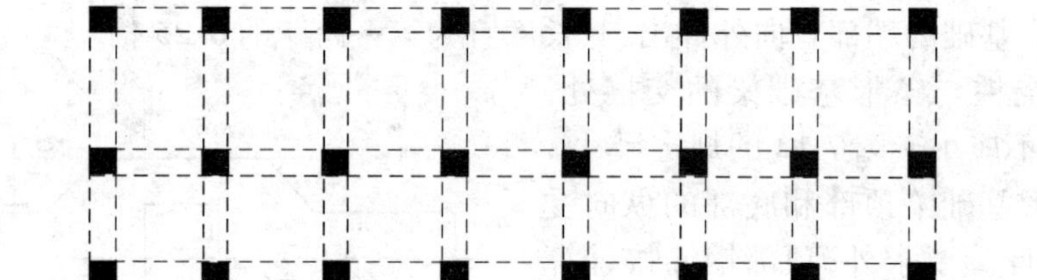

图 7-14　箱形基础

1—外墙；2—顶板；3—内墙；4—上部结构；5—底板

问题:(1)浅基础有哪些主要类型?各自适用什么条件?

(2)扩展基础有哪些构造要求?

第三节　基础埋深的选择

基础埋深是指从室外设计地面到基础底面的距离。基础埋深对基础尺寸、施工技术、工期以及工程造价都有较大影响。一般要求在保证地基稳定和满足变形要求的前提下,基础应尽量浅埋,当上层地基的承载力大于下层土时,宜利用上层土做持力层。由于影响基础埋深的因素很多,设计时应当从实际出发,综合分析,合理选择。本节将介绍选择基础埋深时要考虑的几个因素。

一、建筑物用途和结构类型

某些建筑物的特殊用途和结构类型是选择基础埋深的先决条件。如设有地下室、半地下室建筑物,带有地下设施的建筑物和具有地下部分的设备基础等,其基础埋深就要结合地下部分的设计标高来选定。根据具体的使用要求,基础可选整个或局部深埋,对局部深埋的基础,应做成台阶逐渐过渡,台阶高宽比一般为 1∶2,如图 7-15 所示。当有管道必须通过基础时,基础埋深应低于管道,在基础上预留的孔洞应有足够的间隙,以备基础沉降时不影响管道的使用。

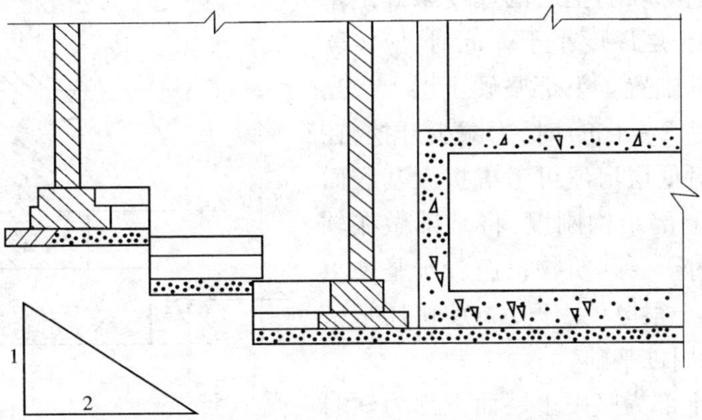

图 7-15　墙基础埋深变化的台阶形布置

对高层建筑物和抗震稳定性要求较高的建筑物,由于地基稳定和变形要求更高,基础埋深一般要求不小于 1/10 ~ 1/15 的建筑物地面以上高度。

对不均匀沉降敏感的建筑物或多层框架结构,则基础需坐落在坚实土层上,埋深也要大一些。又如砌体结构下的无筋扩展基础,由于要满足允许宽高比的构造要求,基础埋深应由其构造要求确定。

二、作用在基础上的荷载

作用在基础上的荷载大小和性质对基础埋深的选择也有很大的影响。就浅土层而言：当基础荷载小时，它是很好的持力层；当基础荷载大时，则可能因地基承载力不足而不宜作为持力层，需增大埋深或对地基进行加固处理。对承受较大水平荷载的基础（如挡土结构、烟囱、水塔等），为保证基础的稳定性，常将基础埋深加大，以减小建筑物的整体倾斜。对承受上拔力的基础（如输电塔基础），也要求有一定的埋深以提供足够的抗拔阻力；对承受振动荷载的基础，不宜选择易产生振动液化的土层作为持力层，以防基础失稳。

三、工程地质条件和水文地质条件

场地的工程地质条件和水文地质条件是分析确定基础埋深的主要依据。要根据各土层的厚度、分布情况，地基承载力大小和压缩性高低，结合上部结构情况进行技术经济比较，综合分析确定。

（一）工程地质条件

（1）当地基土层均匀时，在满足地基承载力和变形要求前提下，基础应尽量浅埋，以便节省投资、方便施工。为了保护基础，要求基础埋深不得小于 0.5 m（岩石地基除外），基础顶面在室外地面以下至少 100 mm，如图 7-16 所示。如地基土层软弱，不宜采用天然地基上的浅基础，可考虑对地基进行加固处理，或采用深基础。

（2）当地基上部为软弱土层而下部为坚硬土层时，应根据上部软弱土层的厚度来确定基础埋深。当软弱土层厚度小于 2 m 时，应将软弱土层挖除，将基础置于下部坚硬土层上。当软弱土层较厚（达 2 ~ 4 m）时，为减少开挖，在可能的条件下，对低层房屋可考虑扩大基底面积，并适当加强上部结构刚度，将基础做在软弱土层之中，但对重要建筑物仍应置于坚硬土层上。当上层软土很厚（大于 5 m）时，通常采用人工地基或采用桩基础。

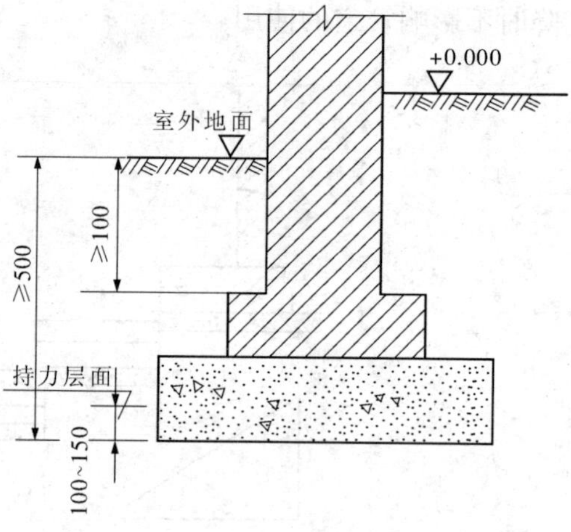

图 7-16 基础的最小埋置深度 （单位：mm）

（3）当地基上部为坚硬土层而下部为软弱土层时，基础应尽量浅埋，以充分利用上部坚硬土层作为地基持力层。

（4）当地基上、下坚硬中间夹有软弱土层时，应根据上部荷载的大小和软弱夹层的厚薄，以上述原则来确定埋深。

（5）对位于稳定边坡坡顶的建筑物，当坡高 $h \leqslant 8$ m，坡角 $\beta \leqslant 45°$，且 $b \leqslant 3$ m 时，如图 7-17 所示，如果其基础埋深 d 符合下列要求，则可认为该地基可以满足稳定要求：

条形基础　　$d \geqslant (3.5b - a)\tan\beta$

矩形基础　　$d \geqslant (2.5b - a)\tan\beta$

式中　a——基础外边缘线至坡顶的水平距离，不得小于 2.5 m；

b——垂直于坡顶边缘线的基础底面边长。

4. 表中基底平均压力数值为永久荷载标准值乘以 0.9，可以内插。

除按以上要求选择埋深外，还应采取必要的防冻害措施，具体规定参见《建筑地基基础设计规范》(GB 50007—2002)第 5.1.9 条。

六、冲刷深度的影响

对一些埋在水下有水流冲刷的建筑物基础(如水闸基础、桥涵基础、岸边取水构筑物基础等)，为防止水流冲刷淘空基底，使基础产生不均匀沉降和倾斜，基础埋深应设置在水流冲刷线以下，甚至还要保留一定的安全值，具体规定可参考有关规范。

问题：基础埋深的选择应考虑哪些主要因素？

第四节　基础底面尺寸确定

在选定了基础类型和埋置深度后，就可根据持力层的修正后承载力特征值计算基础底面尺寸。当地基压缩层范围内有软弱下卧层时，还必须对软弱下卧层进行强度验算。

一、按地基持力层的承载力计算基底尺寸

(一) 中心荷载作用下的基础

当基础底面只作用中心垂直荷载 F_k、G_k 时，如图 7-19 所示。基底压力按简化方法计算为：

$$p_k = \frac{F_k + G_k}{A} = \frac{F_k + A\,\bar{d}\gamma_G}{A} \tag{7-9}$$

式中　p_k——相应于荷载效应标准组合时，基础底面处的平均压力，kPa；

F_k——相应于荷载效应标准组合时，上部结构传至基础顶面的竖向力值，kPa；

G_k——基础及上方回填土所受的重力，$G_k = A\,\bar{d}\gamma_G$，kN；

γ_G——基础及上方填土的平均重度，取 $\gamma_G = 20\ \mathrm{kN/m^3}$；

$\bar{d}$——基础平均高度，即室内、外设计埋深的平均值，m；

A——基础底面面积，m^2。

由强度条件式(7-1)知：

$$p_k \leqslant f_a$$

即：

$$\frac{F_k + G_k}{A} = \frac{F_k + A\,\bar{d}\gamma_G}{A} \leqslant f_a \tag{7-10}$$

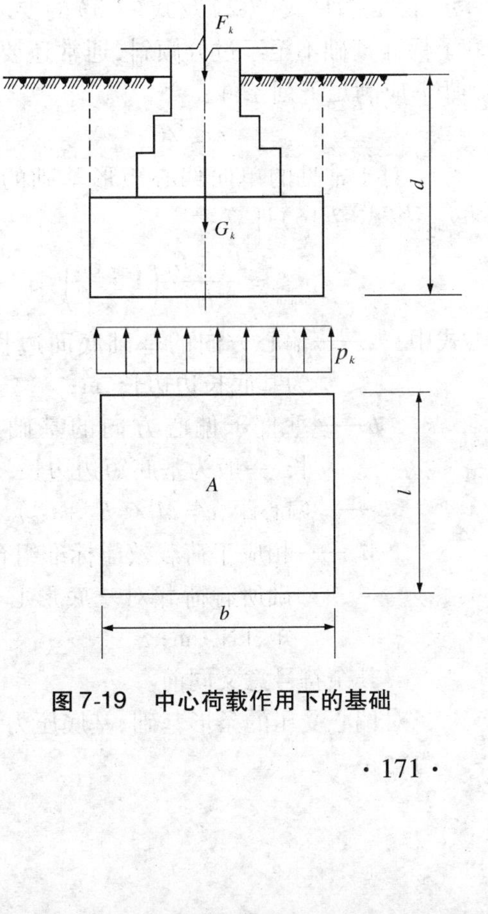

图 7-19　中心荷载作用下的基础

整理后得基底面积为：

$$A \geqslant \frac{F_k}{f_a - \gamma_G \bar{d}} \tag{7-11}$$

式中　f_a——修正后的地基承载力特征值，kPa。

（1）对矩形基础，$A = bl$，l 与 b 分别为基础的长度和宽度，一般 $l/b = n$，n 取 1.5～2，并与柱截面的长宽比接近为宜。

$$b \geqslant \sqrt{\frac{F_k}{n(f_a - \gamma_G \bar{d})}} \tag{7-12}$$

（2）对方形基础，边长为：　$$b \geqslant \sqrt{\frac{F_k}{f_a - \gamma_G \bar{d}}} \tag{7-13}$$

（3）对条形基础，沿基础长度方向，取 1 m 作为计算单元，荷载也为相应的线荷载（kN/m），则条形基础的底宽度为：

$$b \geqslant \frac{F_k}{f_a - \gamma_G \bar{d}} \tag{7-14}$$

应当指出，式中 f_a 与基础宽度 b 有关。由于基础尺寸还没有确定，因此为一试算过程。可根据原定埋深，先对地基承载力特征值进行修正，然后计算基础底面尺寸，再考虑是否需要进行宽度修正，使得 b、f_a 之间相互协调一致。另外，还可假设基础底面尺寸，并经反复验算，以满足式(7-1)为准。

（二）偏心荷载作用下的基础

当基础受偏心荷载作用时，如图 7-20 所示，除应满足式(7-2)及式(7-3)的要求外，为了保证基础不至于过分倾斜，通常还要求偏心距 e 应满足下列条件：

$$e \leqslant l/6 \tag{7-15}$$

对于常见的单向偏心矩形基础的 $p_{k\max}$ 和 $p_{k\min}$ 按式(7-16)计算：

$$p_{\substack{k\max \\ k\min}} = \frac{F_k + G_k}{bl}\left(1 \pm \frac{6e}{l}\right) \tag{7-16}$$

式中　l——偏心方向的基础底面边长，一般为基底长边边长，m；

b——垂直于偏心方向的基础底面边长，一般为基底短边边长，m；

e——偏心距，$e = M_k/(F_k + G_k)$，m；

M_k——相应于荷载效应标准组合时，基础所有荷载对基底形心的合力矩，kN · m；

其余符号意义同前。

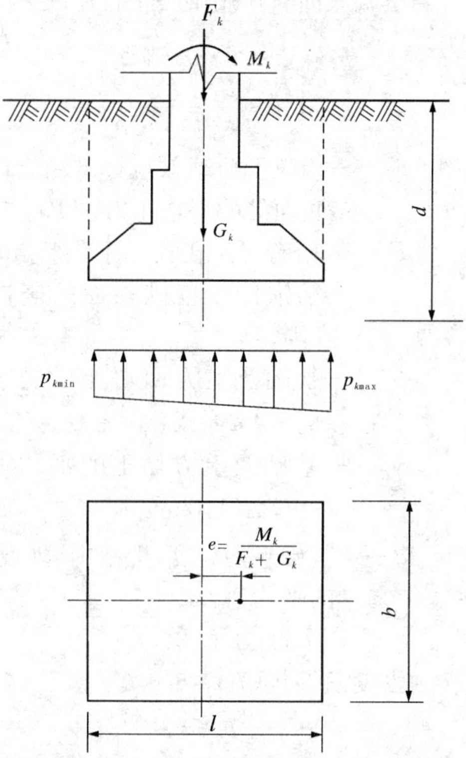

图 7-20　单向偏心荷载作用下的基础

对偏心受压的条形基础，基底压力为：

$$p_{k\max \atop k\min} = \frac{F_k + G_k}{b}\left(1 \pm \frac{6e}{b}\right) \tag{7-17}$$

式中　b——基础底面宽度，m。

偏心荷载作用下基础的底面尺寸常用试算法确定，其计算步骤为：

(1)先按中心荷载作用的公式初步估算基础底面面积 A_0；

(2)根据偏心距的大小，将基础底面面积 A_0 增大(10% ~40%)，即 $A=(1.1\sim1.4)A_0$，并以适当的长宽比拟定基础底面的长度 l 和宽度 b；

(3)计算偏心距 e 和基底最大压力 $p_{k\max}$，并验算是否满足式(7-15)或式(7-17)和式(7-2)的要求，如不合适(太大或太小)，可调整基底尺寸后再验算，直到满意为止。

【例 7-1】　某黏性土地基天然重度 $\gamma=18.2\ \text{kN/m}^3$，孔隙比 $e=0.73$，$I_L=0.75$，地基承载力特征值 $f_{ak}=220$ kPa。现修建一外柱基础，作用在基础顶面的轴心荷载 $F_k=830$ kN，基础埋深(自室外地面起算)为 1.0 m，室内地面高出室外地面 0.3 m，试确定方形基础的底面边长。

解：(1)确定地基承载力特征值 f_a。

根据黏性土的孔隙比 $e=0.73$ 和液性指数 $I_L=0.75$ 查表 5-7 得：$\eta_b=0.3$，$\eta_d=1.6$。自室外地面起算的基础埋深 $d=1.0$ m，由式(5-44)得修正后的地基承载力特征值 f_a 为：

$$f_a=f_{ak}+\eta_d\gamma_m(d-0.5)=220+1.6\times18.2\times(1.0-0.5)=235(\text{kPa})$$

(2)确定方形基础的底面边长 b。

计算基础及上方回填土所受的重力 G_k 时的基础平均高度 $\bar{d}=(1.0+1.3)/2=1.15$ (m)，由式(7-13)得：

$$b\geqslant\sqrt{\frac{F_k}{f_a-\gamma_G\bar{d}}}=\sqrt{\frac{830}{235-20\times1.15}}=1.98(\text{m})$$

取 $b=2.0$ m。因 $b<3$ m，不必进行承载力宽度修正。

【例 7-2】　某黏性土地基天然重度 $\gamma=17.5\ \text{kN/m}^3$，孔隙比 $e=0.70$，$I_L=0.78$，地基承载力特征值 $f_{ak}=226$ kPa。现修建一外柱基础，作用在基础顶面的荷载标准值：垂直荷载 $F_k=700$ kN，力矩 $M_k=80$ kN·m，水平荷载 $V_k=13$ kN，基础埋深(自室外地面起算)为 1.0 m，室内地面高出室外地面 0.3 m，如图 7-21 所示。试根据地基持力层承载力确定基础的底面尺寸。

解：(1)确定地基承载力特征值 f_a。

根据黏性土的孔隙比 $e=0.70$ 和液性指数 $I_L=0.78$ 查表 5-7 得：$\eta_b=0.3$，$\eta_d=1.6$。自室外地面起算的基础埋深 $d=1.0$ m，由式(5-44)得修正后的地基承载力特征值 f_a 为：

$$f_a=f_{ak}+\eta_d\gamma_m(d-0.5)=226+1.6\times17.5\times(1.0-0.5)=240(\text{kPa})$$

(2)初步选择基础底面尺寸。

计算基础及上方回填土所受的重力 G_k 时的基础平均高度 $\bar{d}=(1.0+1.3)/2=1.15$ (m)，由式(7-11)得：

$$A_0\geqslant\frac{F_k}{f_a-\gamma_G\bar{d}}=\frac{700}{240-20\times1.15}=3.23(\text{m}^2)$$

考虑偏心荷载，将基底面积增大 20%，即：

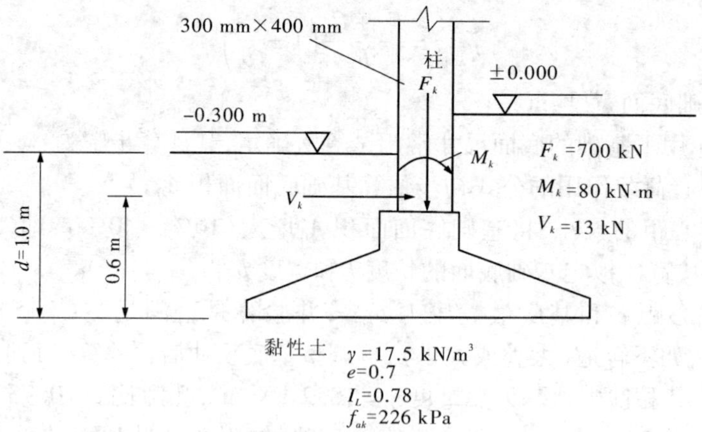

图 7-21　例 7-2 图

$$A = 1.2A_0 = 1.2 \times 3.23 = 3.88(\text{m}^2)$$

取基底长宽比 $l/b = 1.5$，得 $b = \sqrt{\dfrac{A}{1.5}} = \sqrt{\dfrac{3.88}{1.5}} = 1.61(\text{m})$，初步选择 $b = 1.6\ \text{m} < 3\ \text{m}$（不需进行修正），$l = 2.4$ m。

(3)验算偏心距 e 和基底最大压力 $p_{k\max}$。

基础及上方回填土所受的重力为：

$$G_k = bl\bar{d}\gamma_G = 1.6 \times 2.4 \times 1.15 \times 20 = 88.3(\text{kN})$$

偏心距：$e = \dfrac{M_k}{F_k + G_k} = \dfrac{80 + 13 \times 0.6}{700 + 88.3} = 0.11(\text{m}) < \dfrac{l}{6} = 0.4$ m，满足要求。

基底最大压力为：

$$p_{k\max} = \frac{F_k + G_k}{A}\left(1 + \frac{6e}{l}\right) = \frac{700 + 88.3}{1.6 \times 2.4} \times \left(1 + \frac{6 \times 0.11}{2.4}\right)$$

$$= 262(\text{kPa}) < 1.2f_a = 288\ \text{kPa}$$，满足要求。

所以，取基础底面长边 $l = 2.4$ m，短边 $b = 1.6$ m 合适。

二、地基软弱下卧层验算

在成层地基中，当地基受力层范围内有软弱下卧层时，除按持力层承载力计算基底尺寸外，还必须按式(7-18)对软弱下卧层进行验算，即要求作用在软弱下卧层顶面处的附加应力与自重应力之和不超过软弱下卧层深度修正后的承载力特征值，即：

$$\sigma_z + \sigma_{cz} \leqslant f_{az} \tag{7-18}$$

式中　σ_z——相应于荷载效应标准组合时，软弱下卧层顶面处的附加应力，kPa；

σ_{cz}——软弱下卧层顶面处土的自重应力，kPa；

f_{az}——软弱下卧层顶面处经深度修正后的地基承载力特征值，kPa。

软弱下卧层顶面处的附加应力 σ_z 计算，通常假设基底附加压力($p_0 = p_k - \sigma_{cd}$)往下传递时按压力扩散角 θ 向下扩散至软弱下卧层表面，如图 7-22 所示，根据基底与下卧层顶面处附加应力总和相等的条件，可得附加应力 σ_z 的计算公式如下。

矩形基础(附加应力沿两个方向扩散):

$$\sigma_z = \frac{lb(p_k - \sigma_{cd})}{(l + 2z\tan\theta)(b + 2z\tan\theta)} \quad (7\text{-}19)$$

条形基础(附加应力沿一个方向扩散):

$$\sigma_z = \frac{b(p_k - \sigma_{cd})}{b + 2z\tan\theta} \quad (7\text{-}20)$$

式中 b——矩形基础或条形基础的底面宽度,m;

σ_{cd}——基础底面处的自重应力,kPa;

z——基础底面至软弱下卧层顶面的距离,m;

θ——地基压力扩散角,可按表 7-12 查取;

其余符号意义同前。

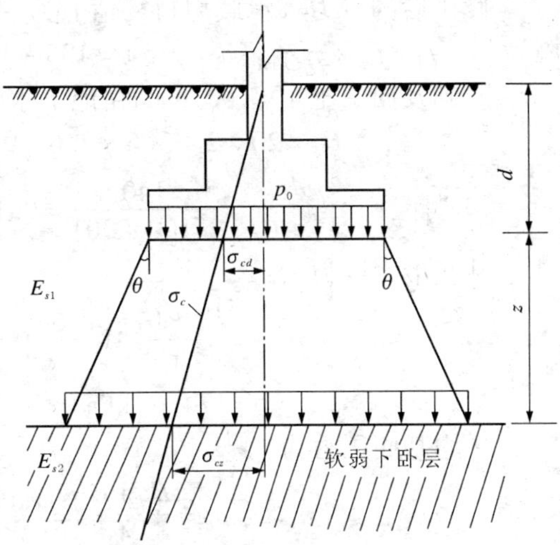

图 7-22 附加应力简化计算图

表 7-12 地基压力扩散角 θ

E_{s1}/E_{s2}	$z/b=0.25$	$z/b=0.50$
3	6°	23°
5	10°	25°
10	20°	30°

注:1. E_{s1} 为持力层的压缩模量;E_{s2} 为软弱下卧层的压缩模量。

2. 当 $z<0.25b$ 时取 $\theta=0$,必要时,宜由试验确定;当 $z \geqslant 0.5b$ 时 θ 值不变。

若软弱下卧层强度验算不满足式(7-18)的要求,则表明该软弱土层承受不了上部荷载的作用,应考虑增大基础底面积、减小基础埋深或对地基进行加固处理,甚至改用深基础设计方案。

【例 7-3】 如图 7-23 所示柱基础,相应于荷载效应标准组合的荷载值 $F_k=1\ 100$ kN、$M_k=140$ kN·m,若基础底面尺寸 $l \times b = 3.6$ m × 2.6 m,试根据图中资料验算地基承载力是否满足要求。

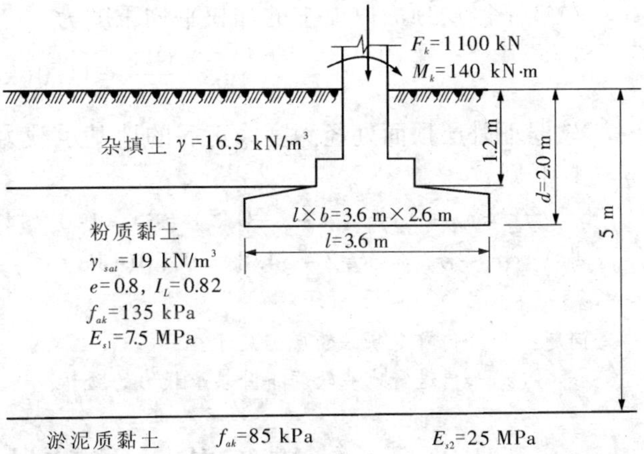

图 7-23 例 7-3 图

解:(1)持力层承载力验算。

基础埋深范围内土的加权平均重度 γ_{m1} 为:

$$\gamma_{m1} = \frac{16.5 \times 1.2 + (19 - 9.8) \times 0.8}{2} = 13.6(\text{kN/m}^3)$$

根据粉质黏土孔隙比 $e=0.8$ 和液性指数 $I_L=0.82$ 查表 5-7 得:$\eta_b=0.3$,$\eta_d=1.6$。

修正后的持力层承载力特征值f_a为：

$$f_a = f_{ak} + \eta_d \gamma_{m1}(d - 0.5) = 135 + 1.6 \times 13.6 \times (2.0 - 0.5) = 167.6(\text{kPa})$$

基础及回填土重 G_k(0.8 m 在地下水位以下)为：

$$G_k = 20 \times 2 \times 3.6 \times 2.6 - 9.8 \times 0.8 \times 3.6 \times 2.6 = 301(\text{kN})$$

偏心距：$e = \dfrac{M_k}{F_k + G_k} = \dfrac{140}{1\,100 + 301} = 0.10(\text{m}) < \dfrac{l}{6} = 0.6$ m，满足要求。

基底最大压力为：

$$p_{k\max} = \frac{F_k + G_k}{A}\left(1 + \frac{6e}{l}\right) = \frac{1\,100 + 301}{2.6 \times 3.6} \times \left(1 + \frac{6 \times 0.10}{3.6}\right)$$

$$= 174.6(\text{kPa}) < 1.2 f_a = 201.1 \text{ kPa}$$，满足要求。

平均基底压力为：

$$p_k = \frac{F_k + G_k}{A} = \frac{1\,100 + 301}{3.6 \times 2.6} = 149.7(\text{kPa})$$

(2)软弱下卧层承载力验算。

软弱下卧层顶面处土的自重应力为：

$$\sigma_{cz} = 16.5 \times 1.2 + (19 - 9.8) \times 3.8 = 54.8(\text{kPa})$$

由 $E_{s1}/E_{s2} = 7.5/2.5 = 3$，$z/b = 3/2.6 > 0.5$，查表 7-12 得压力扩散角 $\theta = 23°$，则软弱下卧层顶面处的附加应力为：

$$\sigma_z = \frac{lb(p_k - \sigma_{cd})}{(l + 2z\tan\theta)(b + 2z\tan\theta)}$$

$$= \frac{3.6 \times 2.6 \times (149.7 - 13.6 \times 2.0)}{(3.6 + 2 \times 3 \times \tan 23°) \times (2.6 + 2 \times 3 \times \tan 23°)} = 36.2(\text{kPa})$$

软弱下卧层顶面以上土的加权平均重度为：

$$\gamma_{m2} = \frac{54.8}{5} = 11.0(\text{kN/m}^3)$$

软弱下卧层顶面处经深度修正后的地基承载力特征值f_{az}，由淤泥质黏土查表 5-7 得 $\eta_d = 1.0$，则：

$$f_{az} = f_{ak} + \eta_d \gamma_{m2}(d + z - 0.5) = 85 + 1.0 \times 11.0 \times (5 - 0.5) = 134.5(\text{kPa})$$

验算：$\sigma_z + \sigma_{cz} = 36.2 + 54.8 = 91.0(\text{kPa}) < f_{az} = 134.5$ kPa，满足要求。

问题：(1)如何确定基础的底面尺寸？

(2)如何进行地基软弱下卧层承载力的验算？

第五节　基础结构设计

一、无筋扩展基础

如前所述，无筋扩展基础是指由砖、灰土、三合土、毛石、混凝土和毛石混凝土等材料组成的墙下条形或柱下独立基础。砖基础一般做成台阶式，应满足刚性角(俗称大放脚)的要求。为了施工方便，一般均采用两种习惯砌法：一种是“两皮一收”砌法，即从基础底面起，先砌两皮砖（120 mm）后向里收 1/4 砖长（60 mm），再砌两皮收 1/4 砖长，依次一直砌收到与墙体厚度相同，如图 7-24（a）所示；另一种是“二、一间隔收”砌法，即先砌两皮砖后收 1/4 砖长，再砌一皮砖后收 1/4 砖长，依次砌筑，如图 7-24（b）所示。

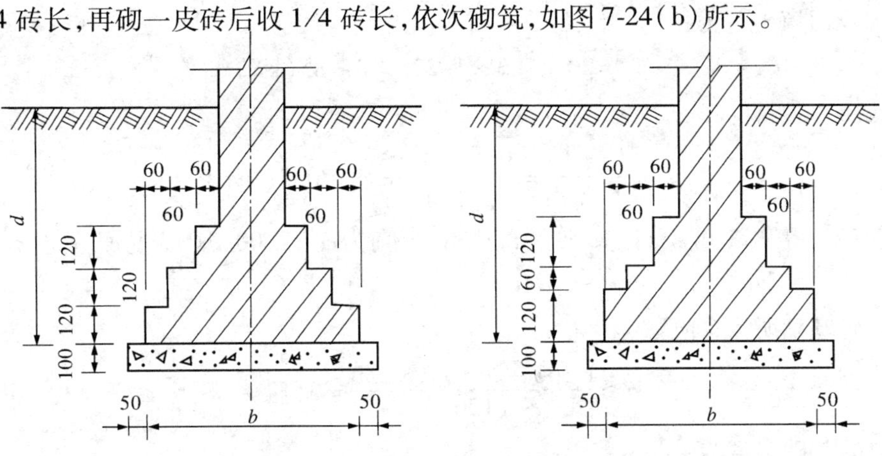

图 7-24　砖基础剖面图　（单位：mm）

毛石、混凝土和毛石混凝土基础，在满足刚性角要求的情况下，一般也做成台阶形，毛石基础的每阶伸出宽度不宜大于 200 mm，每阶高度通常取 400 ~ 600 mm，并由两层毛石错缝砌成。混凝土基础每阶高度不应小于 200 mm，毛石混凝土基础每阶高度不应小于 300 mm。

为了保证基础的砌筑质量，基础底面下应设垫层，垫层材料可选用灰土、三合土或素混凝土，垫层每边伸出基础底面 50 mm，厚度为 100 mm。

无筋扩展基础也可由两种材料叠合组成，如上层用砖砌体，下层用混凝土。

【例 7-4】　某学校教学楼拟采用无筋扩展基础，承重墙厚 240 mm，地表以下第一层土为杂填土，厚 0.8 m，天然重度 $\gamma = 17.0\ kN/m^3$；第二层为粉质黏土，厚 5.4 m，天然重度 $\gamma = 18.0\ kN/m^3$，承载力特征值 $f_{ak} = 158.0\ kPa$，$\eta_b = 0.3$，$\eta_d = 1.6$。已知上部结构传至基础上的荷载标准值 $F_k = 190\ kN/m$，室内、外高差 0.45 m，试设计该墙下条形基础。

解：（1）计算修正后的地基承载力特征值。

根据地基条件，选择粉质黏土作为持力层，初选基础埋深 $d = 1.0$ m，则：

$$f_a = f_{ak} + \eta_d \gamma_m (d - 0.5) = 158.0 + 1.6 \times (17.0 \times 0.8 + 18.0 \times 0.2)/1 \times (1 - 0.5) = 171.8 (kPa)$$

（2）确定条形基础底面宽度 b。

计算基础及上方回填土所受的重力 G_k 时的基础平均高度为：

$$\bar{d} = (1.0 + 1.45)/2 = 1.225 (m)$$

基础宽度为：

$$b \geqslant \frac{F_k}{f_a - \gamma_G \bar{d}} = \frac{190}{171.8 - 20 \times 1.225} = 1.29 (m)$$

取基础宽度 $b = 1.3\ m < 3.0\ m$，地基承载力不需宽度修正。

（3）选择基础材料，并确定基础剖面尺寸。

基础选择两种材料，上层采用 MU10 砖和 M5 砂浆，按“二、一间隔收”砌法砌筑；下层采用 350 mm 厚的 C15 混凝土。

基础及回填土重为：

$$G_k = 20 \times 1.3 \times 1.225 = 31.85(\text{kN})$$

基底压力为：

$$p_k = \frac{F_k + G_k}{b} = \frac{190 + 31.85}{1.3} = 170.7(\text{kPa})$$

查表 7-3 得 C15 混凝土基础宽高比允许值为 1∶1.00，所以混凝土层台阶宽为 350 mm。

上层砖基础所需台阶数为：

$$n \geqslant \frac{1\,300 - 240 - 2 \times 350}{120} = 3(\text{阶})$$

相应的基础高度为：

$$H_0 = 120 \times 2 + 60 \times 1 + 350 = 650(\text{mm})$$

则基础顶面至室外地面的距离为 350 mm≥100 mm，所以选择基础埋深 $d = 1.0$ m，满足要求。

(4)绘基础剖面图。

基础剖面形状及尺寸如图 7-25 所示。

二、墙下钢筋混凝土条形基础

墙下钢筋混凝土条形基础的剖面设计包括确定基础高度和基础底板配筋。

(一)轴心荷载作用

1. 基础底板高度确定

墙下钢筋混凝土条形基础高度由混凝土的受剪承载力确定，即基础底板高度应由混凝土的抗剪强度确定：

$$V \leqslant 0.7 f_t h_0 \quad (7\text{-}21)$$

$$V = p_j b_1 \quad (7\text{-}22)$$

$$h_0 \geqslant \frac{V}{0.7 f_t} \quad (7\text{-}23)$$

$$p_j = F/b \quad (7\text{-}24)$$

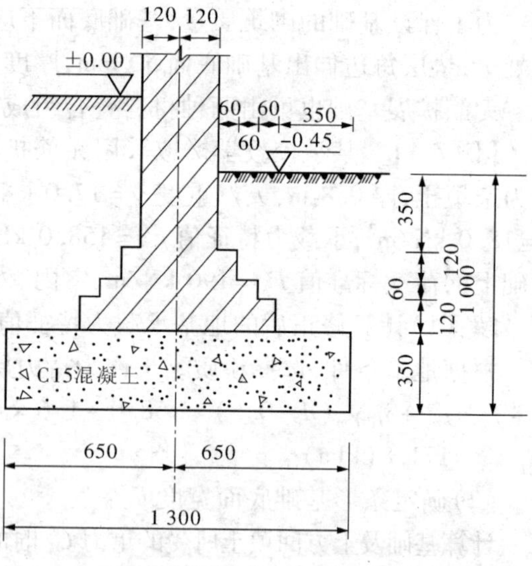

图 7-25　例 7-4 图　(单位：mm)

式中　V——剪力设计值，kN/m²；

p_j——相应于荷载效应基本组合时的地基净反力，kPa；

f_t——混凝土轴心抗拉强度设计值，kPa；

F——相应于荷载效应基本组合时上部结构传至基础顶面的竖向力，kN/m；

h_0——基础有效高度，m；

b_1——基础边缘至砖墙边或基础边缘至混凝土墙脚的距离，m。

墙下钢筋混凝土条形基础如图 7-26 所示。

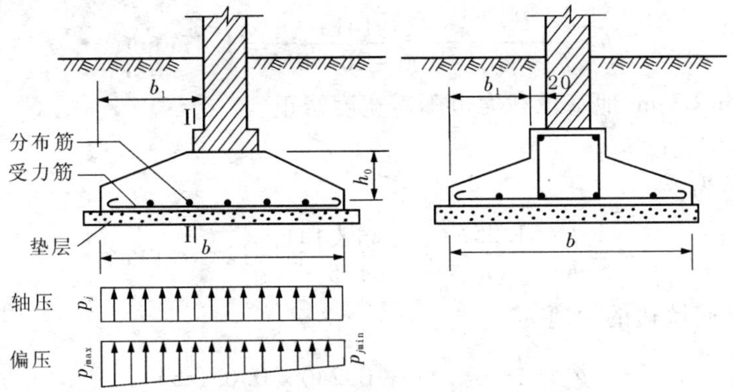

图 7-26　墙下钢筋混凝土条形基础

2. 基础底板配筋

悬臂板根部的最大弯矩为：

$$M = \frac{1}{2} p_j b_1^2 \tag{7-25}$$

基础每米长受力钢筋截面面积为：

$$A_s = \frac{M}{0.9 f_y h_0} \tag{7-26}$$

式中　f_y——钢筋抗拉强度设计值，N/mm^2。

（二）偏心荷载作用

在偏心荷载作用下，基础边缘处的最大净反力设计值为：

$$p_{j\max} = \frac{F}{b}\left(1 + \frac{6e_0}{b}\right) \tag{7-27}$$

$$e_0 = \frac{M}{F}$$

式中　M——相应于荷载效应基本组合时作用于基础底面的力矩值，kN · m；

e_0——荷载净偏心距，m。

基础高度和底板配筋仍按式（7-23）和式（7-26）计算，但式中的剪力和弯矩设计值应改用下列公式计算：

$$V = \frac{1}{2}(p_{j\max} + p_j) b_1 \tag{7-28}$$

$$M = \frac{1}{6}(2p_{j\max} + p_j) b_1^2 \tag{7-29}$$

【例 7-5】　某砖墙厚 240 mm，相应于荷载效应标准组合时作用于基础顶面的轴心荷载 $F_k = 141$ kN/m，基础埋深 $d = 0.5$ m，地基承载力特征值 $f_{ak} = 106$ kPa，设计此墙下条形基础。

解：因基础埋深为 0.5 m，故采用钢筋混凝土条形基础。混凝土强度等级采用 C20，

$f_t=1\ 100$ kPa；钢筋用 HPB235 级，$f_y=210$ N/mm^2。

(1)确定基础底面宽度 b。

因基础埋深 $d=0.5$ m，故地基承载力不需经过深度修正，$f_a=f_{ak}=106$ kPa。则：

$$b \geqslant \frac{F_k}{f_a-\gamma_G \bar{d}}=\frac{141}{106-20\times 0.5}=1.47(\text{m})$$

取 $b=1.5$ m <3 m，地基承载力也不需宽度修正。

(2)确定基础高度 h。

地基净反力为：

$$p_j=\frac{F}{b}=\frac{1.35F_k}{b}=\frac{1.35\times 141}{1.5}=126.9(\text{kPa})$$

基础边缘至砖墙边的距离为：

$$b_1=\frac{1}{2}\times(1.50-0.24)=0.63(\text{m})$$

基础的有效高度为：

$$h_0 \geqslant \frac{p_j b_1}{0.7f_t}=\frac{126.9\times 0.63}{0.7\times 1\ 100}=0.104(\text{m})=104\ \text{mm}$$

取基础高度 $h=300$ mm，基础底面下设 100 mm 厚的 C10 混凝土垫层，基础有效高度 $h_0=300-40-20/2=250(\text{mm})>104$ mm（底板受力钢筋暂按 ϕ20 计），满足要求。

(3)基础底板配筋。

悬臂板根部的最大弯矩：

$$M=\frac{1}{2}p_j b_1^2=\frac{1}{2}\times 126.9\times 0.63^2=25.2(\text{kN}\cdot\text{m})$$

基础每米长内受力钢筋面积：

$$A_s=\frac{M}{0.9h_0 f_y}=\frac{25.2\times 10^6}{0.9\times 250\times 210}=533.3(\text{mm}^2)$$

受力钢筋配 ϕ12@200，$A_s=565$ mm^2，可以；纵向分布钢筋配 ϕ8@250，如图 7-27 所示。

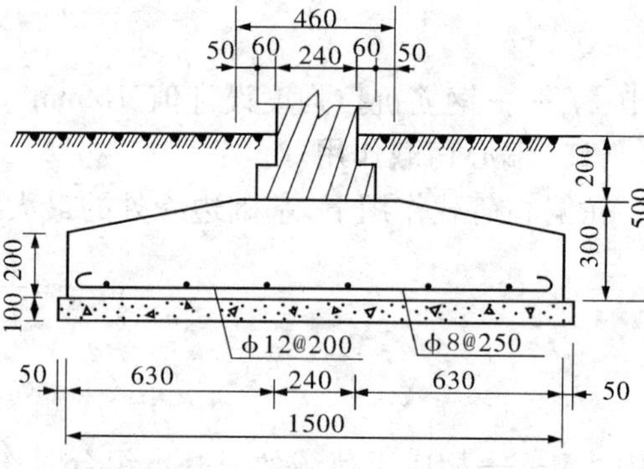

图 7-27　例 7-5 图　（单位：mm）

三、柱下钢筋混凝土独立基础

柱下钢筋混凝土独立基础的剖面设计包括确定基础高度及基础底板配筋。

(一)轴心荷载作用

1. 基础高度 h

基础高度由混凝土受冲切承载力确定。在柱荷载作用下，如果基础高度（或阶梯高度）不够，则将沿柱周边（或阶梯高度变化处）产生冲切破坏，形成 45°斜裂面的角锥体，如图 7-28 所示。为防止发生这种破坏，基础底板应有足够的高度（即冲切破坏角锥体以外的地基净反力产生的冲切力 F_l 应小于基础冲切面混凝土的抗冲切能力）。对于长边为 l、短边为 b 的矩形基础，柱短边 b_c 一侧的冲切破坏较柱长边 a_c 一侧危险，所以只需根据短边一侧冲切破坏条件来确定基础高度。

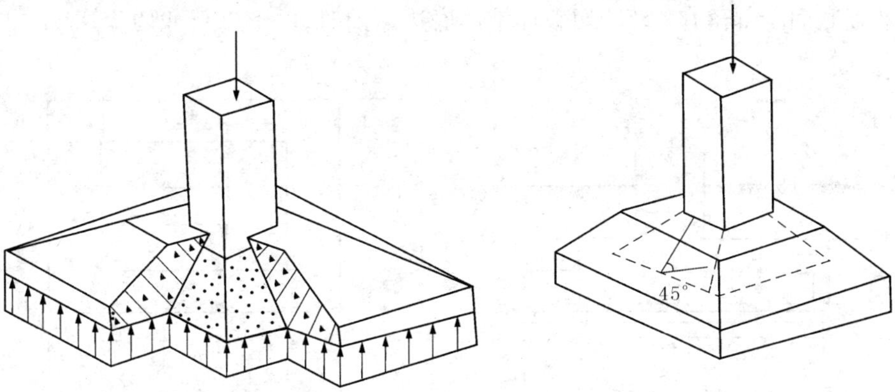

图 7-28　基础冲切破坏

确定基础高度时，当冲切破坏锥体的底面落在基础底面之内，如图 7-29(b)所示，即 $b \geqslant b_c + 2h_0$ 时，应满足式(7-30)的要求。

$$p_j\left[\left(\frac{l}{2}-\frac{a_c}{2}-h_0\right)b-\left(\frac{b}{2}-\frac{b_c}{2}-h_0\right)^2\right] \leqslant$$

$$0.7\beta_{hp}f_t(b_c+h_0)h_0 \tag{7-30}$$

式中　p_j——相应于荷载效应基本组合的地基净反力，kPa，$p_j = F/(bl)$；

β_{hp}——受冲切承载力截面高度影响系数，当 $h \leqslant 800$ mm 时，β_{hp} 取 1.0，当 $h \geqslant 2\ 000$ mm 时，β_{hp} 取 0.9，其间按线性内插法取用。

当 $b < b_c + 2h_0$ 时，如图 7-29(c)所示，应满足式(7-31)的要求。

$$p_j\left(\frac{l}{2}-\frac{a_c}{2}-h_0\right)b \leqslant 0.7\beta_{hp}f_t\left[(b_c+h_0)h_0-\left(\frac{b_c}{2}+h_0-\frac{b}{2}\right)^2\right] \tag{7-31}$$

设计时一般先按经验假定底板高度 h，得出 h_0，然后按式(7-30)或式(7-31)进行抗冲切强度验算，直至满足要求为止。

对于阶梯形基础，例如分成二级的阶梯形，除了对柱边进行冲切验算外，还应对上台阶底边变阶处进行下阶的冲切验算。验算方法与上面柱边冲切验算相同，只是在使用式(7-30)和式(7-31)时，a_c、b_c 分

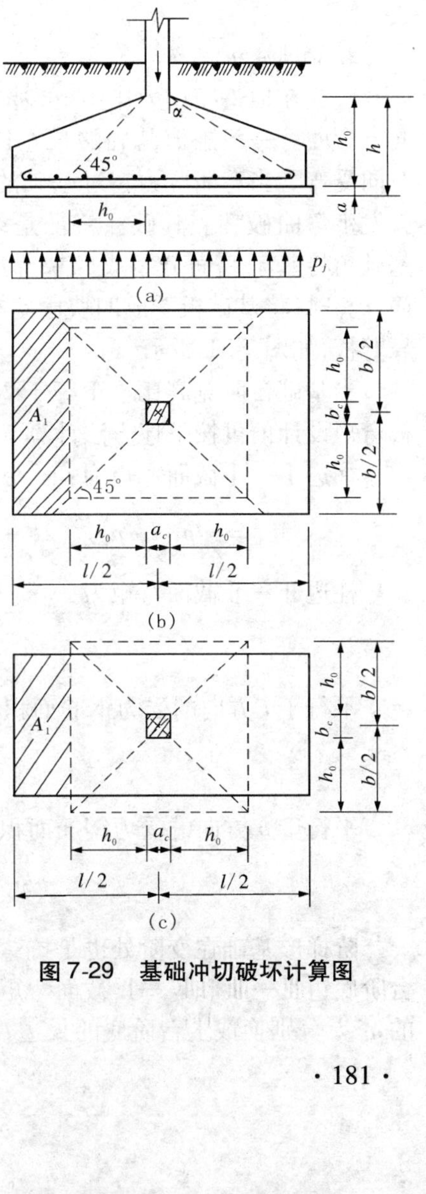

图 7-29　基础冲切破坏计算图

别换成上台阶底的长边 l_1 和短边 b_1，h_0 换成下台阶的有效高度 h_{01}（参考图 7-30）即可。

当基础底面全部落在 45°冲切破坏锥体底边以内时，可不进行冲切验算。

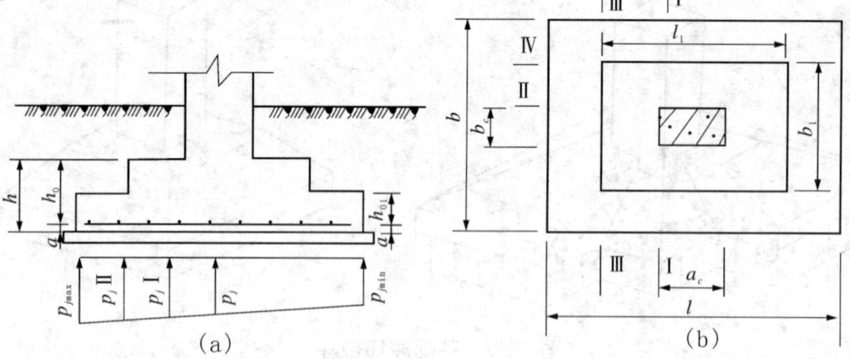

图 7-30　偏心荷载作用下的独立基础

2. 基础底板配筋

底板在地基净反力作用下，基础沿柱的周边向上弯曲。一般矩形基础的长宽比小于 2，故为双向受弯。当弯曲应力超过基础的抗弯强度时，就发生弯曲破坏。其破坏特征是裂缝沿柱角至基础角将基础底面分裂成四块梯形面积。故配筋计算时，将基础板看成四块固定在柱边的梯形悬臂板，如图 7-31 所示。

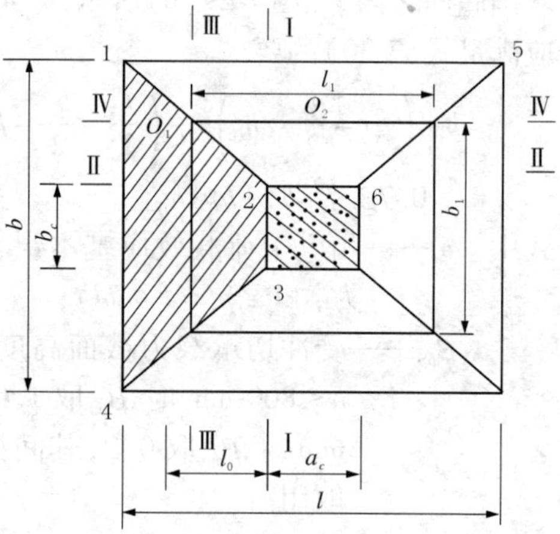

图 7-31　产生弯矩的地基净反力作用面积

当基础台阶宽高比小于等于 2.5 时，基础底板弯矩设计值可按下述方法计算。

柱边Ⅰ—Ⅰ截面弯矩为：

$$M_{\mathrm{I}} = \frac{1}{24}p_j(l - a_c)^2(2b + b_c) \tag{7-32}$$

柱边Ⅱ—Ⅱ截面弯矩为：

$$M_{\mathrm{II}} = \frac{1}{24}p_j(b - b_c)^2(2l + a_c) \tag{7-33}$$

平行于 l 方向的受力钢筋面积为：

$$A_{s\mathrm{I}} = \frac{M_{\mathrm{I}}}{0.9f_y h_0} \tag{7-34}$$

平行于 b 方向的受力钢筋面积为：

$$A_{s\mathrm{II}} = \frac{M_{\mathrm{II}}}{0.9f_y h_0} \tag{7-35}$$

阶梯形基础在变阶处也是抗弯的危险截面，按式（7-32）~式（7-35）可以分别计算上台阶底边Ⅲ—Ⅲ和Ⅳ—Ⅳ截面弯矩 M_{III}、M_{IV} 及钢筋面积 $A_{s\mathrm{III}}$、$A_{s\mathrm{IV}}$，计算时只需要将各式中的 a_c、b_c 分别换成上台阶底的长边 l_1 和短边 b_1，h_0 换成下台阶的有效高度 h_{01} 即可。然后按

$A_{s\mathrm{I}}$和$A_{s\mathrm{III}}$中的大值配置平行于l方向的受力钢筋，并放置在下排；按$A_{s\mathrm{II}}$和$A_{s\mathrm{IV}}$中的大值配置平行于b方向的受力钢筋，并放置在上排。

当基底和柱截面均为正方形时，$M_{\mathrm{I}}=M_{\mathrm{II}}$，$M_{\mathrm{III}}=M_{\mathrm{IV}}$，这时只需计算一个方向即可。

(二)偏心荷载作用

如果只在矩形基础的长边方向产生偏心，则当净偏心距$e_0 \leqslant l/6$时，基底最大净反力设计值可用式(7-36)计算，如图7-30所示。

$$p_{j\max}=\frac{F}{bl}\left(1+\frac{6e_0}{l}\right) \tag{7-36}$$

1. 基础高度h

基础高度可按式(7-30)或式(7-31)计算，但应以$p_{j\max}$代替式中的p_j。

2. 基础底板配筋

基础底板配筋仍可用式(7-34)和式(7-35)计算受力钢筋面积，但式(7-34)中的M_{I}应按式(7-37)计算：

$$M_{\mathrm{I}}=\frac{1}{48}[(p_{j\max}+p_j)(2b+b_c)+(p_{j\max}-p_j)b](l-a_c)^2 \tag{7-37}$$

符合构造要求的杯口基础，在与预制柱结合形成整体后，其性能与现浇柱基础相同，故其高度和底板配筋仍按柱边和高度变化处的截面进行计算。

【例7-6】 设计图7-32所示的柱下独立基础。已知相应于荷载效应基本组合时的柱荷载$F=700$ kN，$M=87.8$ kN·m，柱截面尺寸为300 mm×400 mm，基础底面尺寸为1.6 m×2.4 m。

解：采用混凝土强度等级为C20，$f_t=1\ 100$ kPa；钢筋用HPB235级，$f_y=210$ N/mm²，基础下设100 mm厚的C10混凝土垫层。

1. 计算基底净反力设计值

基底平均净反力设计值为：

$$p_j=\frac{F}{bl}=\frac{700}{1.6\times 2.4}=182.3(\text{kPa})$$

净偏心距

$$e_0=\frac{M}{F}=\frac{87.8}{700}=0.125(\text{m})$$

基底最大净反力设计值为：

$$p_{j\max}=\frac{F}{bl}\left(1+\frac{6e_0}{l}\right)$$

$$=182.3\times\left(1+\frac{6\times 0.125}{2.4}\right)=239.3(\text{kPa})$$

2. 基础高度

初选基础高度$h=600$ mm，基础有效高度$h_0=550$ mm，基础分二级台阶，下阶台阶高$h_1=$

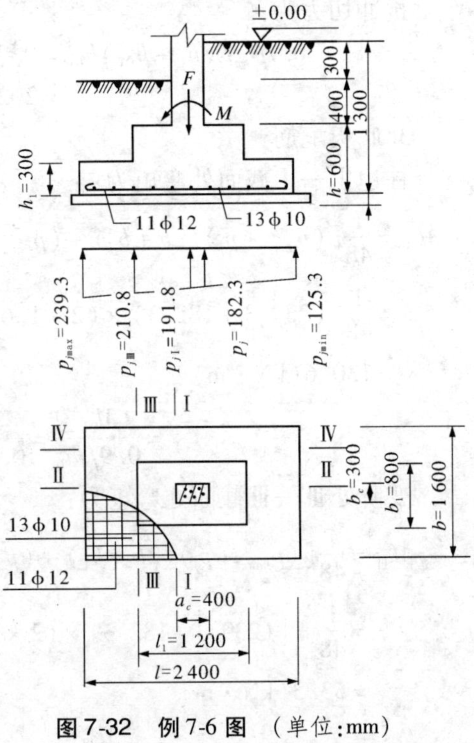

图7-32 例7-6图 (单位:mm)

300 mm ,$h_{01}=250$ mm,取 $l_1=1.2$ m,$b_1=0.8$ m。

(1)柱边截面抗冲切验算。

$$b_c+2h_0=0.3+2\times0.55=1.4(\text{m})<1.6\ \text{m}$$

因基础为偏心受压,按式(7-30)计算时 p_j 取 $p_{j\max}$。该式左边,则冲切力为:

$$p_{j\max}\left[\left(\frac{l}{2}-\frac{a_c}{2}-h_0\right)b-\left(\frac{b}{2}-\frac{b_c}{2}-h_0\right)^2\right]$$

$$=239.3\times\left[\left(\frac{2.4}{2}-\frac{0.4}{2}-0.55\right)\times1.6-\left(\frac{1.6}{2}-\frac{0.3}{2}-0.55\right)^2\right]$$

$$=169.9(\text{kN})$$

该式右边,则抗冲切力为:

$$0.7\beta_{hp}f_t(b_c+h_0)h_0=0.7\times1.0\times1\ 100\times(0.3+0.55)\times0.55$$

$$=360.0(\text{kN})>169.9\ \text{kN}\quad(可以)$$

(2)变阶处截面抗冲切验算。

$b_1+2h_0=0.8+2\times0.25=1.3(\text{m})<1.6$ m,则冲切力为:

$$p_{j\max}\left[\left(\frac{l}{2}-\frac{l_1}{2}-h_{01}\right)b-\left(\frac{b}{2}-\frac{b_1}{2}-h_{01}\right)^2\right]$$

$$=239.3\times\left[\left(\frac{2.4}{2}-\frac{1.2}{2}-0.25\right)\times1.6-\left(\frac{1.6}{2}-\frac{0.8}{2}-0.25\right)^2\right]$$

$$=128.6(\text{kN})$$

抗冲切力为:

$$0.7\beta_{hp}f_t(b_1+h_{01})h_{01}=0.7\times1.0\times1\ 100\times(0.8+0.25)\times0.25$$

$$=202.1(\text{kN})>128.6(\text{kN})\quad(可以)$$

3. 底板配筋

柱边Ⅰ—Ⅰ截面处弯矩为:

$$M_{\text{I}}=\frac{1}{48}[(p_{j\max}+p_j)(2b+b_c)+(p_{j\max}-p_j)b](l-a_c)^2$$

$$=\frac{1}{48}[(239.3+182.3)\times(2\times1.6+0.3)+(239.3-182.3)\times1.6]\times(2.4-0.4)^2$$

$$=130.6(\text{kN}\cdot\text{m})$$

$$A_{s\text{I}}=\frac{M_{\text{I}}}{0.9f_yh_0}=\frac{130.6\times10^6}{0.9\times210\times550}=1\ 256(\text{mm}^2)$$

变阶处Ⅲ—Ⅲ截面处弯矩为:

$$M_{\text{III}}=\frac{1}{48}[(p_{j\max}+p_j)(2b+b_1)+(p_{j\max}-p_j)b](l-l_1)^2$$

$$=\frac{1}{48}\times[(239.3+182.3)\times(2\times1.6+0.8)+(239.3-182.3)\times1.6]\times(2.4-1.2)^2$$

$$=53.3(\text{kN}\cdot\text{m})$$

$$A_{s\text{III}}=\frac{M_{\text{III}}}{0.9f_yh_{01}}=\frac{53.3\times10^6}{0.9\times210\times250}=1\ 128(\text{mm}^2)$$

比较 $A_{s\,\text{I}}$ 和 $A_{s\,\text{III}}$ 的大小，应按 $A_{s\,\text{I}}$ 配筋，平行于基础长边 l 方向的受力钢筋配 11ϕ12，$A_s = 1\,244\ \text{mm}^2 \approx 1\,256\ \text{mm}^2$。

柱边Ⅱ—Ⅱ截面处弯矩为：

$$M_{\text{II}} = \frac{1}{24}p_j(b-b_c)^2(2l+a_c)$$

$$= \frac{1}{24} \times 182.3 \times (1.6-0.3)^2 \times (2 \times 2.4 + 0.4)$$

$$= 66.8(\text{kN} \cdot \text{m})$$

$$A_{s\text{II}} = \frac{M_{\text{II}}}{0.9f_y h_0} = \frac{66.8 \times 10^6}{0.9 \times 210 \times (550-12)} = 657(\text{mm}^2)$$

变阶处Ⅳ—Ⅳ截面处弯矩为：

$$M_{\text{IV}} = \frac{1}{24}p_j(b-b_1)^2(2l+l_1)$$

$$= \frac{1}{24} \times 182.3 \times (1.6-0.8)^2 \times (2 \times 2.4 + 1.2)$$

$$= 29.2(\text{kN} \cdot \text{m})$$

$$A_{s\text{IV}} = \frac{M_{\text{IV}}}{0.9f_y h_0} = \frac{29.2 \times 10^6}{0.9 \times 210 \times (250-12)} = 649(\text{mm}^2)$$

平行于基础短边 b 方向的受力钢筋按构造要求配 13ϕ10，$A_s = 1\,021\ \text{mm}^2 > 657\ \text{mm}^2$，基础配筋见图 7-32。

四、柱下钢筋混凝土条形基础

当柱下独立基础的底面积不足以承受上部结构的荷载时，常采用柱下条形基础。对于不均匀沉降大或振动敏感的地基，为加强结构整体性，也可做成柱下条形基础。

柱下条形基础是由一根肋梁或交叉肋梁及其横向伸出的翼板组成的，其截面呈倒 T 形。倒 T 形截面两侧外伸翼板的内力计算和配筋与墙下钢筋混凝土条形基础计算方法相同。肋梁（也称基础梁）的内力计算，要考虑地基基础和上部结构的相互作用，问题比较复杂，目前尚没有统一的计算方法，这里仅介绍一种简化的实用计算方法。

根据《建筑地基基础设计规范》（GB 50007—2002）规定：如果地基土质均匀，上部结构刚度较大，荷载分布较均匀，且条形基础梁的高度大于 1/6 柱距时，地基反力可按直线分布，条形基础梁的内力可按连续梁计算，即采用倒梁法计算基础梁的内力。如不满足以上条件则按弹性地基梁方法计算内力。

倒梁法是一种计算地基梁内力的简化方法。它把基础梁看做一根倒置梁，假定作用在梁上的地基净反力为直线分布，如图 7-33（a）所示，并按偏心受压计算。

$$p_{j\max \atop j\min} = \frac{\sum F}{bl} \pm \frac{\sum M}{W} \tag{7-38}$$

式中 $\sum F$——作用于基础上竖向荷载设计值的总和，kN；

$\sum M$——外荷载对基底形心弯矩设计值的总和，kN · m；

b, l——条形基础的宽度和长度，m；

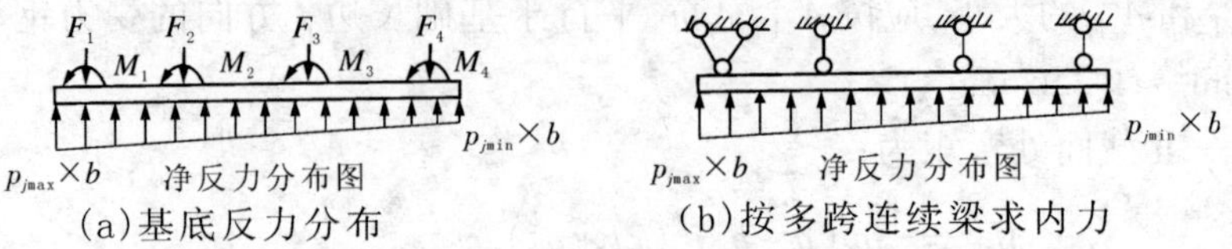

图 7-33　用倒梁法计算地基梁简图

W——基础底面的抵抗矩，m^3。

然后，将柱与基础梁的结点视为梁的不动铰支座，以地基净反力为荷载，按多跨连续梁方法计算梁的内力，如图 7-33(b)所示。

但是，由于倒梁法只是一种简化近似法，按此法计算出的支座反力往往不等于柱传来的轴向力，即反力不平衡。为此，工程中提出了"基底反力局部调整法"，即将支座反力与原柱的轴力之差值(可正可负)当做均布荷载，放在此支座两侧各 1/3 跨度范围内，再解此连续梁的内力，并将计算结果进行叠加。经 2 ~ 3 次调整后，使支座反力和柱轴向力基本一致。

五、筏形基础的简化计算

筏形基础通常采用刚性板方法或弹性板方法进行简化计算。

当地基土软弱且均匀，筏板较厚，上部机构刚度很大时，可近似认为筏板相对于地基来说是绝对刚性的，可按刚性板方法计算。有时在柱荷载差异和柱间距差异均不超过 20% 时，也可以认为筏形基础是绝对刚性的。

用刚性板方法计算时，基底反力呈直线或平面分布，并按材料力学偏压公式简化计算其值，如图 7-34 所示。

$$p_{\substack{max\\min}},p_{\substack{1\\2}} = \frac{\sum F + G}{lb}\left(1 \pm \frac{6e_x}{l} \pm \frac{6e_y}{b}\right) \tag{7-39}$$

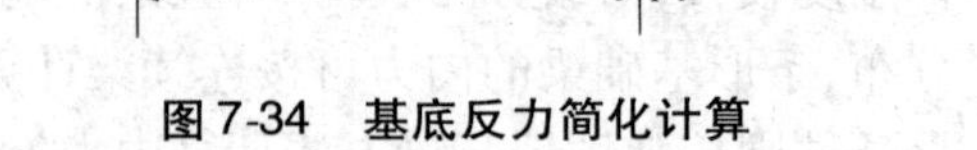

图 7-34　基底反力简化计算

式中　p_{max}，p_{min}，p_1，p_2——基底四个角的基底压力值，kPa；

$\sum F$——筏板上的总竖向荷载设计值，kN；

G——基础及其上的重量，kN；

l，b——筏板底面的长度与宽度，m；

e_x，e_y——上部结构荷载在 x，y 方向对基底形心的偏心距(x、y 轴通过基底形心)。

确定筏形基底面积时同样要满足地基承载力要求。

对墙下筏形基础，由于上部结构刚度较大，可不考虑整体弯曲产生的内力，按倒楼盖计算，即按不同支承条件的单向板或双向板计算内力。但在端部第一、二开间内将地基反力增加 10% ~20%，按上下均匀配筋，对于压缩模量小于或等于 4 MPa 的地基，还应进行抗裂验算。对板厚大于 1/6 墙间距离的筏板，可沿纵横方向取单位长度的板带，按倒梁法计算。

对柱下无梁平板式筏形基础，可仿效无梁楼盖计算方法，分别在纵横柱列上，截取宽度为相邻柱的跨中距离的板带，把板带看成各自独立的倒梁，忽略板带间的剪力，按倒梁法计算。

对柱下梁板式筏形基础，一般也按倒楼盖法计算内力，即筏板按单向或双向连续板计算，肋梁上的荷载按楼盖的规定进行划分计算，纵横肋梁按多跨连续倒梁计算。

如果不满足刚性板条件，则为弹性板（即有限刚性板）。弹性板计算比较复杂，常用的方法有有限差分法、有限单元法或链杆法等。这里不作详细介绍。

六、箱形基础的设计简介

箱形基础是由顶板、底板、纵横外墙及一定数量的内隔墙构成的整体刚度较大的钢筋混凝土空间结构。它是高层建筑经常采用的一种基础型式。

箱形基础的埋深除满足地基承载力要求外，还要考虑满足稳定性要求，以防止建筑物整体倾斜和滑移。箱形基础的平面形状应力求简单对称，通常为矩形。基底平面形心宜与上部结构竖向永久荷载的重心重合。当不能重合时，在荷载效应准永久组合下，偏心距 e 宜符合式(7-40)的要求：

$$e \leqslant 0.1\frac{W}{A} \tag{7-40}$$

式中 W——与偏心距方向一致的基础底面边缘抵抗矩，m^3；

A——基底板面积，m^2。

箱形基础的内外墙应沿上部结构柱网和剪力墙纵横均匀布置，墙体水平截面总面积不宜小于箱形基础外墙外包尺寸水平投影面积的1/10。对基础长宽比大于4的箱形基础，其纵墙水平截面面积不得小于箱形基础外墙外包尺寸水平投影面积的1/18。

箱形基础的高度应满足结构承载力、整体刚度和使用功能的要求，其值不宜小于箱形基础长度（不包括底板悬挑部分）的1/20，并不宜小于3 m。

箱形基础的埋置深度应根据建筑物对地基承载力、基础倾覆及滑移稳定性、建筑物整体倾斜以及抗震设防烈度等的要求确定，一般可取等于箱形基础的高度，在抗震设防区不宜小于建筑物高度的1/15。高层建筑应同结构单元内的箱形基础埋深一致，且不得局部采用箱形基础。

箱形基础顶底板及墙身的厚度应根据受力情况、整体刚度及防水要求确定。一般底板厚度不得小于300 mm，外墙厚度不应小于250 mm，内墙厚度不应小于200 mm。顶底板厚度应满足受承载力验算的要求，底板尚应满足受冲切承载力的要求。

墙体内应设置双面钢筋，竖向钢筋和水平钢筋的直径不应小于10 mm，间距不应大于200 mm。除上部为剪力墙外，内外墙的墙顶处宜配置两根直径不小于20 mm的通长构造钢筋。

门洞宜设在柱间居中部位，洞边至上层柱中心的水平距离不宜小于1.2 m，洞门上过梁的高度不宜小于层高的1/5，洞口面积不宜大于柱距与箱形基础全高乘积的1/6。墙体洞口四周应设置加强钢筋。

箱形基础的混凝土强度等级不应低于C20，抗渗等级不应小于0.6 MPa。

问题：(1)如何进行墙下钢筋混凝土条形基础的结构设计？
(2)如何进行柱下钢筋混凝土独立基础的结构设计？

第六节　控制地基不均匀沉降的措施

任何地基在建筑物荷载作用下总要产生一定的沉降或不均匀沉降。通常地基产生的均匀沉降，对建筑物安全影响不大，可预留沉降标高加以解决。但是，过量的地基不均匀沉降往往使建筑物发生倾斜与墙体开裂，影响正常使用。对建于软弱和不均匀地基上的建筑物，尤其如此。减少或消除不均匀沉降危害的途径，除改善地基条件外(如改用桩基础或进行地基处理等)，还应考虑上部结构、基础和地基三者相互影响共同工作的特点，从建筑、结构和施工等方面采取一些综合技术措施，以达到经济合理的效果。

一、建筑措施

(一)建筑物的体型力求简单

建筑物的体型是指其平面形状和立面轮廓。平面形状复杂的建筑物，如"T"、"L"、"H"形等，在纵横单元交叉处地基附加应力相互重叠，使该处的局部沉降增大。同时，此类建筑物整体刚性差，刚度不对称，当地基出现不均匀沉降时容易发生墙体裂缝，如图7-35所示。

当建筑物立面高差悬殊，作用在地基上的荷载差异较大时，也容易产生过量的不均匀沉降，使建筑物倾斜和开裂，如图7-36所示。

因此，对于软弱地基，在满足使用要求的情况下，设计时可采取下列措施：

(1)采用平面形状简单的"一"字形建筑物；

(2)立面体型高差变化不宜过大，砌体承重结构房屋高差不宜超过1~2层；

(3)砌体承重结构应控制其长高比不大于2.5~3.0，使内外纵墙避免中断、转折，减小横墙间距，以增强建筑物的整体刚度，提高调整不均匀沉降的能力。

(二)设置沉降缝

沉降缝是从屋顶到基础底面，把整栋建筑物竖向断开，分成两个或多个独立的沉降单元。每个单元一般应体型简单、长高比小、结构类型相同以及地基比较均匀。这样的沉降单元具有较大的整体刚度，沉降比较均匀，上部结构一般不会开裂。

为了使各沉降单元的沉降均匀，宜在建筑物的下列部位设置沉降缝：

(1)平面形状复杂的建筑物转折处；

(2)建筑物高度或荷载突变处；

(3)长高比过大的建筑物适当部位；

(4)地基土的压缩性有明显变化或地基基础处理方法不同处；

(5)建筑结构或基础类型不同处；

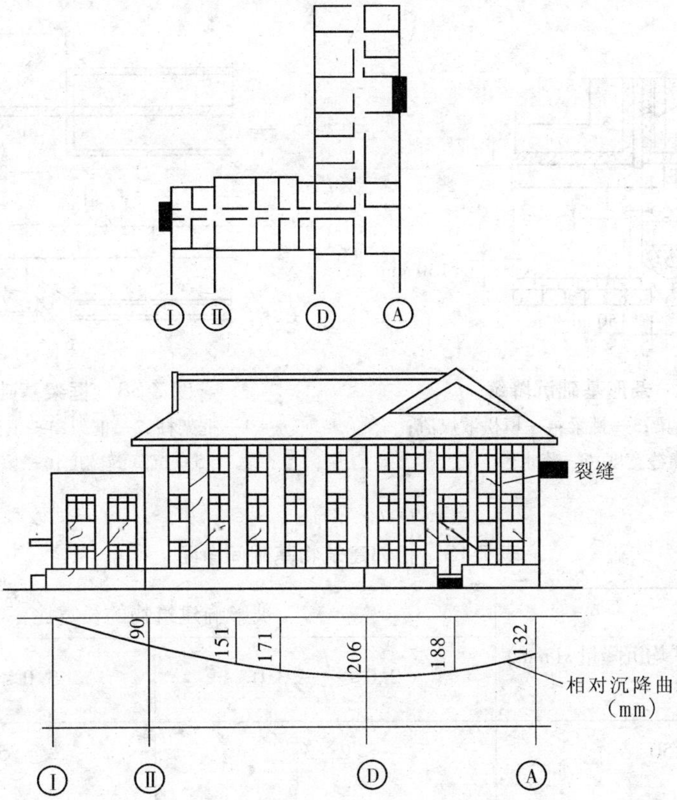

图 7-35　某“L”形建筑物—翼墙身开裂

(6)分期建造房屋的交界处。

沉降缝的构造参见图 7-37 和图 7-38。沉降缝应留有足够的宽度，缝内一般不填塞，以防相邻单元相互倾斜时造成挤压损坏。一般沉降缝的宽度是：二、三层房屋为 50 ~ 80 mm；四、五层房屋为 80 ~ 120 mm；六层以上不小于 120 mm。

(三)控制相邻建筑物基础间的净距

为了防止相邻建筑物因附加应力扩散引起的地基不均匀沉降，造成建筑物的倾斜或裂缝，应控制相邻建筑物基础间的净距。建造在软弱地基上的相邻建筑物基础间的净距，可按表 7-13 选用。

(四)调整建筑物某些设计标高

由于地基的沉降，会降低建筑物原有的标高，严重时将影响建筑物的正常使用，设计时应根据可能产生的不均匀沉降，采取下列措施调整建筑物的标高：

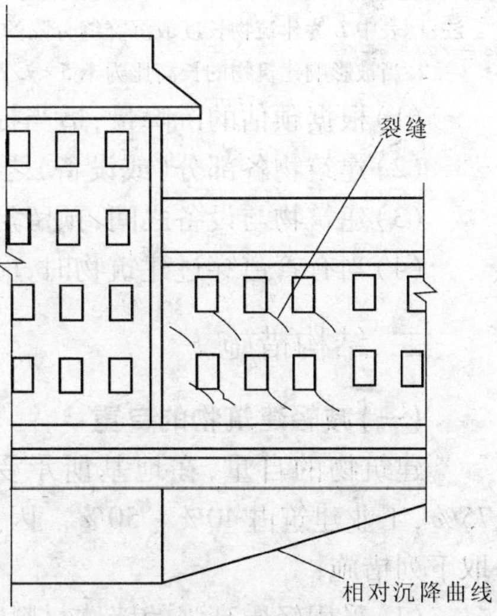

图 7-36　建筑物高差太大而开裂

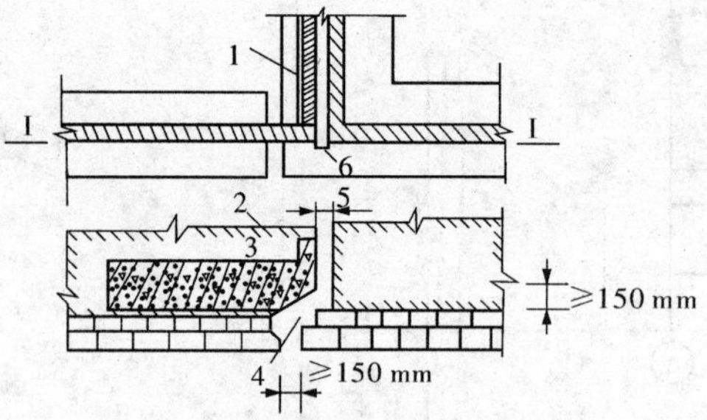

图 7-37　条形基础沉降缝

1—轻质墙;2—横梁;3—挑梁;4—填松散煤渣;
5—沉降缝宽度;6—落水管

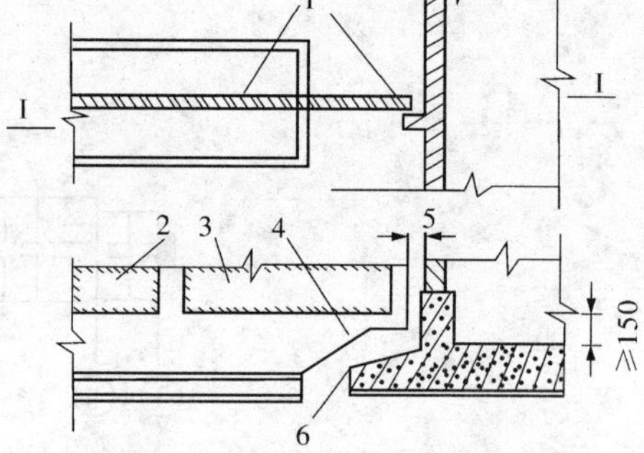

图 7-38　框架基础沉降缝

1—框架柱;2—框架;3—填充墙;4—挑梁;
5—沉降缝宽度;6—填松散煤渣

表 7-13　相邻建筑物基础间净距　(单位:m)

影响建筑物的预估平均沉降量 s(mm)	被影响建筑物的长宽比	
	$2.0 \leqslant \frac{L}{H_f} < 3.0$	$3.0 \leqslant \frac{L}{H_f} < 5.0$
70 ~ 150	2 ~ 3	5 ~ 6
160 ~ 250	3 ~ 6	6 ~ 9
260 ~ 400	6 ~ 9	9 ~ 12
>400	9 ~ 12	≥12

注:1. 表中 L 为建筑物长度或沉降缝分隔的单元长度,m;H_f 为自基础地面起算的建筑物高度,m。
2. 当被影响建筑物的长高比为 $1.5 < L/H_f < 2.0$ 时,净距可适当缩小。

(1)根据预估的沉降量,适当提高室内地平或地下设施的标高;

(2)建筑物各部分(或设备)之间有联系时,可将沉降较大的标高提高;

(3)建筑物与设备之间,预留足够的净空;

(4)当有管道穿过建筑物时,应预留足够尺寸的孔洞,或采用柔性管道接头。

二、结构措施

(一)减轻建筑物的自重

建筑物的自重,在地基所承受的荷载中,占的比例很大:一般民用建筑占 60% ~ 75%,工业建筑占 40% ~50%。因此,为了减少沉降,应尽量减轻建筑物的自重,主要采取下列措施:

(1)采用轻质高强的墙体材料。如轻质高强混凝土墙板、各种空心砌块、多孔砖及其他轻质墙等,以减轻墙体自重。

(2)选用轻型结构。如采用预应力钢筋混凝土结构、轻钢结构、铝合金结构及各种轻型空间结构。

(3)减轻基础及回填土重量。如采用宽基浅埋、空心基础、薄壳基础、无埋式薄板基础,以及架空地板代替厚填土,都可以大幅度减轻基础自重。

(二)设置圈梁

在墙体内适当的部位设置钢筋混凝土圈梁(或钢筋砖圈梁),可增强建筑物的整体性,提高砌体的抗拉能力和抗剪能力,防止或减小裂缝的出现和发展(在地震区还可起到抗震作用)。圈梁应按下列要求设置:

(1)在多层房屋的基础和顶层处宜各设置一道,其他各层可隔层设置,必要时也可层层设置。但工业厂房、仓库可结合基础梁、连系梁、过梁等酌情设置。

(2)圈梁应设置在外墙、内纵墙和主要内横墙上,并宜在平面内连成封闭系统。圈梁有两种:一种是钢筋混凝土圈梁,如图7-39(a)所示,梁宽一般同墙厚,梁高不应小于120 mm,混凝土强度等级宜采用C20,纵向钢筋不宜少于4ϕ8;另一种是钢筋砖圈梁,如图7-39(b)所示,即在水平灰缝内夹筋形成钢筋砖带,高度为4~6皮砖,用M5砂浆砌筑,水平通长钢筋不宜少于6ϕ6,水平间距不宜大于120 mm,分上、下两层设置。

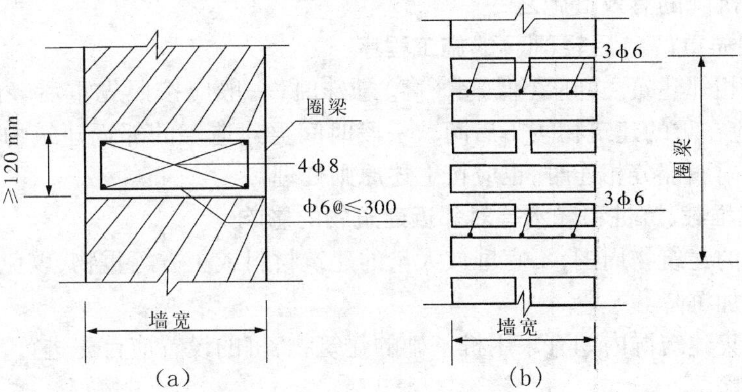

图7-39 圈梁截面示意图

(三)减少或调整基底附加压力

减少或调整基底附加压力应采取以下措施:

(1)设置地下室或半地下室,利用挖除的土重抵消(补偿)一部分甚至全部建筑物重量,以达到减少沉降的目的。

(2)改变基础底面尺寸,使上部结构荷载不同时,基础沉降量接近。

(四)采用对不均匀沉降不敏感的结构

砌体承重结构、钢筋混凝土框架结构对不均匀沉降很敏感,而排架、三铰拱(架)等铰接结构则对不均匀沉降有很大的顺从性,支座发生相对位移时不会引起很大的附加应力,故可以避免不均匀沉降的危害。铰接结构的这类结构型式通常只适用于单层的工业厂房、仓库或某些公共建筑。必须注意的是,严重的不均匀沉降仍会对这类结构的屋盖系统、围护结构、吊车梁及各种纵横联系构件造成损害,因此应采取相应的防范措施,例如避免用连续吊车梁及刚性屋面防水层。

图 7-40 是建造在软土地基上的某仓库所用的三铰门架结构，使用效果良好。

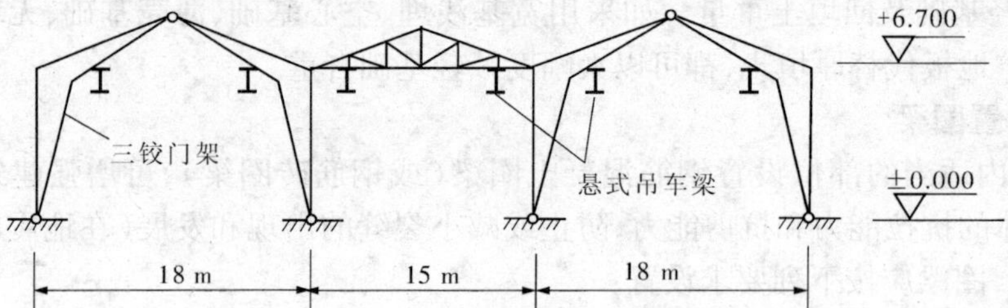

图 7-40　某仓库三铰门架结构

油罐、水池等基础底板常采用柔性底板，以便更好地顺从、适应地基的不均匀沉降。

三、施工措施

在软弱地基上进行工程建设时，采用合理的施工顺序和施工方法至关重要，这是减少或调整不均匀沉降的有效措施之一。

(一) 遵照先重(高)后轻(低)的施工程序

当拟建的相邻建筑之间轻(低)重(高)悬殊时，一般应按照先重后轻的程序进行施工，必要时还应在重的建筑物竣工后间歇一段时间再建造轻的邻近建筑物。当重的主体建筑物与轻的附属部分相连时，也应按上述原则处理。

(二) 注意堆载、沉桩和降水等对邻近建筑物的影响

在已建成的建筑物周围，不宜堆放大量的建筑材料或土方等重物，以免地面堆载引起建筑物产生附加沉降。

拟建的密集建筑群内如有采用桩基础的建筑物，桩的设置应首先进行，并应注意采用合理的沉桩顺序。

在进行降低地下水位及开挖深基坑时，应密切注意对邻近建筑物可能产生的不利影响，必要时可以采取设置节水帷幕、控制基坑变形量等措施。

(三) 注意保护坑底土体

在淤泥及淤泥质土地基上开挖基坑时，要注意尽可能不扰动土的原状结构。在雨期施工时，要避免坑底土体受雨水浸泡。通常的做法是：在坑底保留大约 200 mm 厚的原土层，待施工混凝土垫层时才用人工临时挖去。如发现坑底软土被扰动，可挖去扰动部分，用砂、碎石(砖)等回填处理。

问题：控制地基不均匀沉降危害有哪些工程措施？

小　结

浅基础是一般建筑工程常用的基础型式，而天然地基上的浅基础又因为结构简单、施

工简便、造价低，往往是工程设计中的首选。

本章的内容主要包括地基基础设计的基本规定、浅基础类型及构造、基础埋深的选择、基础底面尺寸确定、基础结构设计以及控制地基不均匀沉降的工程措施。

(1)地基基础设计的基本规定：

①各级建筑物的地基计算均应满足关于承载力计算的有关规定。

②甲级、乙级的建筑物和表 7-2 所列范围以外的丙级建筑物，均需进行地基变形验算。

③高层、高耸建筑和挡土墙以及建造在斜坡上或边坡附近的建筑物，还应验算其稳定性。

④按地基承载力确定基础底面尺寸时，传至基础底面上的荷载效应应采用正常使用极限状态下荷载效应的标准组合，相应的抗力应采用地基承载力特征值；计算地基变形时，传至基础底面上的荷载效应应采用正常使用极限状态下荷载效应的准永久组合，不应计入风荷载和地震作用，相应的极限值应为地基变形允许值；确定基础高度、基础底板配筋和验算材料强度时，上部结构传来的荷载效应组合和相应的基底反力，应采用承载能力极限状态下荷载效应的基本组合。

⑤由永久荷载效应控制的基本组合值可取标准组合值的 1.35 倍。

(2)浅基础的常见类型。

①无筋扩展基础是指砖、灰土、三合土、混凝土和毛石等材料组成的墙下条形基础或柱下独立基础。这类基础材料的抗压强度高，而抗拉强度低，不能受较大的弯矩作用，应控制基础台阶的宽高比。

②扩展基础是指柱下钢筋混凝土独立基础和墙下钢筋混凝土条形基础。该类基础材料的抗压、抗拉和抗弯性能好，故是一种应用很广泛的基础型式。

(3)浅基础的设计要点：

①根据建筑场地的工程地质勘察资料、建筑材料及施工技术资料、建筑物的使用要求和上部结构型式及荷载资料等，综合考虑选择基础类型。

②考虑建筑物用途和结构类型、基础上的作用荷载、工程地质和水文地质条件、相邻基础埋深和地基土冻胀与融陷等影响因素，选定基础埋置深度，确定地基持力层和下卧层的承载力。

③按持力层修正后的地基承载力特征值计算基础底面积，必要时还要作软弱下卧层承载力、地基变形以及地基稳定性验算。

④扩展基础的高度主要与基础的类型有关。墙下钢筋混凝土条形基础的底板高度由基础混凝土的受剪承载力确定；柱下钢筋混凝土独立基础的底板高度由基础混凝土的抗冲切承载力确定。

⑤扩展基础底板受力钢筋的最小直径不应小于 10 mm，间距不宜大于 200 mm 和小于 100 mm；墙下钢筋混凝土条形基础纵向分布钢筋直径不小于 8 mm，间距不大于 300 mm，每延米分布钢筋面积应不小于受力钢筋面积的 1/10；柱下钢筋混凝土独立基础应沿基础短边和长边双向配置受力筋。

(4)控制地基不均匀沉降的措施有建筑措施、结构措施和施工措施。

习　题

7-1　某一承重墙下条形基础，上部结构传来轴向荷载标准值 $F_k=200\ \text{kN/m}$，地基表层为素填土，层厚 1.0 m，$\gamma_1=17.5\ \text{kN/m}^3$，$f_{ak}=90\ \text{kN/m}^2$；第②层为粉质黏土，层厚 2.5 m，地下水位位于第②层层面处，$\gamma_{sat2}=19.8\ \text{kN/m}^3$，$f_{ak}=160\ \text{kN/m}^2$（$\eta_b=0.3$，$\eta_d=1.6$），$E_s=5.1$ MPa；第③层为淤泥质黏土，$\gamma_{sat3}=17.5\ \text{kN/m}^3$，$f_{ak}=100\ \text{kN/m}^2$（$\eta_b=0$，$\eta_d=1.0$），$E_s=1.7$ MPa，基础埋深 1.0 m，基底宽 1.3 m，试验算基底宽度及软弱下卧层强度。

（参考答案：基底宽度及软弱下卧层强度均满足要求）

7-2　某工厂厂房为框架结构，独立基础。作用在基础顶面的荷载标准值 $F_k=2\ 400$ kN，弯矩为 $M_k=850\ \text{kN}\cdot\text{m}$，水平力 $V_k=60$ kN。基础埋深 1.9 m，地基表层为素填土，厚度为 1.9 m，天然重度 $\gamma_1=18.0\ \text{kN/m}^3$；其下为粉质黏土层，厚度 8.6 m，$e=0.9$，$I_L=0.25$，$\gamma_2=18.5\ \text{kN/m}^3$，$f_{ak}=210$ kPa。设计基础底面尺寸。

（参考答案：$b=3.0$ m，$l=4.5$ m）

7-3　某校宿舍楼设计采用砖混结构，条形基础，墙厚 240 mm，墙基顶面荷载标准值 $F_k=180$ kN/m。地基表层为耕植土，厚 0.8 m，天然重度 $\gamma_1=17\ \text{kN/m}^3$；其下为粉质黏土，厚度较大，$f_{ak}=160$ kPa，$\gamma_{sat2}=19.6\ \text{kN/m}^3$，$e=0.75$，$I_L=0.30$；地下水位埋深 0.8 m，初定基础埋深 0.8 m。设计此无筋扩展基础。

（参考答案：$b=1.2$ m，$d=0.8$ m，基础用两种材料，上层用砖，下层用混凝土）

7-4　某承重墙厚 370 mm，承受上部结构传来的轴心荷载标准值 $F_k=330$ kN/m，基础埋深 0.8 m，室内外高差 0.3 m，修正后地基承载力特征值 $f_a=196$ kPa，基础用 C20 混凝土，配 HPB235 级钢筋。试确定基础底宽及底板高度，并计算底板钢筋面积。

（参考答案：$b=1.9$ m）

7-5　某钢筋混凝土内柱截面尺寸为 300 mm × 300 mm，作用在基础顶面的荷载标准值 $F_k=400$ kN，弯矩为 $M_k=110\ \text{kN}\cdot\text{m}$。地基表层为素填土，松散，厚 1.0 m，$\gamma=16.4\ \text{kN/m}^3$；其下为细砂，$\gamma=16.4\ \text{kN/m}^3$，$f_{ak}=140$ kPa。取基础的长宽比为 1.5，试确定基础底面尺寸并设计基础截面及配筋。

（参考答案：$b=1.6$ m，$l=2.4$ m）

第八章 桩基础与其他深基础

本章提要 当地基浅层的土质不良，采用浅基础无法满足建筑物对地基承载力和变形要求，而又不适宜采取地基处理措施时，就需要考虑采用深基础方案。深基础是指埋深较大、以地基深处的坚硬土层或岩层作为持力层的基础。深基础主要有桩基础、沉井基础、地下连续墙等几种类型。本章主要介绍工程中应用最为广泛的钢筋混凝土桩基础的设计，对其他深基础仅作简要介绍。

本章重点是桩的分类、按照静载荷试验和现行规范的经验公式确定单桩竖向承载力以及桩基础设计与计算的各项内容和方法。关于其他深基础只需作一般性的了解。

第一节 概 述

一、桩基础的适用条件

桩基础（简称桩基）通常作为荷载较大的建筑物基础，其具有承载力高、稳定性好、沉降量小而均匀、便于机械化施工、适应性强等突出特点。与其他深基础比较，桩基础的适用范围最为广泛，一般对下述情况可考虑选用桩基方案：

(1) 地基上部土层土质太差而下层土质较好，适宜的地基持力层位置较深，或荷载较大，采用浅基础或人工地基在技术上、经济上不合理；

(2) 地基软弱，采取地基加固措施不合适，地基土性质特殊，如存在可液化土层、自重湿陷性黄土、膨胀土及季节性冻土等；

(3) 不允许地基有过大沉降，上部结构对不均匀沉降敏感，或建筑物受到大面积地面超载的影响，如高层建筑物、重型工业厂房或其他重要的建筑物等；

(4) 当施工水位或地下水位较高时，采用其他基础型式施工困难，或位于水中的构筑物基础，如桥梁、码头、钻采平台等；

(5) 需要减弱其振动影响的动力机器基础，或以桩基作为地震区建筑物的抗震措施；

(6) 需要长期保存、具有重要历史意义的建筑物。

通常，当上层软弱土层很厚，桩底不能达到坚实土层时，桩基设计应考虑沉降等问题；而如果地基上部土质较坚硬，下部土质软弱，一般不宜采用桩基础。因此，在考虑桩基础是否适用时，必须根据上部结构特征与使用要求，认真分析研究建筑场地的工程地质与水文地质条件，考虑不同桩基类型特点和施工环境条件，经多方面比较，精心设计，才能使所选基础类型发挥出最佳效益。

二、桩基础的类型

根据承台与地面相对位置的高低，桩基础可分为低承台桩基础和高承台桩基础，如

图 8-1 所示。

低承台桩基础的承台底面位于地面以下，其受力性能好，具有较强的抵抗水平荷载能力，在工业与民用建筑中，几乎都使用低承台桩基，而且大多采用竖直桩。

高承台桩基础的承台底面位于地面以上，且常处于水下，水平受力性能差，但可避免水下施工及节省基础材料，多用于桥梁工程及港口工程，且较多采用斜桩，以承受较大的水平荷载。

如果承台下只有一根桩的桩基础称为单桩基础；而承台下有两根或两根以上桩数组成的桩基础称为群桩基础，群桩基础中的单桩称为基桩。

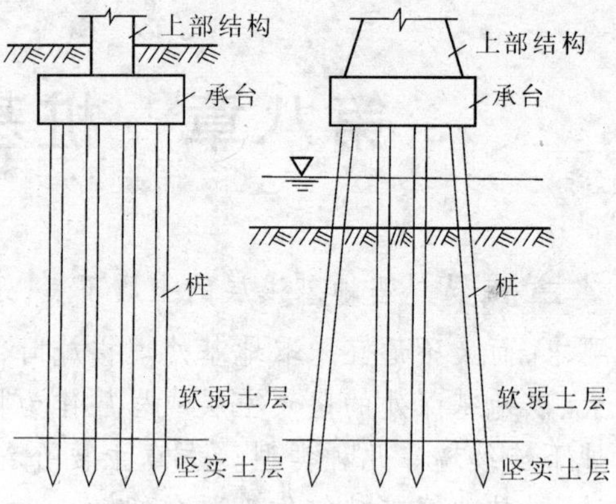

(a)低承台桩基础　(b)高承台桩基础

图 8-1　桩基础示意图

三、桩基设计原则

桩基是由桩、土和承台共同组成的基础，设计时应结合地区经验考虑桩、土、承台的共同作用。由于相应于地基破坏时的桩基极限承载力甚高，同时桩基承载力的取值在一定范围内取决于桩基变形量控制值的大小，也就是说，大多数桩基的首要问题在于控制其沉降量。因此，桩基设计应按变形控制设计。

桩基设计时，上部结构传至承台上的荷载效应组合与浅基础相同。桩基设计应满足下列基本条件：

(1)单桩承受的竖向荷载不宜超过单桩竖向承载力特征值；

(2)桩基础的沉降不得超过建筑物的沉降允许值；

(3)对位于坡地岸边的桩基应进行桩基稳定性验算。

此外，对于软土、湿陷性黄土、膨胀土、季节性冻土和岩溶等地区的桩基，应按有关规范的规定考虑特殊性土对桩基的影响，并在桩基设计中采取有效措施。

四、桩基设计内容

桩基设计包括下列基本内容：

(1)桩的类型和几何尺寸的选择；

(2)单桩竖向(和水平向)承载力的确定；

(3)确定桩的数量、间距和平面布置；

(4)桩基承载力和沉降验算；

(5)桩身结构设计；

(6)承台设计；

(7)绘制桩基施工图。

问题：(1)什么情况可考虑采用桩基础方案？桩基础有哪些类型？

(2)桩基设计应满足哪些基本条件？其设计包括哪些主要内容？

第二节　桩的分类

一、按施工方法分类

根据施工方法的不同，桩可分为预制桩和灌注桩两大类。

（一）预制桩

根据所用材料的不同，预制桩可分为混凝土预制桩、钢桩和木桩三类。目前木桩在工程中已很少使用，这里主要介绍混凝土预制桩和钢桩。

1. 混凝土预制桩

混凝土预制桩，多为钢筋混凝土预制桩，其横截面有方、圆等多种形状，一般普通实心方桩的截面边长为300～500 mm。混凝土预制桩可以在工厂加工，也可以在现场预制。现场预制桩的长度一般为25～30 m；工厂预制时分节长度一般不超过12 m，沉桩时在现场连接到所需桩长。分节接头应保证质量以满足桩身承受轴力、弯矩和剪力的要求，通常可用钢板、角钢焊接，并涂以沥青以防腐蚀，也可采用钢板垂直插头加水平销连接，其施工快捷，不影响桩的强度和承载力。

混凝土预制桩的配筋主要受起吊、运输、吊立和沉桩等各阶段的应力控制，其用钢量较大。为了减少混凝土预制桩的钢筋用量、提高桩的承载力和抗裂性，可采用预应力混凝土桩。

预应力混凝土管桩（见图8-2）采用先张法预应力工艺和离心型法制作。经高压蒸汽养护生产的为预应力高强度混凝土管桩（代号为PHC桩），其桩身混凝土强度等级≥C80；未经高压蒸汽养护生产的为预应力混凝土管桩（代号为PC桩），其桩身混凝土强度等级为C60～C80。建筑工程中常用的PHC桩与PC管桩的外径为300～600 mm，分节长度为7～13 m，沉桩时桩节处通过焊接端头板接长，桩的下端设置十字形桩尖、圆锥形桩尖或开口形桩尖，如图8-3所示。

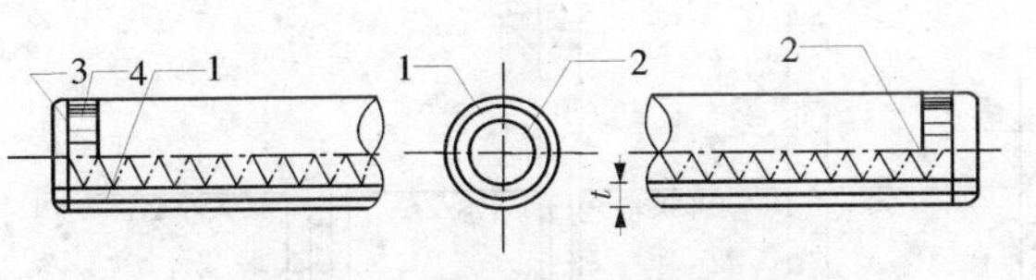

图8-2　预应力混凝土管桩

1—预应力钢筋；2—螺旋箍筋；3—端头板；4—钢套筋；t—壁厚

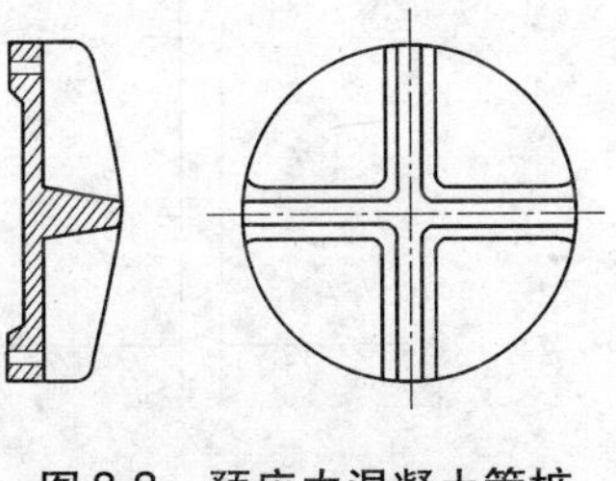

图8-3　预应力混凝土管桩的封口十字刃钢桩尖

2. 钢桩

工程中常用的钢桩有H型钢桩以及下端开口或闭口的钢管桩等。H型钢桩的横截面大都呈正方形，截面尺寸为200 mm×200 mm～360 mm×410 mm，翼缘和腹板的厚度为9～20 mm。H型钢桩贯入各种土层的能力强，对桩周土的扰动也较小，但其横截面面积较小，桩端阻力不高。钢管桩的直径一般为400～3 000 mm，壁厚6～50 mm。端部开口的钢管桩易于打入（沉桩困难时，可在管内取土以助沉），但桩端阻力比闭口的钢管桩小。

钢管的穿透能力强，自重轻，锤击沉桩的效果好，承载力高，无论起吊、运输或是沉桩、接桩都很方便。但钢桩耗钢量大，成本高，抗腐蚀性能较差，须做表面防腐蚀处理，目前只在少数重要工程中使用，如上海宝钢工程就采用了直径914.4 mm、壁厚16 mm、长61 m等几种规格的钢管桩。

预制桩的沉桩方法主要有锤击法、振动法和静压法等。

1）锤击法沉桩

锤击法沉桩是用桩锤（或辅以高压射水）将桩击入地基中的施工方法，适用于松散的碎石土（不含大卵石或漂石）、砂土、粉土以及可塑状态的黏性土地基。锤击法沉桩噪声大，且存在有振动和地层扰动等问题，在城市建设中应考虑其对环境的影响。

2）振动法沉桩

振动法沉桩是采用振动锤进行沉桩的施工方法，适用于砂土和可塑状态的黏性土地基，对受振动时土的抗剪强度有较大降低的砂土地基和自重不大的钢桩，沉桩效果更好。

3）静压法沉桩

静压法沉桩是采用静力压桩机将桩压入地基中的施工方法。静压法沉桩具有无噪声、无振动、无冲击力、施工应力小、桩顶不易损坏和沉桩精度较高等优点。但较长桩分节压入时，接头较多会影响压桩的效果。

（二）灌注桩

灌注桩是直接在所设计桩位处成孔，然后在孔内加放钢筋笼（也有直接插筋或省去钢筋的），再浇灌混凝土而成的桩。灌注桩横截面呈圆形，可以做成大直径和扩底桩，保证灌注桩承载力的关键在于桩身的成型及混凝土质量。灌注桩适用于各类地基土，通常可分为以下几种类型。

1. 沉管灌注桩

利用锤击或振动等方法沉管成孔，然后浇灌混凝土，拔出套管，其施工程序如图8-4所示。

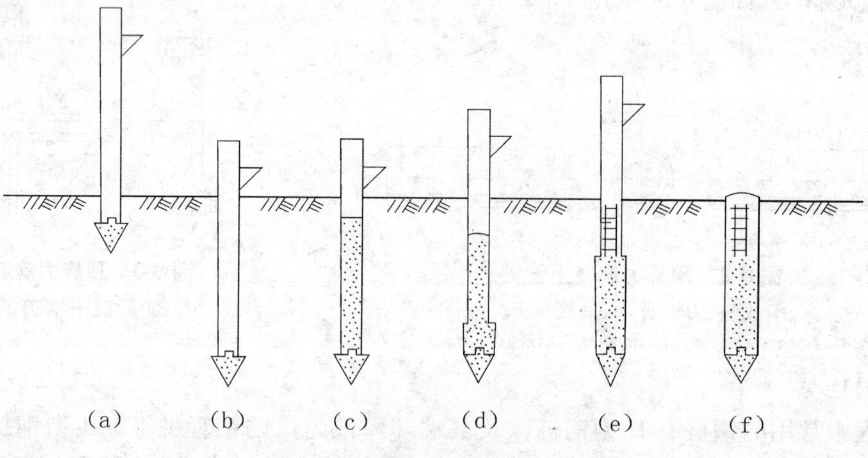

图8-4　沉管灌注桩的施工程序

（a）打桩机就位；（b）沉管；（c）浇灌混凝土；（d）边拔管边振动；（e）安放钢筋笼，继续浇灌混凝土；（f）成型利用锤击或振动等方法沉管成孔一般可分为单打法、复打法（浇灌混凝土并拔管后，立即在原位再次沉管及浇灌混凝土）和反插法（灌满混凝土后，先振动再拔管，一般拔 0.5～1.0 m，再反插 0.3～0.5 m）三种。复打后的桩横截面面积增大，承载力提高，但其造价也相应提高。

振动沉管灌注桩的钢管底端带有活瓣桩尖（沉管时桩尖闭合，拔管时活瓣张开以便浇灌混凝土），或套上预制混凝土桩尖。桩径一般为 400～500 mm，常用振动锤的振动力为 70 kN、100 kN 和 160 kN。在黏性土中，其沉管穿透能力比锤击沉管灌注桩稍差，承载力也比锤击沉管灌注桩要低。

锤击沉管灌注桩的常用桩径（预制桩尖的直径）为 300～500 mm，桩长常在 20 m 以内，可打至硬塑黏土层或中、粗砂层。其优点是设备简单、打桩进度快、成本低。但在软、硬土层交界处或软弱土层处易发生缩颈（桩身截面局部缩小）现象，此时通常可放慢拔管速度，加大灌注管内混凝土量。此外，也可能由于邻桩挤压或其他振动作用等各种原因使土体上隆，引起桩身受拉而出现断桩现象；或出现局部夹土、混凝土离析及强度不足等质量事故。

2. 钻（冲）孔灌注桩

钻（冲）孔灌注桩用钻（冲）孔机具（如螺旋钻、振动钻、冲抓锥钻、旋转水冲钻等）钻土成孔，然后清除孔底残渣，安放钢筋笼，浇灌混凝土。钻孔灌注桩的施工设备简单，操作方便，适用于各种黏性土、砂性土，也适用于碎石、卵石类土和岩层。有的钻机成孔后，可撑开钻头的扩孔刀刃使之旋转切土扩大桩孔，浇灌混凝土后在底端形成扩大桩端，但扩底直径不宜大于 3 倍桩身直径。

钻（冲）孔灌注桩的最大优点是入土深，能进入岩层，刚度大，承载力高，桩身变形小，并可方便地进行水下施工。钻孔灌注桩在我国公路桥梁的设计与施工中的应用十分广泛，目前国内钻孔灌注桩多用泥浆护壁，施工时泥浆水面应高出地下水面 1 m 以上，清孔后在水下浇灌混凝土，其施工程序如图 8-5 所示。

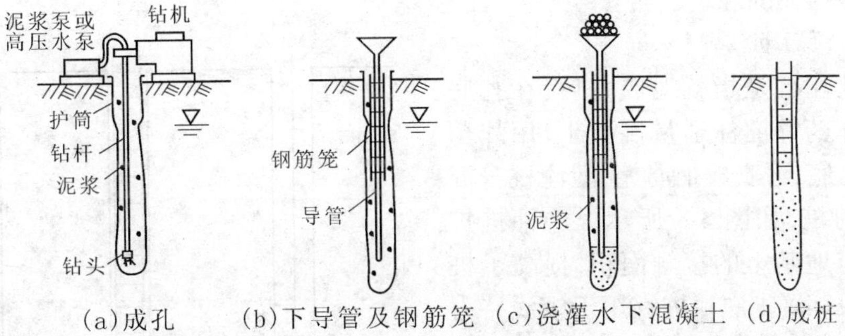

图 8-5　钻孔灌注桩施工程序

3. 挖孔桩

挖孔桩是采用人工或机械挖掘成孔，逐段边开挖边支护，达所需深度后再进行扩孔、安装钢筋笼及浇灌混凝土而成的，如图 8-6 所示。挖孔桩一般内径应≥800 mm，开挖直径≥1 000 mm，护壁厚≥100 mm；为防止塌孔，每挖约 1 m 深，制作一节混凝土护壁，护壁呈斜阶形,每节高 500 ~ 1 000 mm,可用混凝土浇筑或砖砌筑。挖孔桩身长度宜限制在 40 m 以内。挖孔桩端部分可以形成扩大头,以提高承载能力,但限制扩头端直径与桩身直径之比 $D/d \leqslant 3.0$。

扩底变径尺寸一般按 $b/h = 1/3 \sim 1/2$(砂土取 1/3,粉土、黏性土和岩层取 1/2)的要求进行控制。扩底部分可分为平底和弧底两种:平底加宽部分的直壁段高 h_1 宜为 300 ~ 500 mm,且 $(h + h_1) > 1\ 000$ mm;弧底的矢高 h_1 取 $(0.10 \sim 0.15)D$,如图 8-7 所示。

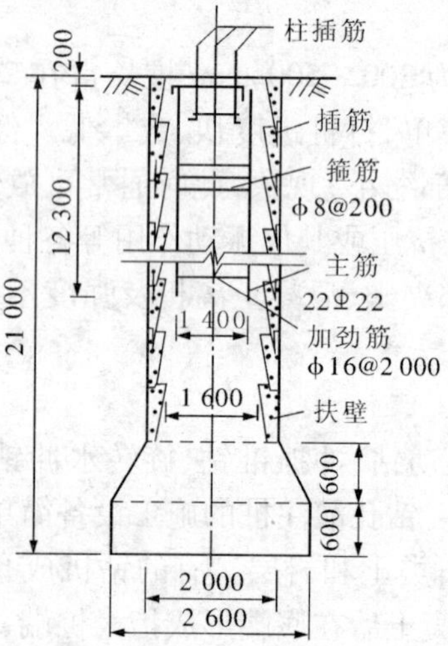

图 8-6 人工挖孔桩示例 (单位:mm)

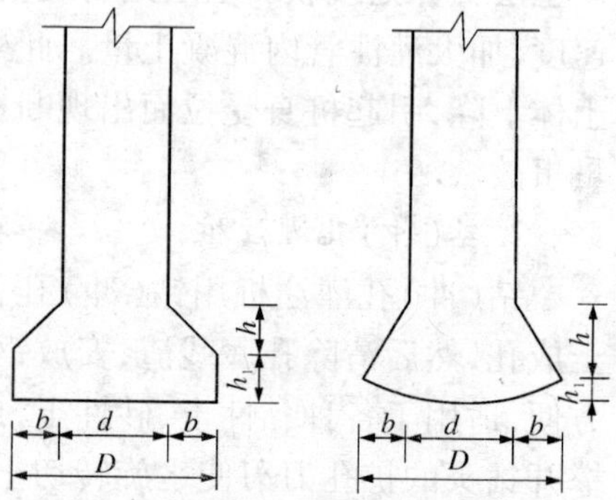

图 8-7 扩底桩构造

挖孔桩的优点是可直接观察地层情况,孔底易清除干净,设备简单,噪音小,场区内各桩可同时施工,且桩径大、适应性强,比较经济。缺点是桩孔内空间狭小、劳动条件差,可能遇到流砂、塌孔、缺氧、有害气体、触电等危险,易造成安全事故。因此,施工时应严格执行有关安全操作的规定。

4. *爆扩灌注桩*

爆扩灌注桩是指就地成孔后,在孔底放入适量炸药并灌注适量混凝土,用炸药爆炸扩大孔底,再安放钢筋笼,灌注桩身混凝土而成的桩,如图 8-8 所示。这种桩扩大了桩底与地基土的接触面积,提高了桩的承载能力。爆扩灌注桩宜用于较浅持力层,以在黏土中成型并支承在坚硬密实土层上为最理想的采用条件。爆扩灌注桩宜用于较浅持力层,最适宜在黏土中成型并支承在坚硬密实土层上的情况。

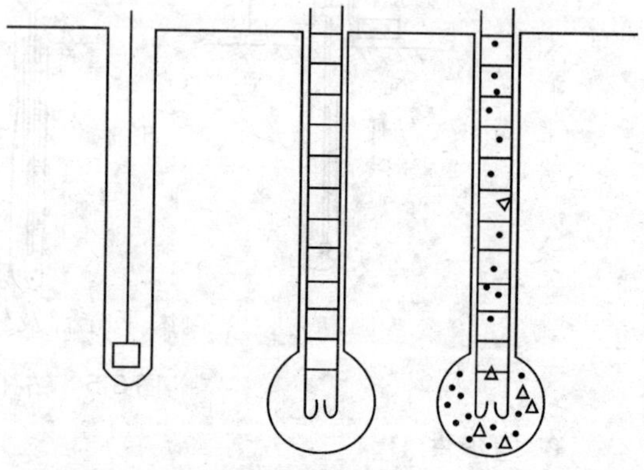

(a)成孔下放药包　(b)爆扩后放钢筋笼　(c)灌注成型

图 8-8 爆扩灌注桩

我国常用灌注桩的适用范围见表 8-1。

表 8-1　我国常用灌注桩的适用范围

成孔方法		适用范围
泥浆护壁成孔	冲抓 冲击　600 ~ 1 500 mm 回转钻　400 ~ 3 000 mm	碎石类土、砂类土、黏性土及风化岩。冲击成孔的，进入中等风化和微风化岩层的速度比回转钻快，深度可达 50 m
	潜水钻　450 ~ 3 000 mm	黏性土、淤泥、淤泥质土及砂土，深度可达 80 m
干作业成孔	螺旋钻　300 ~ 1 500 mm	地下水位以上的黏性土、粉土、砂类土及人工填土，深度可达 30 m
	钻孔扩底，底部直径可达 1 200 mm	地下水位以上坚硬、硬塑的黏性土及中密以上的砂类土，深度在 15 m 内
	机动洛阳铲　270 ~ 500 mm	地下水位以上的黏性土、黄土及人工填土，深度在 20 m 内
	人工挖孔　800 ~ 3 500 mm	地下水位以上的黏性土、黄土及人工填土，深度在 25 m 内
沉管成孔	锤击　320 ~ 800 mm	硬塑黏性土、粉土、砂类土，直径 600 mm 以上的可达强风化岩，深度可达 20 ~ 30 m
	振动　300 ~ 500 mm	可塑的黏性土、中细砂，深度可达 20 m
爆扩成孔，底部直径可达 800 mm		地下水位以上的黏性土、黄土及人工填土

问题：(1)预制桩有哪些沉桩方法？

(2)灌注桩有哪些主要类型？各自适用于什么范围？

二、按荷载传递方式分类

桩按荷载传递方式可分为端承型桩和摩擦型桩两大类，如图 8-9 所示。

(一)端承型桩

端承型桩是指桩顶竖向荷载全部或主要由桩端阻力承受的桩。根据桩端阻力分担荷载的比例，又可分为端承桩和摩擦端承桩两类。

1. 端承桩

端承桩是指桩顶竖向荷载绝大部分由桩端阻力承担，桩侧阻力可忽略不计的桩。当桩的长径比较小(一般 $l/d \leqslant 10$)，桩身穿越软弱土层，桩端设置在密实砂类、碎石类土层中或位于中等风化、微风化及新鲜岩石顶面(即入岩深度 $h_r \leqslant 0.5d$)时，桩顶竖向荷载绝大部分由桩端阻力承担，桩侧阻力可忽略不计。

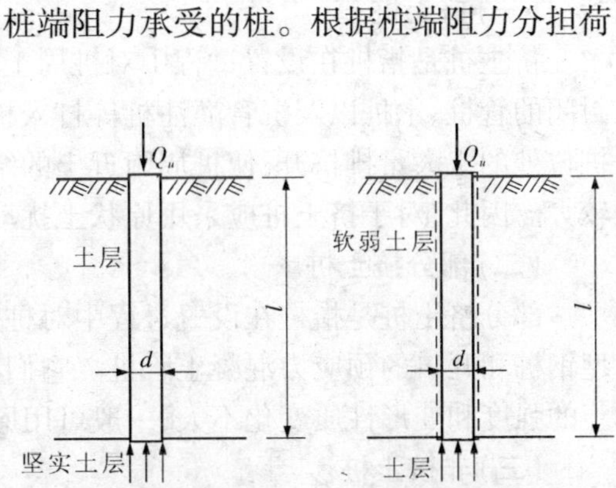

(a)端承型桩　　(b)摩擦型桩

图 8-9　桩按荷载传递方式分类

2. 摩擦端承桩

摩擦端承桩是指桩顶竖向荷载由桩侧阻

力和桩端阻力共同承担,但桩端阻力分担荷载较大的桩。通常桩端进入中密以上的砂类、碎石类土层,或位于中等风化、微风化及新鲜基岩顶面。这类桩的桩侧阻力虽属次要,但不可忽略,属于摩擦端承桩。

此外,当桩端嵌入完整和较完整的中等风化、微风化及新鲜硬质岩石一定深度($h_r>0.5d$)时,称为嵌岩桩。对于嵌岩桩,桩侧和桩端分担荷载的比例与孔底沉渣及进入基岩的深度有关,桩的长径比不是制约荷载分担的唯一因素。

(二)摩擦型桩

摩擦型桩是指桩顶竖向荷载全部或主要由桩侧阻力承受的桩。根据桩侧阻力分担荷载的比例,摩擦型桩又分为摩擦桩和端承摩擦桩两类。

1. 摩擦桩

摩擦桩是指桩顶竖向荷载绝大部分由桩侧阻力承担,桩端阻力可忽略不计的桩。例如:①桩长径比很大,桩顶荷载只通过桩身压缩产生的桩侧阻力传递给桩周土,桩端土层分担荷载很小;②桩端下无较坚实的持力层;③桩底残留虚土或沉渣的灌注桩;④桩端出现脱空的打入桩等。

2. 端承摩擦桩

端承摩擦桩是指桩顶竖向荷载由桩侧阻力和桩端阻力共同承担,但桩侧阻力分担荷载较大的桩。当桩的长径比不很大,桩端持力层为较坚实的黏性土、粉土和砂类土时,除桩侧阻力外,还有一定的桩端阻力。这类桩所占比例很大。

问题:端承桩、摩擦端承桩、摩擦桩和端承摩擦桩各有什么特点?

三、按设置效应分类

桩的设置方法(打入或钻孔成桩等)不同,桩周土受到的排挤作用也不同。排挤作用将使土的天然结构、应力状态和性质发生很大变化,从而影响桩的承载力,这些影响统称为桩的设置效应。根据设置效应,桩可分为挤土桩、部分挤土桩和非挤土桩三种类型。

(一)挤土桩

挤土桩是指桩在设置过程中对桩周土体有明显排挤作用的桩,如实心的预制桩、下端封闭的管桩、木桩以及沉管灌注桩等打入桩。它们在锤击、振动贯入或压入过程中,都将桩位处的土大量排挤开,使桩周附近土的结构严重扰动破坏,对土的强度和变形性质影响较大。因此,对于挤土桩应采用原状土扰动后再恢复的强度指标来估算桩的承载力。

(二)部分挤土桩

部分挤土桩是指桩在设置过程中对桩周土体稍有排挤作用的桩,如开口的钢管桩、H型钢桩和开口的预应力混凝土管桩。它们在设置过程中都对桩周土体稍有排挤作用,但土的强度和变形性质变化不大,一般可用原状土测得的强度指标估算桩的承载力。

(三)非挤土桩

非挤土桩是指桩在设置过程中对桩周土体无排挤作用的桩,如钻(冲或挖)孔灌注桩及先钻孔后再打入的预制桩。它们在设置过程中都将与桩体积相同的土体挖出,因而设桩时桩周土不但没有受到排挤,相反可能因桩周土向桩孔内移动而使土的抗剪强度降低,桩的侧阻力也会有所降低。

问题：桩按设置效应有哪些类型？各有什么特点？

第三节　桩的承载力

一、单桩竖向承载力

单桩承载力是指单桩在外荷载作用下，不丧失稳定性、不产生过大变形时的承载能力。确定单桩承载力是桩基础设计的最基本内容，单桩在竖向荷载作用下达到破坏状态前或出现不适于继续承载的变形时所对应的最大荷载，称为单桩竖向极限承载力。在设计时，不应使桩在极限状态下工作，必须有一定的安全储备。

单桩竖向承载力的确定取决于两方面：一是桩身材料强度，二是地层的支承力。设计时分别按这两方面确定后取其中的小值。如按桩的载荷试验确定，则已兼顾到这两方面。

按材料强度计算低承台桩基的单桩承载力时，可把单桩看成轴心受压杆件，而且不考虑纵向压屈的影响（取纵向弯曲系数为 1），这是由于桩周存在土的约束作用。对于通过很厚的软黏土层而支承在岩层上的端承型桩或承台底面以下存在可液化土层的桩以及高承台桩基，则应考虑压屈影响。

单桩竖向极限承载力 Q_u 由桩侧总极限摩阻力 Q_{su} 和桩端总极限阻力 Q_{bu} 组成，若忽略两者间的相互影响，可表达为：

$$Q_u = Q_{su} + Q_{bu} \tag{8-1}$$

以单桩竖向极限承载力 Q_u 除以安全系数 K 即得单桩竖向承载力特征值 R_a：

$$R_a = \frac{Q_u}{K} = \frac{Q_{su}}{K_s} + \frac{Q_{bu}}{K_p} \tag{8-2}$$

通常取 $K=2$，分项安全系数 K_s、K_p 的大小与桩型、桩侧与桩端土的性质、桩的长径比、成桩工艺及质量等诸多因素有关，因此国家标准《建筑地基基础设计规范》（GB 50007—2002）仍采用单一安全系数 K 来确定竖向承载力。

（一）按静载荷试验方法确定

静载荷试验是评价单桩承载力最为直观和可靠的方法，其除了考虑到地基土的支承能力外，还计入了桩身材料强度对承载力的影响。在同一条件下，进行静载荷试验的桩数不宜少于总数的 1%，并不应少于 3 根。

挤土桩在设置后须隔一段时间才开始静载荷试验。这是因为打桩时土中产生的孔隙水压力有待消散，土体因打桩扰动而降低的强度有待随时间逐渐恢复，因此为了使试验能真实反映桩的承载力，要求在桩身强度满足设计要求的前提下，预制桩在砂类土中间歇时间不少于 7 d，在粉土和黏性土中不少于 15 d，在饱和黏性土中不少于 25 d。灌注桩应在桩身混凝土达到设计强度后才能进行。

试验装置主要由加荷稳压、提供反力和沉降观测三部分组成，如图 8-10 所示。桩顶的油压千斤顶对桩顶施加压力，千斤顶的反力由锚桩（见图8-10(a)）或压重平台上的重物来平衡（见图8-10(b)）。安装在基准梁上的百分表或电子位移计用于量测桩顶的沉降。

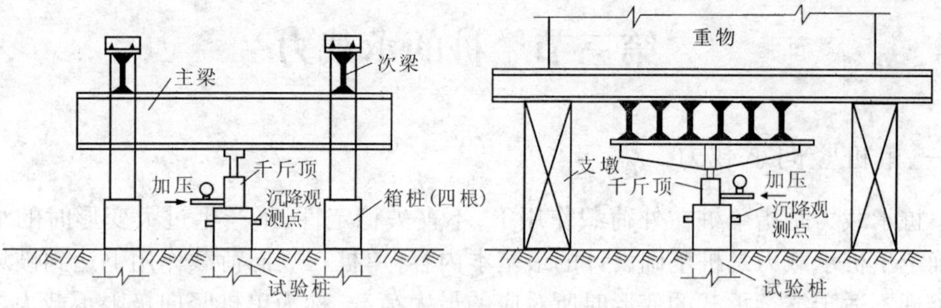

(a)锚桩横梁反力装置　　(b)压重平台反力装置

图8-10　单桩静载荷试验的加载装置

根据试验记录，可绘制各种试验曲线，如荷载—桩顶沉降曲线（$Q \sim s$ 曲线）（见图8-11(a)）和沉降—时间对数曲线（$s \sim \lg t$ 曲线）（见图8-11(b)），并由曲线确定桩的极限承载力。关于单桩竖向静载荷试验方法详见《建筑地基基础设计规范》(GB 50007—2002)。

单桩竖向静载荷试验的极限承载力必须进行统计，计算参加统计的极限承载力的平均值，当满足极差不超过平均值的30%时，可取其平均值为单桩竖向极限承载力 Q_u；当极差超过平均值的30%时，宜增加试桩数并分析极差过大的原因，结合工程具体情况确定单桩竖向极限承载力 Q_u。将单桩竖向极限承载力 Q_u 除以安全系数2，作为单桩竖向承载力特征值 R_a。

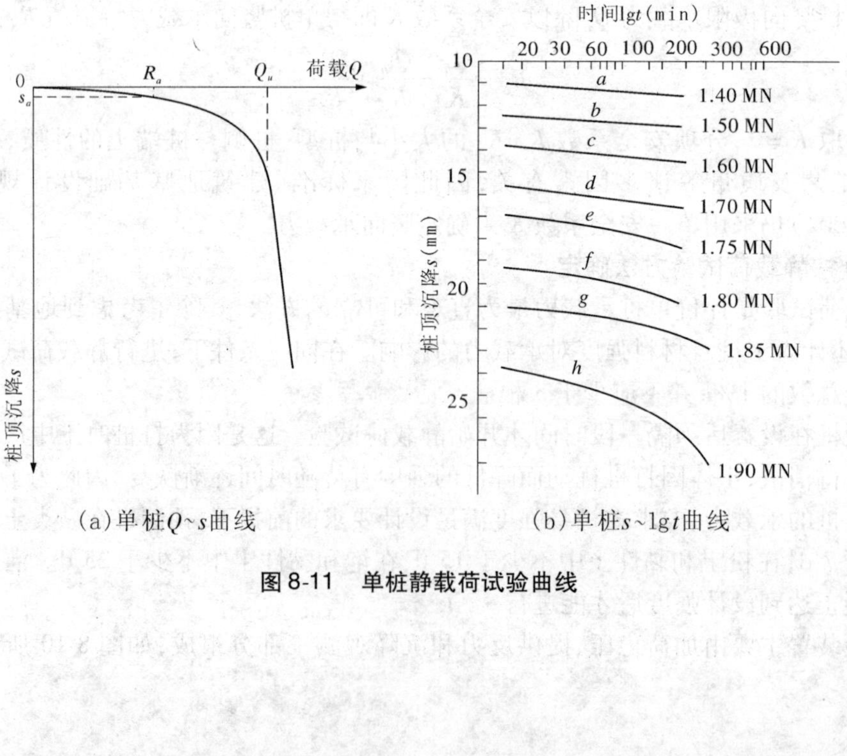

(a)单桩$Q \sim s$曲线　　(b)单桩$s \sim \lg t$曲线

图8-11　单桩静载荷试验曲线

（二）按土的抗剪强度指标确定

以土力学原理为基础的单桩极限承载力公式在国内外广泛采用。这类公式在土的抗剪强度指标的取值上考虑了理论公式所无法概括的某些因素，如土的类别和排水条件、桩的类型和设置效应等，因此仍带有经验性。

单桩承载力的一般表达式如下。

单桩竖向极限承载力 Q_u 等于桩侧总极限摩阻力与桩端总极限阻力之和，减去桩的自重 G，即：

$$Q_u = \int_0^l u_p(c_a + K_s\sigma_v\tan\varphi_a)\mathrm{d}z + (\zeta_c cN_c^* + \zeta_q\gamma hN_q^*)A_p - G \tag{8-3}$$

式中 u_p——桩身周边长度；

c_a——桩侧表面与土之间的附着力；

φ_a——桩侧表面与土之间的摩擦角；

K_s——桩侧土的侧压力系数；

σ_v——桩侧土的竖向应力；

ζ_c,ζ_q——桩端的形状系数；

c——土的黏聚力；

γ——桩端平面以上土的重度；

N_c^*,N_q^*——条形基础无量纲的承载力因数，仅与土的内摩擦角有关；

h——桩的入土深度；

A_p——桩端横截面面积。

单桩竖向承载力特征值 R_a 为 Q_u 除以安全系数 K。

（三）按规范经验公式法确定单桩竖向承载力特征值

按本节方法确定单桩竖向承载力特征值时，只考虑了土（岩）对桩的支承阻力，而尚未考虑桩身的材料强度。

现行《建筑地基基础设计规范》（GB 50007—2002）规定，单桩竖向承载力特征值应通过单桩竖向静载荷试验确定，对地基基础设计等级为丙级的建筑物，可采用静力触探试验及标贯试验方法确定。初步设计时，单桩竖向承载力特征值可按式(8-4)估算，即：

$$R_a = u_p\sum q_{sia}l_i + q_{pa}A_p \tag{8-4}$$

式中 R_a——单桩竖向承载力特征值；

q_{sia},q_{pa}——桩端端阻力、桩侧侧阻力特征值，由当地静载荷试验结果统计分析可得；

u_p——桩身周边长度；

l_i——第 i 层岩土的厚度；

A_p——桩端横截面面积。

当桩端嵌入完整或较完整的硬质岩中时，单桩竖向承载力特征值可按式(8-5)估算，即：

$$R_a = q_{pa}A_p \tag{8-5}$$

式中 q_{pa}——桩端岩石承载力特征值，可根据岩基静载荷试验方法确定；

其余符号意义同前。

问题：单桩竖向承载力的确定方法有哪些？

二、单桩水平承载力

在水平荷载和弯矩作用下，桩身发生挠曲变形，并挤压桩侧土体，土体则对桩侧产生水平抗力，其大小和分布与桩的变形、土质条件以及桩的入土深度等因素有关。在出现破坏以前，桩身的水平位移与土的变形是协调的，相应地桩身产生内力。随着位移和内力的增大，对于低配筋率的灌注桩而言，通常桩身首先出现裂缝，然后断裂破坏；对于抗弯性能好的混凝土预制桩，桩身虽未断裂，但桩侧土体明显开裂和隆起，桩的水平位移将超出建筑物容许变形值，使桩处于破坏状态。

影响桩水平承载力的因素很多，如桩的断面尺寸、刚度、材料强度、入土深度、间距、桩顶嵌固程度以及土质条件和上部结构的水平位移容许值等。实践证明，桩的水平承载力远比竖向承载力要低。

确定单桩水平承载力的方法，以水平静载荷试验最能反映实际情况，所得到的承载力和地基土水平抗力系数最符合实际情况，若预先埋设量测元件，还能反映出加荷过程中桩身截面的内力和位移。此外，也可采用理论计算，根据桩顶水平位移容许值，或材料强度、抗裂度验算等确定，还可参照当地经验加以确定。

关于单桩水平承载力的具体确定方法，可参考其他教材。

三、桩的负摩阻力

在桩顶竖向荷载作用下，当桩相对于桩侧土体向下位移时，土对桩产生向上作用的摩阻力，称为正摩阻力。但是，当桩侧土体因某些原因而下沉，且其下沉量大于桩的沉降（桩侧土体相对于桩向下位移）时，土对桩产生向下作用的摩阻力，称为负摩阻力。

产生负摩阻力的情况有多种，例如：

（1）位于桩周欠固结的软黏土或新填土在重力作用下产生固结；

（2）在正常固结或弱超固结的软黏土地区，由于地下水位全面下降，致使有效应力增加，因而引起大面积沉降；

（3）自重湿陷性黄土浸水后产生湿陷；

（4）地面因打桩时孔隙水压力剧增而隆起，其后孔压消散而固结下沉等。

桩侧负摩阻力的存在相当于在桩上加了一个外荷载，必然会导致桩的承载力降低、桩基沉降加大。

四、群桩竖向承载力

由两根以上桩组成的桩基称为群桩基础。在竖向荷载作用下，由于承台、桩、土相互作用，群桩基础中的一根桩单独受荷时的承载力和沉降性状，往往与相同地质条件和设置方法的同样独立单桩有显著差别，这种现象称为群桩效应。因此，群桩基础的承载力 Q_g 不等于其中各根单桩的承载力之和 $\sum Q_i$。通常用群桩效应系数 $\eta(\eta = Q_g / \sum Q_i)$ 来衡量群桩基础中各根单桩的平均承载力比独立单桩降低（$\eta < 1$）或提高（$\eta > 1$）的幅度。

由摩擦型桩组成的低承台群桩基础，当其承受竖向荷载而沉降时，承台底必产生土反力，从而分担了一部分荷载，使桩基承载力随之提高。但低承台群桩基础建成后，对于承台底面与基土脱开的情况，一般都不考虑承台贴地时承台底土阻力对桩基承载力的贡献。如沉入挤土桩的桩周土体因孔隙水压力剧增所引起的隆起、在承台修筑后孔压继续消散而固结下沉，车辆频繁行驶振动，以及可能产生桩周负摩阻力的各种情况都可引起承台底面与基土脱开。

(一)端承型群桩基础

端承型桩基的桩底持力层刚硬，桩端贯入变形较小，由桩身压缩引起的桩顶沉降也不大，因而承台底面土反力(接触应力)很小。这样，桩顶荷载基本上集中通过桩端传给桩底持力层，并近似地按某一压力扩散角 α 向下扩散(见图 8-12)，且在距桩底深度为 $h=(s-d)/(2\tan\alpha)$ 之下产生应力重叠，但并不足以引起坚实持力层明显的附加变形。因此，端承型群桩基础中各根单桩的工作性状接近于独立单桩，群桩基础承载力等于各根单桩承载力之和，群桩效应系数 $\eta=1$。

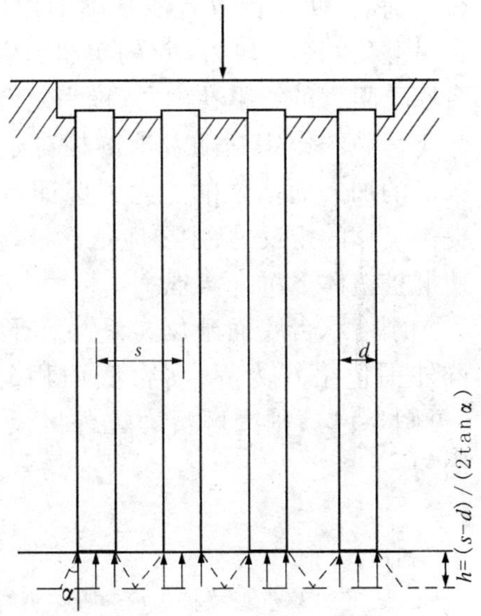

图 8-12 端承型群桩基础

(二)摩擦型群桩基础

1. 承台底面脱地的情况(非复合桩基)

假设承台底面脱地的群桩基础中的各桩均匀受荷(见图 8-13)。如同独立单桩那样，桩顶荷载 Q 主要通过桩侧阻力引起压力扩散角 α 范围内桩周土中的附加应力。各桩在桩端平面附加应力分布面积的直径为 $D=d+2l\tan\alpha$。当桩距 $s<D$ 时，群桩桩端平面上的应力因各邻桩桩周扩散应力的相互叠加而增大(如图 8-13(b)中虚

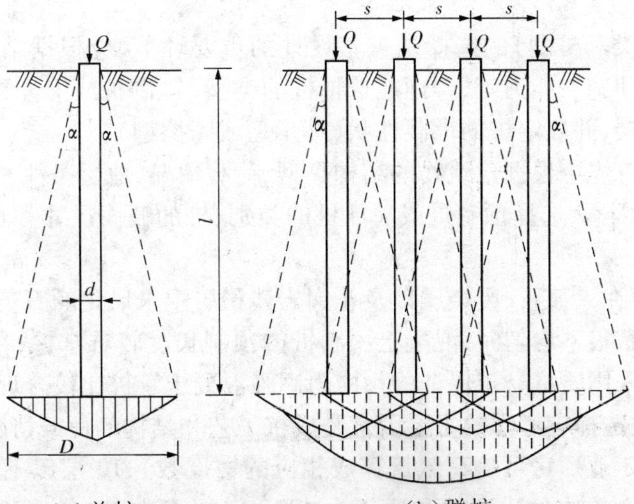

图 8-13 摩擦型桩的桩顶荷载通过侧阻力扩散形成的桩端平面压力分布

线所示)。所以,摩擦型群桩的沉降大于独立单桩。摩擦型群桩基础的荷载—沉降曲线属缓变型,群桩效应系数可能小于1,也可能大于1。

2. 承台底面贴地的情况(复合桩基)

承台底面贴地的桩基,除了呈现承台脱地情况下的各种群桩效应外,还通过承台底面土反力分担桩基荷载,使承台兼有浅基础的作用,而被称为复合桩基(见图8-14)。它的单桩,因承载力含有承台底土阻力的贡献在内,特称为复合单桩。承台底分担荷载的作用是随着桩群相对于基土向下位移幅度的加大而增强的。为了保证台底经常贴地并提供足够的土反力,主要应依靠桩端贯入持力层促使群桩整体下沉来实现。

刚性承台底面土反力呈马鞍形分布。如以桩群外围包络线为界,将台底面积分为内、外两区(见图8-14),则内区反力比外区反力小而且比较均匀。

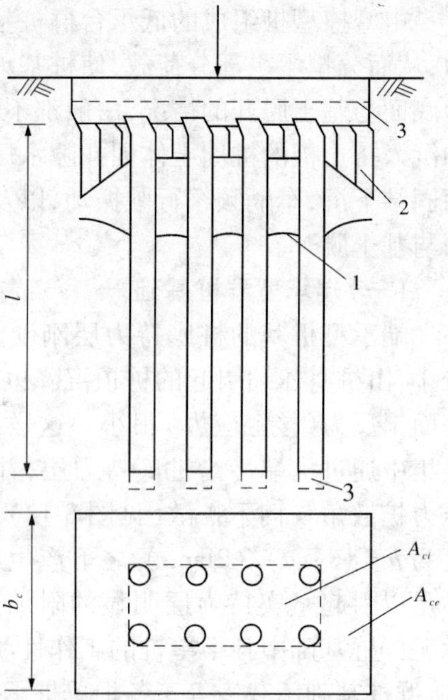

图8-14 复合桩基

1—台底土反力;2—上层土位移;
3—桩端贯入、桩基整体下沉

问题:(1)什么是群桩效应?

(2)端承型群桩基础和摩擦型群桩基础的群桩效应有何不同?

第四节 桩基础设计

一、桩的类型及几何尺寸的选择

桩的类型(桩类和桩型)的选择是桩基设计的重要环节,应根据结构类型及层数、荷载情况、地层条件和施工能力等,合理地选择桩的类型(预制桩或灌注桩)、桩的截面尺寸和长度、桩端持力层,并确定桩的承载性状(端承型或摩擦型)。

桩基设计时,首先应根据建筑物的结构类型、荷载情况、地层条件、施工能力及环境限制(噪音、振动)等因素,选择预制桩或灌注桩的类别、桩的截面尺寸和长度以及桩端持力层等。

一般当土中存在大孤石、废金属以及花岗岩残积层中未风化的石英脉时,预制桩将难以穿越;当土层分布很不均匀时,混凝土预制桩的预制长度较难掌握;在场地土层分布比较均匀的条件下,采用质量易于保证的预应力高强混凝土管桩比较合理。

桩的截面尺寸选择应考虑的主要因素是成桩工艺和结构的荷载情况。从楼层数和荷载大小来看(如为工业厂房可将荷载折算成相应的楼层数),10层以下的建筑桩基,可考虑采用直径500 mm左右的灌注桩和边长为400 mm的预制桩;10~20层的可采用直径800~1 000 mm的灌注桩和边长为450~500 mm的预制桩;20~30层的可采用直径

1 000 ~ 1 200 mm 的钻(冲、挖)孔灌注桩和边长或直径等于大于 500 mm 的预制桩;30 ~ 40 层的可用直径大于 1 200 mm 的钻(冲、挖)孔灌注桩和直径 500 ~ 550 mm 的预应力管桩及大直径钢管桩。楼层更多的高层建筑所采用的挖孔灌注桩直径可达 5 m 左右。

桩的长度主要取决于桩端持力层的选择。桩端最好进入坚硬土层或岩层,采用嵌岩桩或端承桩;当坚硬土层埋藏很深时,宜采用摩擦桩基,桩端应尽量达到低压缩性、中等强度的土层上。桩端进入持力层的深度,对于黏性土、粉土不宜小于 $2d$,砂类土不宜小于 $1.5d$,碎石类土不宜小于 $1d$。当存在软弱下卧层时,桩端以下硬持力层厚度不宜小于 $4d$,嵌岩灌注桩的周边嵌入微风化或中等风化岩体的最小深度不宜小于 0.5 m,以确保桩端与岩体接触。此外,对于嵌岩桩或端承桩桩端以下 3 倍桩径范围内应无软弱夹层、断裂带、洞穴和空隙分布,尤其是荷载很大的柱下单桩更为如此。由于岩层表面往往起伏不平,且常有隐伏的沟槽,尤其在碳酸盐类岩石地区,岩面石芽、溶槽密布,桩端可能落于岩面隆起或斜面处,有导致滑移的可能,因此在桩端应力扩散范围内应无岩体临空面存在,以确保桩基的稳定性。

当硬持力层较厚且施工条件允许时,桩端进入持力层的深度应尽可能达到桩端阻力的临界深度,以提高桩端阻力。该临界深度值对于砂、砾为 $(3 \sim 6)d$,对于粉土、黏性土为 $(5 \sim 10)d$。此外,同一建筑物还应避免同时采用不同类型的桩(如摩擦型桩和端承型桩,但用沉降缝分开者除外)。同一基础相邻桩的桩底标高差,对于非嵌岩端承型桩不宜超过相邻桩的中心距,对于摩擦型桩,在相同土层中不宜超过桩长的 1/10。

桩的类型和几何尺寸确定后,应初步确定承台底面标高。承台埋深的选择,一般主要考虑结构要求和方便施工等因素。季节性冻土上的承台埋深,应考虑地基土冻胀性的影响,并应考虑是否需要采取相应的防冻害措施。膨胀土地基上的承台,其埋深选择与此类似。

初步定出承台底面标高后,便可按本章第三节的方法计算单桩竖向承载力及水平承载力。

二、确定桩数与平面布置

(一)桩的根数

初步估定桩数时,先不考虑群桩效应,根据单桩竖向承载力特征值 R_a,当桩基为轴心受压时,桩数 n 可按式(8-6)估算,即:

$$n \geqslant \frac{F_k + G_k}{R_a} \tag{8-6}$$

式中 F_k——相应于荷载效应标准组合时,作用在承台顶面上的轴向压力,kN;

G_k——承台及其上方填土的重力的标准值,kN。

偏心受压时,对于偏心距固定的桩基,如果桩的布置使得群桩横截面的重心与荷载合力作用点重合,桩数仍可按式(8-6)确定。否则,应将式(8-6)确定的桩数增加 10% ~ 20%。所选的桩数是否合适,尚应等各桩受验算后确定。如有必要,还要通过桩基软弱下卧层承载力和桩基沉降验算后才能最终确定。

承受水平荷载的桩基,在确定桩数时还应满足桩水平承载力的要求。此时,可粗略地以各单桩水平承载力之和作为桩基的水平承载力，其偏于安全。

此外，在层厚较大的高灵敏度流塑黏土中，不宜采用桩距小而桩数多的打入式桩基，而应采用承载力高桩数少的桩基。否则，软黏土结构破坏严重，使土体强度明显降低，加之相邻各桩的相互影响，桩基的沉降和不均匀沉降都将显著增加。

（二）桩在平面上的布置

桩的平面布置可采用对称式、梅花式、行列式和环状排列。为了使桩基在其承受较大弯矩的方向上有较大的抵抗矩，也可采用不等距排列。此时，对柱下单独桩基和整片式的桩基，宜采用外密内疏的布置方式。

为了使桩基中各桩受力比较均匀，群桩横截面的重心应与竖向永久荷载合力的作用点重合或接近。

布置桩位时，桩的中心距一般采用 3 ~4 倍桩径，其中心距应符合表 8-2 的规定。对于大面积桩群，尤其是挤土桩，桩的最小中心距宜较表 8-2 中值适当加大。扩底灌注桩除应符合表 8-2 的要求外，尚应满足表 8-3 的规定。

表 8-2　桩的最小中心距

土类与成桩工艺		排数不少于 3 排且桩数不少于 9 根的摩擦型桩基	其他情况
非挤土和小量挤土灌注桩		$3.0d$	$2.5d$
挤土灌注桩	穿越非饱和土	$3.5d$	$3.0d$
	穿越饱和软土	$4.0d$	$3.5d$
挤土预制桩		$3.0d$	$3.0d$
打入式敞口管桩和 H 型钢桩		$3.5d$	$3.0d$

表 8-3　灌注桩扩底端最小中心距

成桩方法	最小中心距
钻、挖孔灌注桩	$1.5d_b$ 或 (d_b+1) m（当 $d_b>2$ m 时）
沉管扩底灌注桩	$2.0d_b$

注：d_b 为扩大端设计直径。

工程实践中，桩群的常用平面布置形式为：柱下桩基多采用对称多边形，墙下桩基采用梅花式或行列式，筏形或箱形基础下宜尽量沿柱网、肋梁或隔墙的轴线设置，如图 8-15 所示。

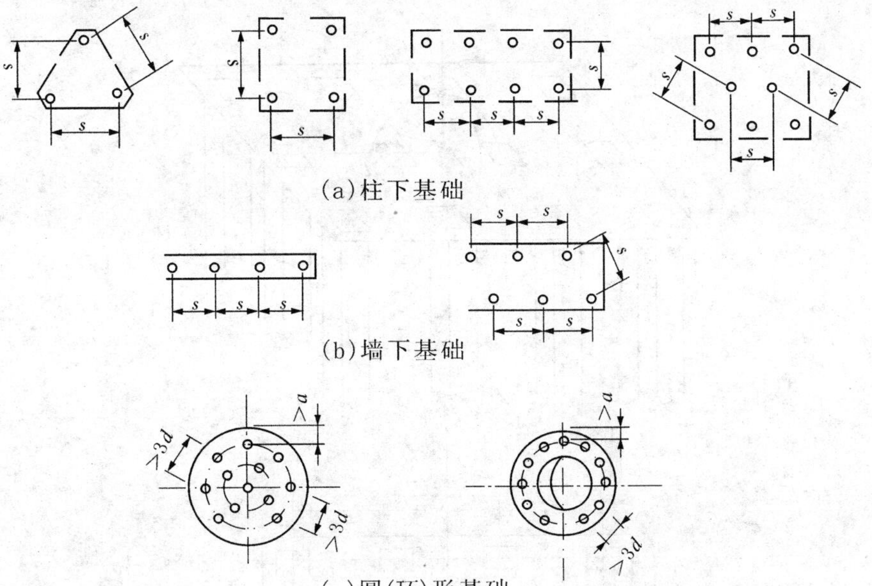

图 8-15　桩的常用布置形式

三、桩基验算

(一)桩基承载力验算

1. 桩顶荷载计算

以承受竖向力为主的群桩基础的单桩桩顶荷载可按式(8-7)~式(8-9)计算(见图 8-16)。

轴心竖向力作用下:

$$Q_k = \frac{F_k + G_k}{n} \tag{8-7}$$

偏心竖向力作用下:

$$Q_{ik} = \frac{F_k + G_k}{n} \pm \frac{M_{xk} y_i}{\sum y_i^2} \pm \frac{M_{yk} x_i}{\sum x_i^2} \tag{8-8}$$

水平力作用下:

$$H_{ik} = \frac{H_k}{n} \tag{8-9}$$

式中　Q_k——相应于荷载效应标准组合轴心竖向力作用下任一单桩的竖向力,kN;

n——桩基中的桩数;

Q_{ik}——相应于荷载效应标准组合偏心竖向力作用下第 i 根桩的竖向力,kN;

M_{xk},M_{yk}——相应于荷载效应标准组合作用于承台底面通过桩群形心的 x,y 轴的力矩值,kN·m;

x_i,y_i——桩 i 至通过桩群形心的 y,x 轴线的距离,m;

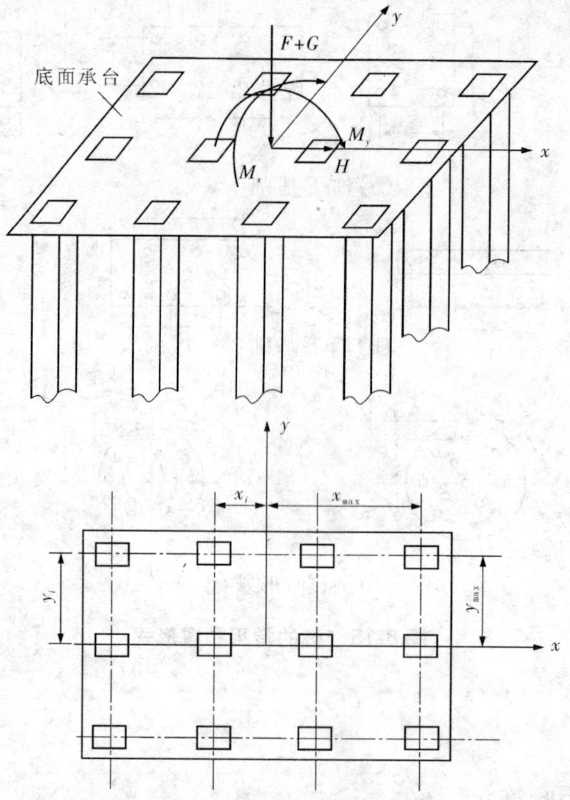

图 8-16　桩顶荷载计算简图

H_k——相应于荷载效应标准组合时，作用于承台底面的水平力，kN；

H_{ik}——相应于荷载效应标准组合时，作用于任一单桩的水平力，kN。

2. 单桩承载力验算

承受轴心竖向力作用的桩基，相应于荷载效应标准组合时作用于单桩的竖向力应满足式(8-10)的要求：

$$Q_k \leqslant R_a \tag{8-10}$$

承受偏心竖向力作用的桩基，除应满足式(8-10)要求外，相应于荷载效应标准组合时作用于单桩的最大竖向力尚应满足式(8-11)的要求：

$$Q_{k\max} \leqslant 1.2R_a \tag{8-11}$$

承受水平力作用的桩基：

$$H_{ik} \leqslant R_{ha} \tag{8-12}$$

式中　R_a，R_{ha}——单桩竖向承载力特征值和水平承载力特征值。

(二)桩基软弱下卧层承载力验算

当桩基的持力层下存在软弱下卧层，尤其是当桩基的平面尺寸较大、桩基持力层厚度相对较薄时，应考虑桩端平面下受力层范围内的较软弱下卧层发生强度破坏的可能性。对于桩距 $s \leqslant 6d$ 的非端承群桩基础，以及 $s > 6d$ 但各单桩桩端冲切锥体扩散线在硬持力层中相交重叠的非端承群桩基础，需要验算软弱下卧层承载力。桩基软弱下卧层承载力验算常将桩与桩间土的整体视做实体深基础，按与浅基础软弱下卧层承载力验算方法相同的方法进行验算。

(三)桩基沉降验算

一般来说，对地基基础设计等级为甲级的建筑物桩基，体型复杂、荷载不均匀或桩端下存在软弱土层的设计等级为乙级的建筑物桩基，以及摩擦型桩基，应进行沉降验算。目前尚没有较为完善的桩基沉降计算方法，《建筑地基基础设计规范》(GB 50007—2002)推荐，对于桩距不大于$6d$的桩基，可不考虑桩间土的压缩变形对沉降的影响，采用实体深基础单向压缩分层总和法计算桩基础的最终沉降量。

四、桩身结构设计

桩身混凝土强度应满足桩的承载力设计要求。桩轴心受压时，桩身强度应符合式(8-13)的要求：

$$Q \leqslant A_p f_c \psi_c \tag{8-13}$$

式中 Q——相应于荷载效应基本组合时的单桩竖向力设计值，kN；

A_p——桩身横截面面积，m^2；

f_c——混凝土轴心抗压强度设计值，kPa；

ψ_c——工作条件系数，预制桩取0.75，灌注桩取0.6～0.7(水下灌注桩或长桩时用低值)。

桩的主筋应经计算确定。桩的最小配筋率：打入式预制桩不宜小于0.8%；静压预制桩不宜小于0.6%；灌注桩不宜小于0.2%～0.65%(小直径桩取大值)。

配筋长度的确定应符合下列规定：

(1)受水平荷载和弯矩较大的桩，配筋长度应通过计算确定。

(2)桩基承台下存在淤泥、淤泥质土或液化土层时，配筋长度应穿过淤泥、淤泥质土层或液化土层。

(3)坡地岸边的桩、8度及8度以上地震区的桩、抗拔桩、嵌岩端承桩应通长配筋。

(4)桩径大于600 mm的钻孔灌注桩，构造钢筋的长度不宜小于桩长的2/3。

五、承台设计

桩基承台的作用是将各桩联成一整体，把上部结构传来的荷载转换、调整、分配给各桩。桩基承台可分为柱下独立承台、柱下或墙下条形承台(梁式承台)，以及筏板承台和箱形承台等。各种承台均应按国家现行《混凝土结构设计规范》(GB 50010—2002)的规定进行受弯、受冲切、受剪切和局部承压承载力计算。

承台设计包括选择承台的材料及其强度等级、几何形状及其尺寸，进行承台结构承载力计算，并使其构造满足一定的要求。

(一)构造要求

承台的最小宽度不应小于500 mm，为满足桩顶嵌固及抗冲切的需要，边桩中心至承台边缘的距离不宜小于桩的直径或边长，且桩的外边缘至承台边缘的距离不小于150 mm。

对于墙下条形承台，考虑到墙体与条形承台的相互作用可增强结构的整体刚度，并不至于产生桩顶对承台的冲切破坏，桩的外边缘至承台边缘的距离应不小于 75 mm。

为满足承台的基本刚度、桩与承台的连接等构造需要，条形承台和柱下独立桩基承台的最小厚度为 300 mm，其最小埋深为 500 mm。

承台混凝土强度等级不应低于 C20，纵向钢筋的混凝土保护层厚度不应小于 70 mm，当有混凝土垫层时，不应小于 40 mm。

承台的配筋，对于矩形承台，钢筋应按双向均匀通长布置（见图 8-17(a)），钢筋直径不宜小于 10 mm，间距不宜大于 200 mm；对于三桩承台，钢筋应按三向板带均匀布置，且最里面的三根钢筋围成的三角形应在柱截面范围内（见图 8-17(b)）。承台梁的主筋除满足计算外，尚应符合现行《混凝土结构设计规范》（GB 50010—2002）关于最小配筋率的规定，主筋直径不宜小于 12 mm，架立筋直径不宜小于 10 mm，箍筋直径不宜小于 6 mm（见图 8-17(c)）。

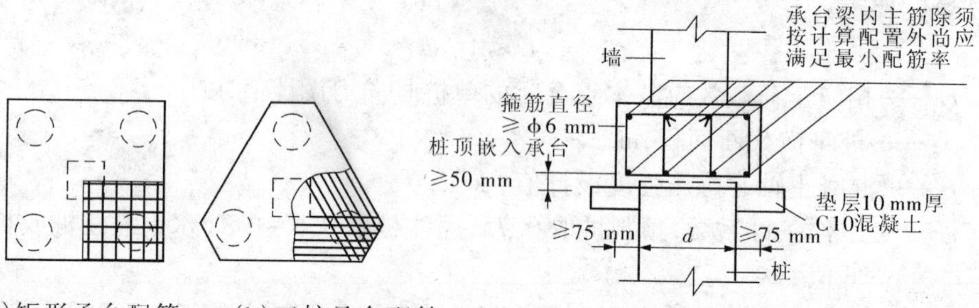

(a)矩形承台配筋　(b)三桩承台配筋　(c)承台梁配筋

图 8-17　承台配筋示意图

桩顶嵌入承台的长度对于大直径桩，还不宜小于 100 mm；对于中等直径桩不宜小于 50 mm。混凝土桩的桩顶主筋应伸入承台内，其锚固长度不宜小于钢筋直径（HPB235 级钢筋）的 30 倍和钢筋直径（HRB335 级钢筋和 HRB400 级钢筋）的 35 倍，对于抗拔桩基不应小于钢筋直径的 40 倍。下面主要介绍柱下独立桩基承台设计计算。

（二）承台的受弯计算

模型试验研究表明，柱下独立桩基承台（四桩及三桩承台）在配筋不足的情况下将产生弯曲破坏，其破坏特征呈梁式破坏。所谓梁式破坏，指挠曲裂缝在平行于柱边两个方向交替出现，承台在两个方向交替呈梁式承担荷载（见图 8-18(a)），最大弯矩产生在平行于柱边两个方向的屈服线处。利用极限平衡原理可导得两个方向的承台正截面弯矩计算公式。

1. 柱下多桩矩形承台

柱下多桩矩形承台计算截面应取在柱边和承台高度变化处（杯口外侧或台阶边缘，见图 8-18(b)），按下式计算：

$$\left.\begin{aligned} M_x &= \sum N_i y_i \\ M_y &= \sum N_i x_i \end{aligned}\right\} \tag{8-14}$$

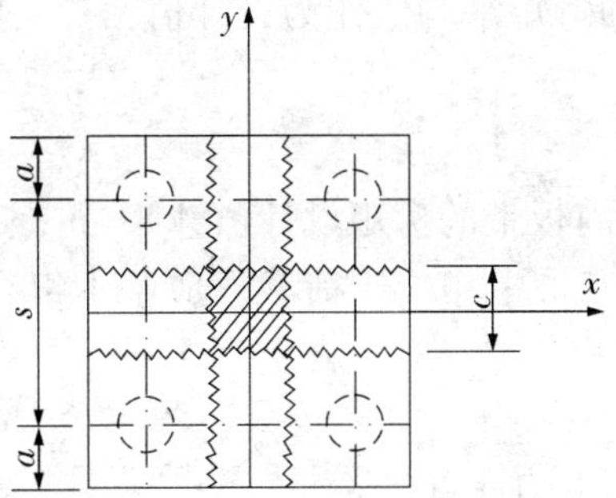

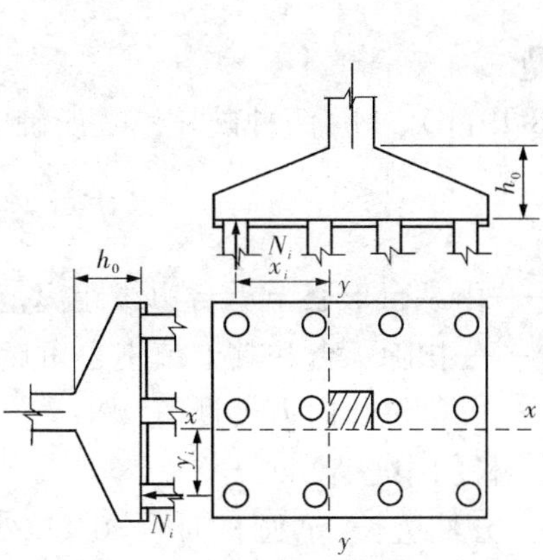

(b)承台弯矩计算示意图

图 8-18　矩形承台

式中　M_x, M_y——垂直于 y 轴和 x 轴方向计算截面处的弯矩设计值，kN · m；

x_i, y_i——垂直于 y 轴和 x 轴方向自桩轴线到相应计算截面的距离，m；

N_i——扣除承台和承台上土自重后相应于荷载效应基本组合时的第 i 桩竖向力设计值，kN。

根据计算的柱边截面和截面高度变化处的弯矩，分别计算同一方向各截面的配筋量后，取各向的最大值按双向均匀配置（见图 8-17（a））。

2. 柱下三桩三角形承台

柱下三桩三角形承台分等边和等腰两种形式，其受弯破坏模式有所不同（见图 8-19），后者呈明显的梁式破坏特征。

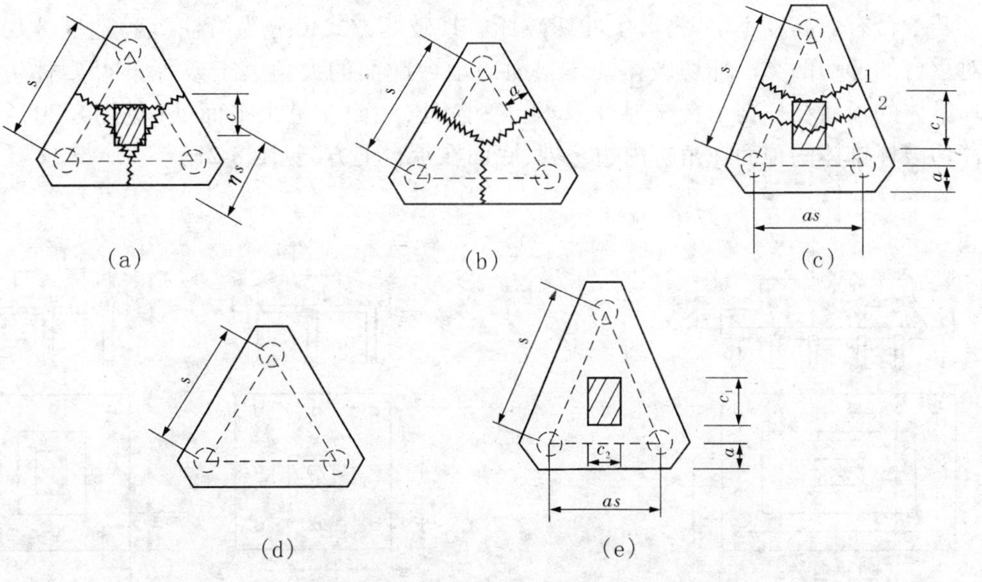

图 8-19　柱下三桩三角形承台

（a）、（b）、（c）承台破坏模式；（d）、（e）承台弯矩计算示意图

1）等边三桩承台

取图 8-19（a）、（b）两种破坏模式所确定的弯矩平均值作为设计值：

$$M=\frac{N_{\max}}{3}\left(s-\frac{\sqrt{3}}{4}c\right) \tag{8-15}$$

式中 M——由承台形心至承台边缘距离范围内板带的弯矩设计值，kN·m；

$N_{\max}$——扣除承台和其上填土自重后的三桩中相应于荷载效应基本组合时的最大单桩竖向力设计值，kN；

s——桩的中心距，m；

c——方柱边长，m，圆柱时 $c=0.866d$（d 为圆柱直径）。

2）等腰三桩承台

承台弯矩计算如下（见图 8-19（c））：

$$M_1=\frac{N_{\max}}{3}\left(s-\frac{0.75}{\sqrt{4-a^2}}c_1\right) \tag{8-16}$$

$$M_2=\frac{N_{\max}}{3}\left(as-\frac{0.75}{\sqrt{4-a^2}}c_2\right) \tag{8-17}$$

式中 M_1，M_2——由承台形心到承台两腰和底边的距离范围内板带的弯矩设计值，kN·m；

s——长向桩距，m；

a——短向桩距与长向桩距之比，当 $a<0.5$ 时，应按变截面的二桩承台设计；

c_1，c_2——垂直于、平行于承台底边的柱截面边长，m。

（三）受冲切计算

若承台有效高度不足，将产生冲切破坏。其破坏方式可分为沿柱（墙）边的冲切和角桩对承台的冲切两类。冲切破坏锥体斜面与承台底面的夹角大于或等于 45°，柱边冲切破坏锥体的顶面在柱与承台交界处或承台变阶处，底面在桩顶平面处（见图 8-20）；而角桩冲切破坏锥体的顶面在角桩内边缘处，底面在承台上方（见图 8-21）。

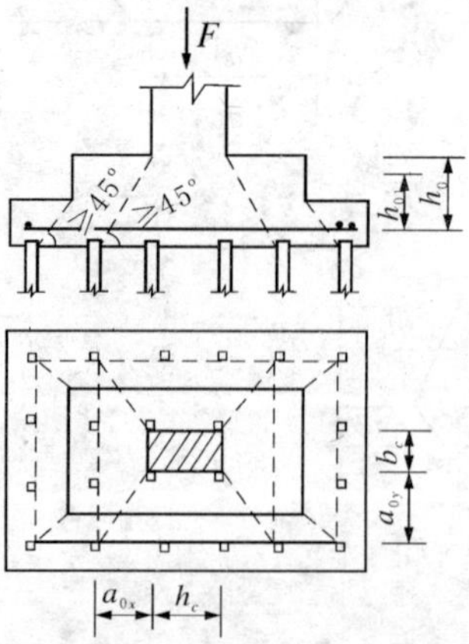

图 8-20 柱对承台冲切计算示意图

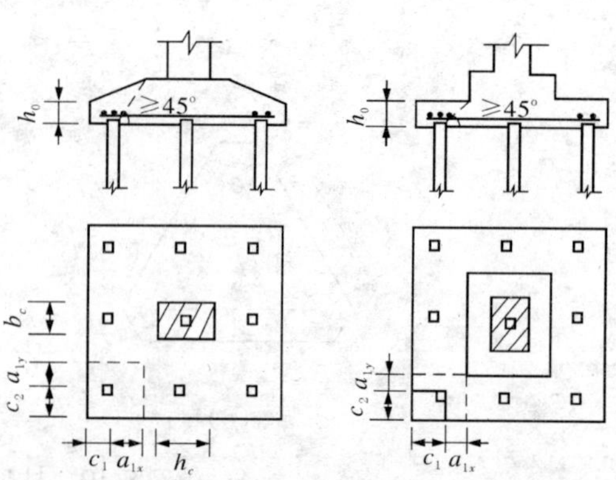

图 8-21 矩形承台角桩冲切计算示意图

1. 柱对承台的冲切

柱对承台的冲切承载力可按式(8-18)~式(8-21)计算,即:

$$F_l = 2[\beta_{0x}(b_c + a_{0y}) + \beta_{0y}(h_c + a_{0x})]\beta_{hp}f_t h_0 \tag{8-18}$$

$$F_l = F - \sum N_i \tag{8-19}$$

$$\beta_{0x} = \frac{0.84}{\lambda_{0x} + 0.2} \tag{8-20}$$

$$\beta_{0y} = \frac{0.84}{\lambda_{0y} + 0.2} \tag{8-21}$$

式中 F_l——扣除承台及其上填土自重,作用在冲切破坏锥体上相应于荷载效应基本组合的冲切力设计值,kN,冲切破坏锥体应采用自柱边或承台变阶处至相应桩顶边缘连线构成的锥体,锥体与承台底面的夹角不小于45°;

β_{hp}——受冲切承载力截面高度影响系数,当 h 不大于800 mm时,$\beta_{hp}=1.0$,当 h 不小于2 000 mm时,$\beta_{hp}=0.9$,其间按线性内插法取用;

f_t——承台混凝土轴心抗拉强度设计值,kPa;

h_0——冲切破坏锥体的有效高度,m;

β_{0x},β_{0y}——冲切系数;

λ_{0x},λ_{0y}——冲跨比,$\lambda_{0x}=a_{0x}/h_0$,$\lambda_{0y}=a_{0y}/h_0$,a_{0x}、a_{0y}为柱边或承台变阶处到桩边的水平距离,当 $a_{0x}(a_{0y})<0.20h_0$ 时,取 $a_{0x}(a_{0y})=0.20h_0$,当 $a_{0x}(a_{0y})>h_0$ 时,取 $a_{0x}(a_{0y})=h_0$;

F——柱根部轴力设计值,kN;

$\sum N_i$——冲切破坏锥体范围内各桩的净反力设计值之和,kN。

对于中、低压缩性土上的承台,当承台与地基土之间没有脱空现象时,可根据地区经验适当减小柱下桩基独立承台受冲切计算的承台厚度。

2. 角桩对承台的冲切

多桩矩形承台受角桩冲切的承载力应按下式计算:

$$N_l = \left[\beta_{1x}\left(c_2 + \frac{a_{1y}}{2}\right) + \beta_{1y}\left(c_1 + \frac{a_{1x}}{2}\right)\right]\beta_{hp}f_t h_0 \tag{8-22}$$

$$\beta_{1x} = \frac{0.56}{\lambda_{1x} + 0.2} \tag{8-23}$$

$$\beta_{1y} = \frac{0.56}{\lambda_{1y} + 0.2} \tag{8-24}$$

式中 $\sum N_l$——扣除承台和其上填土自重后角桩桩顶相应于荷载效应基本组合时的竖向力设计值,kN;

β_{1x},β_{1y}——角桩冲切系数;

λ_{1x},λ_{1y}——角桩冲跨比,其值满足0.2~1.0,$\lambda_{1x}=a_{1x}/h_0$,$\lambda_{1y}=a_{1y}/h_0$;

c_1,c_2——从角桩内边缘至承台外边缘的距离,m;

a_{1x},a_{1y}——从承台底角桩内边缘引45°冲切线与承台顶面或承台变阶处相交点至角桩内边缘的水平距离(见图8-21),m;

h_0——承台外边缘的有效高度，m。

（四）受剪切计算

桩基承台的抗剪计算，在小剪跨比的条件下具有深梁的特征。

柱下桩基独立承台应分别对柱边和桩边、变截面和桩边连线形成的斜截面进行受剪计算（见图8-22）。当柱边外有多排桩形成多个剪切斜截面时，尚应对每个斜截面进行验算。

斜截面受剪承载力可按下列公式计算：

$$V \leqslant \beta_{hs} \beta f_t b_0 h_0 \tag{8-25}$$

$$\beta = \frac{1.75}{\lambda + 1.0} \tag{8-26}$$

式中 V——扣除承台及其上填土自重后相应于荷载效应基本组合时斜截面的最大剪力设计值，kN；

β_{hs}——受剪切承载力截面高度影响系数，$\beta_{hs} = (800/h_0)^{1/4}$，当 h_0 小于 800 mm 时，取 $h_0 = 800$ mm，当 h_0 大于 2 000 mm 时，取 $h_0 = 2\ 000$ mm；

β——剪切系数；

λ——计算截面的剪跨比，$\lambda_x = a_x/h_0$，$\lambda_y = a_y/h_0$，其中 a_x，a_y 为柱边或承台变阶处至 x，y 方向计算一排桩的桩边水平距离，当 $\lambda < 0.3$ 时，取 $\lambda = 0.3$，当 $\lambda > 3$ 时，取 $\lambda = 3$；

b_0——承台计算截面处的计算宽度，m；

h_0——计算宽度处的承台有效高度，m。

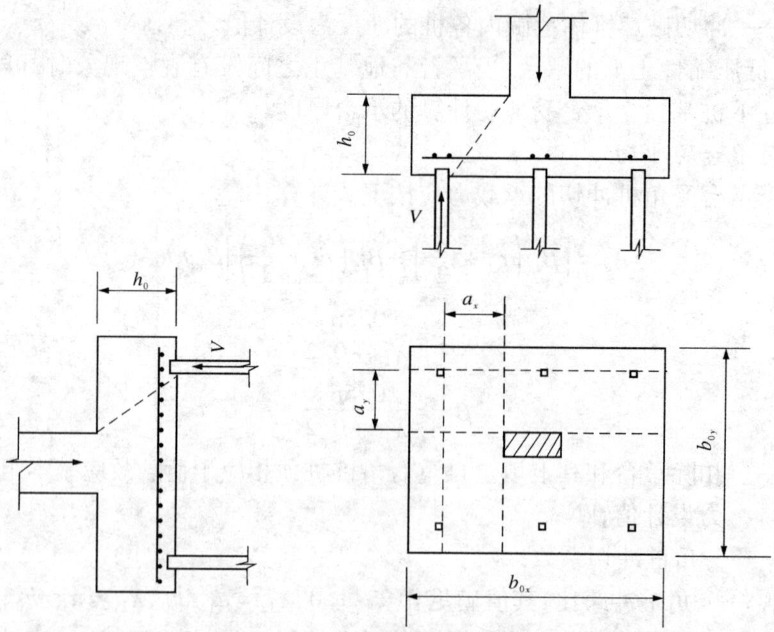

图 8-22　承台斜截面受剪计算示意图

(五)局部受压计算

当承台的混凝土强度等级低于柱或桩的混凝土强度等级时,尚应验算柱下或桩上承台的局部受压承载力。

当进行承台的抗震验算时,应根据现行《建筑抗震设计规范》(GB 50011—2001)的规定对承台的受弯、受剪承载力进行抗震调整。

问题:(1)桩的设计内容包括哪些?

(2)桩身结构如何设计?

(3)承台设计计算的内容有哪些?承台有哪些构造要求?

【例8-1】 如图8-23所示,柱截面边长为 $b_c=450$ mm 及 $h_c=600$ mm,相应于荷载效

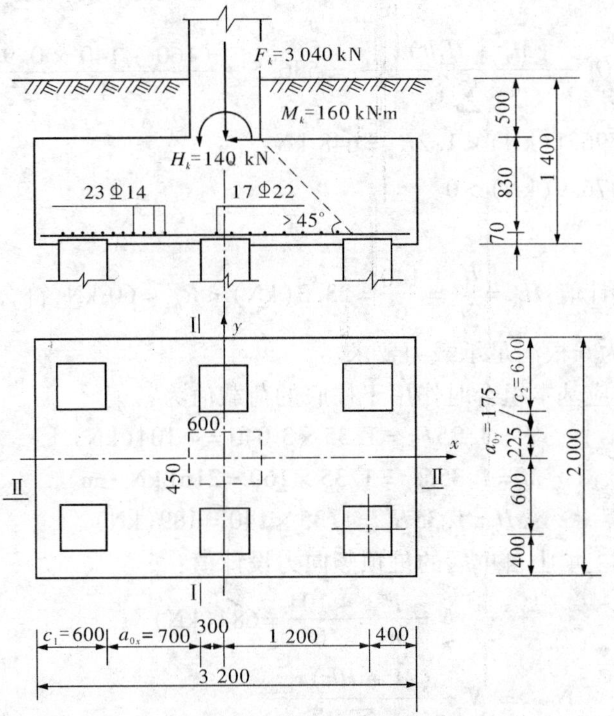

图8-23 例8-1图 (单位:mm)

应标准组合时作用于柱底(标高为 -0.5 m)的荷载为:$F_k=3\ 040$ kN,M_k(作用于长边方向)=160 kN·m,$H_k=140$ kN,拟采用混凝土预制桩基础,桩的方形截面边长 $b_p=400$ mm,桩长15 m。已确定单桩竖向承载力特征值 $R_a=540$ kN,单桩水平承载力特征值 $R_{ha}=60$ kN,承台混凝土等级取C20,$f_t=1\ 100$ kPa,配置HRB335级钢筋,$f_y=300$ N/mm^2,试设计该桩基。

解:桩的类型和尺寸已选定,桩身结构计算从略。

(1)初选桩的根数。

$$n \geqslant \frac{F_k}{R_a} = \frac{3\ 040}{540} = 5.6(\text{根})$$，暂取 6 根。

(2)初选承台尺寸。

按表 8-2 桩距： $s = 3.0b_p = 3.0 \times 0.4 = 1.2(\text{m})$

承台长边： $a = 2 \times (0.4 + 1.2) = 3.2(\text{m})$

承台短边： $b = 2 \times (0.4 + 0.6) = 2.0(\text{m})$

暂取承台埋深为 1.4 m，承台高度 $h = 0.9$ m，桩顶伸入承台 50 mm，钢筋保护层厚度取 70 mm，则承台有效高度为：$h_0 = 900 - 70 = 830(\text{mm})$。

(3)计算桩顶荷载。

桩顶平均竖向力：

$$Q_k = \frac{F_k + G_k}{n} = \frac{3\ 040 + 20 \times 3.2 \times 2.0 \times 1.4}{6} = 536.5(\text{kN}) < R_a = 540(\text{kN})$$

$$Q_{k\max \atop k\min} = Q_k \pm \frac{(M_k + H_k h)x_{\max}}{\sum x_i^2} = 536.5 \pm \frac{(160 + 140 \times 0.9) \times 1.2}{4 \times 1.2^2}$$

$$= {596.1(\text{kN}) < 1.2R_a = 648\ \text{kN} \atop 476.9(\text{kN}) > 0}$$

故符合要求。

单桩水平力设计值：$H_{ik} = \frac{H_k}{n} = \frac{140}{6} = 23.3(\text{kN}) < R_{ha} = 60$ kN，符合要求。

所以，取桩数为 6 根满足承载力要求。

相应于荷载效应基本组合时作用于柱底的荷载值为：

$$F = 1.35F_k = 1.35 \times 3\ 040 = 4\ 104(\text{kN})$$

$$M = 1.35M_k = 1.35 \times 160 = 216(\text{kN} \cdot \text{m})$$

$$H = 1.35H_k = 1.35 \times 140 = 189(\text{kN})$$

扣除承台及其上填土自重后的桩顶竖向力设计值：

$$N = \frac{F}{n} = \frac{4\ 104}{6} = 684(\text{kN})$$

$$N_{\max \atop \min} = N \pm \frac{(M + Hh)x_{\max}}{\sum x_i^2}$$

$$= 684 \pm \frac{(216 + 189 \times 0.9) \times 1.2}{4 \times 1.2^2} = {764.4 \atop 603.6}(\text{kN})$$

(4)承台受冲切承载力计算。

①柱边冲切，有：

$$F_l = F - \sum N_i = 4\ 104 - 0 = 4\ 104(\text{kN})$$

受冲切承载力截面高度影响系数为：

$$\beta_{hp} = 1 - \frac{1 - 0.9}{2\ 000 - 800} \times (900 - 800) = 0.992$$

冲跨比 λ 与冲切系数 β 分别为：

$$\lambda_{0x}=\frac{a_{0x}}{h_0}=\frac{0.7}{0.83}=0.843<1.0;\qquad \beta_{0x}=\frac{0.84}{\lambda_{0x}+0.2}=0.805$$

$$\lambda_{0y}=\frac{a_{0y}}{h_0}=\frac{0.175}{0.83}=0.211>0.20;\qquad \beta_{0y}=\frac{0.84}{\lambda_{0y}+0.2}=2.044$$

$$2[\beta_{0x}(b_c+a_{0y})+\beta_{0y}(h_c+a_{0x})]\beta_{hp}f_t h_0$$
$$=2\times[0.805\times(0.450+0.175)+2.044\times(0.6+0.7)]\times0.992\times1\,100\times0.830$$
$$=5\,725(\text{kN})>F_l=4\,104\text{ kN}\quad(可以)$$

②角桩向上冲切，$c_1=c_2=0.6$ m，$a_{1x}=a_{0x}$，$\lambda_{1x}=\lambda_{0x}$，$a_{1y}=a_{0y}$，$\lambda_{1y}=\lambda_{0y}$。

$$\beta_{1x}=\frac{0.56}{\lambda_{1x}+0.2}=0.537\qquad \beta_{1y}=\frac{0.56}{\lambda_{1y}+0.2}=1.363$$

$$[\beta_{1x}(c_2+\frac{a_{1y}}{2})+\beta_{1y}(c_1+\frac{a_{1x}}{2})]\beta_{hp}f_t h_0$$
$$=[0.537\times(0.6+\frac{0.175}{2})+1.363\times(0.6+\frac{0.7}{2})]\times0.992\times1\,100\times0.830$$
$$=1\,507.1(\text{kN})>N_{max}=764.4(\text{kN})\quad(可以)$$

(5)承台受剪切承载力计算。

剪跨比与以上冲跨比相同。

受剪切承载力截面高度影响系数β_{hs}计算：

$$\beta_{hs}=\left(\frac{800}{h_0}\right)^{1/4}=\left(\frac{800}{830}\right)^{1/4}=0.991$$

对Ⅰ—Ⅰ斜截面：$\lambda_x=\lambda_{0x}=0.843$（介于0.3~3），则剪切系数为：

$$\beta=\frac{1.75}{\lambda+1.0}=\frac{1.75}{0.843+1.0}=0.950$$

$$\beta_{hs}\beta f_t b_0 h_0=0.991\times0.950\times1\,100\times3.2\times0.830$$
$$=2\,750.5(\text{kN})>2N_{max}=2\times764.4=1\,528.8(\text{kN})\quad(可以)$$

对Ⅱ—Ⅱ斜截面：$\lambda_y=\lambda_{0y}=0.21(<0.3)$，取$\lambda_y=0.3$，则剪切系数为：

$$\beta=\frac{1.75}{\lambda+1.0}=\frac{1.75}{0.3+1.0}=1.346$$

$$\beta_{hs}\beta f_t b_0 h_0=0.991\times1.346\times1\,100\times3.2\times0.830$$
$$=3\,897.1(\text{kN})>3\text{ N}=3\times684=2\,052(\text{kN})\quad(可以)$$

从以上计算可知，该承台高度首先取决于对Ⅰ—Ⅰ斜截面受剪切承载力，其次取决于沿柱边的受冲切承载力。

(6)承台受弯承载力计算。

$$M_x=\sum N_i y_i=3\times684\times0.375=769.5(\text{kN}\cdot\text{m})$$

$$A_s=\frac{M_x}{0.9f_y h_0}=\frac{769.5\times10^6}{0.9\times300\times830}=3\,433.7(\text{mm}^2)$$

选用23⌀14，$A_s=3\,540\text{ mm}^2$，沿平行于y轴方向均匀布置。

$$M_y=\sum N_i x_i=2\times764.4\times0.9=1\,375.9(\text{kN}\cdot\text{m})$$

$$A_s = \frac{M_y}{0.9 f_y h_0} = \frac{1\ 375.9 \times 10^6}{0.9 \times 300 \times 830} = 6\ 139.7(\mathrm{mm}^2)$$

选用 17 ⌀22，$A_s = 6\ 426\ \mathrm{mm}^2$，沿平行于 x 轴方向均匀布置。

第五节　其他深基础简介

一、沉井基础

沉井（见图 8-24）通常是用钢筋混凝土或砖石、混凝土等材料制成的井筒状结构物，一般分数节制作。施工时，先在场地上整平地面铺设砂垫层，设支承枕木，制作第一节沉井，然后在井筒内挖土（或水力吸泥），使沉井失去支承下沉，边挖边排边下沉，再逐节接长井筒。当井筒下沉达设计标高后，用素混凝土封底，最后浇筑钢筋混凝土底板，构成地下结构物，或在井筒内用素混凝土或砂砾石填充，构成深基础。

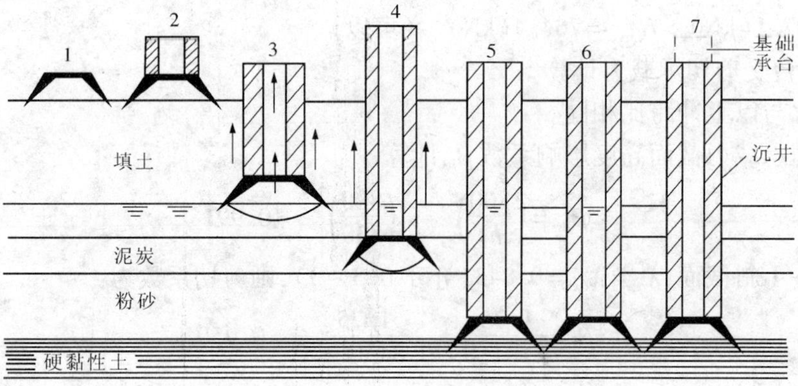

图 8-24　沉井施工顺序示意图

沉井主要由井壁、刃脚、隔墙、凹槽、封底和盖板等部分组成（见图 8-25）。

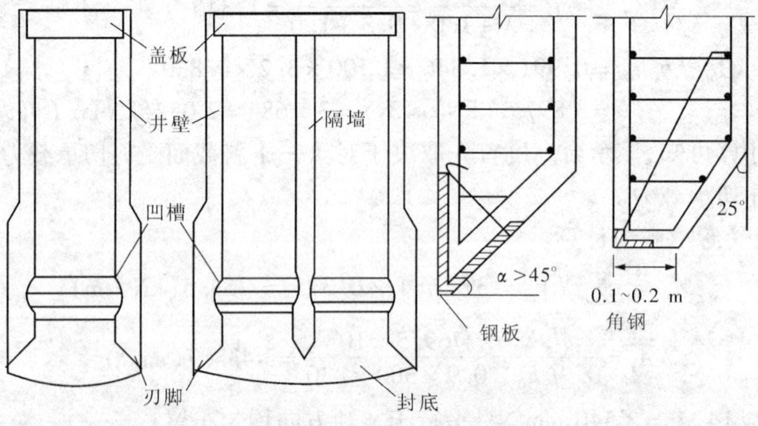

图 8-25　一般沉井的构造

井壁是沉井的主要部分，施工完毕后也是建筑物的基础部分。沉井在下沉过程中，井壁需挡土、挡水，承受各种最不利荷载组合产生的内力，因此应有足够的强度；同时井壁还需有足够的厚度（一般壁厚0.5～1.8 m）和重量，以便在自重作用下克服侧壁摩阻力下沉至设计标高。刃脚位于井壁的最下端，其作用是使沉井易于切土下沉，并防止土层中的障碍物损坏井壁。

刃脚应有足够的强度，以免挠曲或破坏。靠刃脚处应设置0.15～0.25 m深、1.0 m高的凹槽，使封底混凝土嵌入井壁形成整体结构。需要时，井筒内可设置隔墙以减少外壁的净跨距，加强沉井的刚度，同时把沉井分成若干个取土小间，施工时便于掌握挖土位置，以控制沉降和纠偏。

当沉井下沉到达设计标高后，在井底用混凝土封底，以防止地下水渗入井内。封底混凝土强度等级一般不低于C15。当井孔内不填料或填以砂砾等时，还应在井顶浇筑钢筋混凝土盖板。

沉井的横截面形状，根据使用要求可做成方形、矩形、圆形、椭圆形等多种。井筒内的井孔有单孔、单排多孔及多孔等。当沉井下沉困难时，其立面也可作成台阶形。

沉井的优点是占地面积小，井筒在施工过程中可做支承围护，不需另外的挡土结构，技术上操作简便，不需放坡，挖土量少，节约投资，施工稳妥可靠。通常适用于地基深层土的承载力大，而上部土层比较松软、易于开挖的地层；或由于建筑物的使用要求，基础埋深很大；或由于施工，例如在已有浅基础邻近修建埋深较大的设备基础时，为了避免基坑开挖对已有基础的影响，也可采用沉井法施工。

沉井在下沉过程中常会发生各种问题，如遇到大块石、残留基础或大树根等障碍物阻碍下沉；穿过地下水位以下的细、粉砂层时，大量砂土涌入井内，使沉井倾斜；这些都会对施工造成很大困难，甚至使施工工作无法进行。因此，对于准备用沉井法施工的场地，必须事先做好地基勘探工作，并对可能发生的问题事先加以预防。当问题发生时，要及时采取措施进行处理。

二、沉箱基础

当把沉箱沉入水下时，在沉箱外用空气压缩机把工作室内的水压出室外。工作人员就可经人用变气闸，从中央气闸及气筒内的扶梯进到工作室内工作。在沉箱工作室里，工作人员用挖土机具等挖除沉箱底下的土石，排除各种障碍物，使沉箱在其自重及其他压重作用下，克服周围的摩阻力及压缩空气的反力而下沉。沉箱下到设计标高并经检验、处理地基后，用圬工填充工作室，拆除气闸气筒，这时沉箱就成了基础的组成部分。在其上面可在围堰保护下继续修筑所需要的建筑物，如桥梁墩台、水底隧道、地下铁道等。

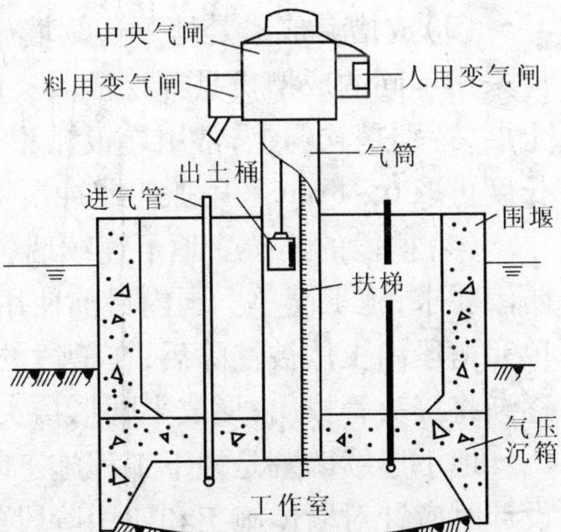

图8-26　气压沉箱示意图

沉箱由顶盖和侧壁组成（见图8-26），其侧壁也称刃脚。顶盖留有孔洞，以安设向上接高的气筒

(井管)和各种管路。气筒上端连以气闸,气闸由中央气闸、人用变气闸及料用变气闸(或进料筒、出土筒)组成。在沉箱顶盖上安装围堰或砌筑永久性外壁。顶盖下的空间称为工作室。

三、地下连续墙

地下连续墙是20世纪50年代由意大利米兰ICOS公司首先开发成功的一种新的支护型式。它是在泥浆护壁条件下,使用专门的成槽机械,在地面开挖一条狭长的深槽,然后在槽内设置钢筋笼,浇筑混凝土,逐步形成一道连续的地下钢筋混凝土连续墙,用以作为基坑开挖时防渗、挡土和对邻近建筑物基础的支护以及直接成为承受上部结构荷载的基础的一部分。

地下连续墙的优点是土方量小、施工期短、成本低,可在沉井作业、板桩支护等方法难以实施的环境中进行无噪音、无振动施工,并穿过各种土层进入基岩,无需采取降低地下水的措施,因此可在密集建筑群中施工,尤其是用于二层以上地下室的建筑物,可配合“逆筑法”施工(从地面逐层而下修筑建筑物地下部分的一种施工技术),而更显出其独特的作用。目前,地下连续墙已发展有后张预应力、预制装配和现浇预制等多种形式,其使用日益广泛,目前在泵房、桥台、地下室、箱基、地下车库、地铁车站、码头、高架道路基础、水处理设施,甚至深埋的下水道等,都有成功应用的实例。

地下连续墙的成墙深度由使用要求决定,大都在50 m以内,这跟墙宽与墙体的深度以及受力情况有关,目前常用600 mm及800 mm两种,特殊情况下也有400 mm及1 200 mm的薄型及厚型地下连续墙。地下连续墙的施工工序如下:

(1)修筑导墙。沿设计轴线两侧开挖导沟,修筑钢筋混凝土(钢、木)导墙,以供成槽机械钻进导向、维护表土和保持泥浆稳定液面。导墙内壁面之间的净空应比地下连续墙设计厚度加宽40~60 mm,埋深一般为1~2 m,墙厚0.1~0.2 m。

(2)制备泥浆。泥浆以膨润土或细粒土在现场加水搅拌制成,用以平衡侧向地下水压力和土压力,保护槽壁不致坍塌,并起到携渣、防渗等作用。泥浆液面应保持高出地下水位0.5~1.0 m,比重(1.05~1.10)应大于地下水的比重。其浓度、黏度、pH值、含水量、泥皮厚度以及胶体率等多项指标应严格控制并随时测定、调整,以保证其稳定性。

(3)成槽。成槽是地下连续墙施工中最主要的工序,对于不同土质条件和槽壁深度应采用不同的成槽机具开挖槽段。例如,大卵石或孤石等复杂地层可用冲击钻;切削一般土层,特别是软弱土,常用导板抓斗、铲斗或回转钻头抓铲。采用多头钻机开槽,每段槽孔长度可取6~8 m,采用抓斗或冲击钻机成槽,每段长度可更大。墙体深度可达几十米。

(4)槽段的连接。地下连续墙各单元槽段之间靠接头连接。接头通常要满足受力和防渗要求,施工简单。国内目前使用最多的接头型式是用接头管连接的非刚性接头。在单元槽段内土体被挖除后,在槽段的一端先吊放接头管,再吊入钢筋笼,浇筑混凝土,然后逐渐将接头管拔出,形成半圆形接头,如图8-27所示。

地下连续墙既是地下工程施工时的围护结构,又是永久性建筑物的地下部分。因此,设计时应针对墙体施工和使用阶段的不同受力和支承条件下的内力进行简化计算;或采用能考虑土的非线性力学性状以及墙与土的相互作用的计算模型以有限单元法进行分析。

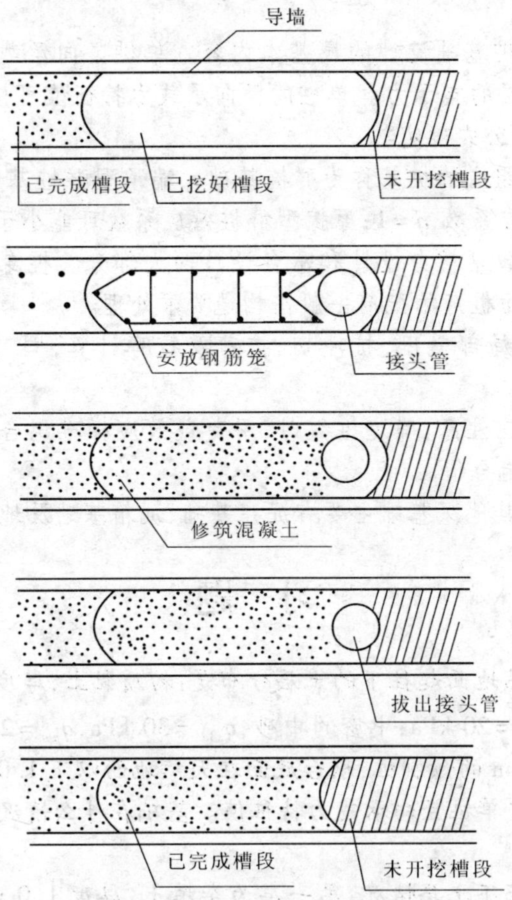

图 8-27　分段施工连接图

问题：除桩基础外的其他深基础有哪些？各自具有什么特点？

小　结

桩基础设计较复杂，需要考虑的因素很多，本章简要介绍了桩基础的设计问题，主要内容包括桩基设计原则与设计内容、桩的分类、桩的承载力、桩基础设计以及其他深基础简介。

(1)桩基是由桩、土和承台共同组成的基础，设计时应结合地区经验考虑桩、土和承台的共同作用；大多数桩基的首要问题在于控制其沉降量，因此桩基设计应按变形控制设计。桩基设计应满足单桩承受的竖向荷载不宜超过单桩竖向承载力特征值，桩基的沉降不得超过建筑物的沉降允许值等基本条件。

(2)桩基础包括低承台桩与高承台桩，桩按施工方法可分为预制桩与灌注桩，按荷载传递方式可分为端承型桩和摩擦型桩，按设置效应可分为非挤土桩、部分挤土桩和挤土桩。

(3)单桩承载力是桩基础设计的最基本内容。单桩竖向承载力取决于两方面:一是桩身材料强度,二是地层的支承力。单桩的竖向承载力特征值可按静载荷试验、土的抗剪强度指标以及规范经验公式确定。

(4)由两根以上桩组成的桩基称为群桩基础。端承型群桩基础承载力等于各根单桩承载力之和,即群桩效应系数 $\eta=1$;摩擦型群桩效应系数可能小于1,也可能大于1。

(5)桩基础计算时包括桩身设计和承台设计两大部分。桩身设计时,桩身混凝土强度必须满足设计要求,而桩身的配筋一般按构造要求处理。

(6)承台设计包括局部受压、抗冲切、抗剪及抗弯计算,同时还应符合承台的构造要求。

(7)桩基础设计时应注意:确定桩数时,用荷载效应标准组合值;确定承台高度及配筋时,用荷载效应基本组合值。

(8)除桩基础外的其他深基础主要有沉井基础、沉箱基础及地下连续墙等。

习　题

8-1　某场区从天然地面起往下的土层分布是:粉质黏土,厚度 $l_1=3$ m,$q_{s1a}=24$ kPa;粉土,厚度 $l_2=6$ m,$q_{s2a}=20$ kPa;中密的中砂,$q_{s3a}=30$ kPa,$q_{pa}=2\ 600$ kPa。拟采用截面边长为350 mm×350 mm 的预制桩,承台底面在天然地面以下1.0 m,桩端进入中密中砂的深度为1.0 m,试确定单桩竖向承载力特征值。基础在什么情况下可采用桩基?

(参考答案:595.7 kN)

8-2　某场地自上而下土层情况:第一层为杂填土,厚度1.0 m;第二层为淤泥,软塑状态,厚度6.50 m,$q_{sa}=6.0$ kPa;第三层为粉质黏土,厚度较大,$q_{sa}=40.0$ kPa,$q_{pa}=1\ 800$ kPa。现需设计一框架内柱(截面为300 mm×450 mm)的预制桩基础。柱底在地面处的荷载为:竖向力 $F_k=1\ 850$ kN,弯矩 $M_k=135$ kN·m,水平力 $H_k=75$ kN,初选预制桩截面为350 mm×350 mm。已知单桩水平承载力特征值 $R_{ha}=35.0$ kN,试设计该桩基础。

第九章　土工试验

本章提要　地基基础设计所需的地基土的物理力学性质指标是由土工试验所提供的，土工试验是培养学生动手技能、分析解决问题能力以及掌握土力学基本理论必不可少的教学环节。土工试验部分是依据中华人民共和国国家标准《土工试验方法标准》(GB/T 50123—1999)和水利部发布的《土工试验规程》(SL 237—1999)并参考交通部最新《公路土工试验规程》(JTG E40—2007)编写的。

第一节　含水率试验

一、概述

(1)土的含水率是指土在105～110 ℃下烘至恒量时所失去的水的质量与达到恒量后干土质量的比值，用百分数表示。

(2)试验的目的是测定土的含水率，以了解土的含水情况。含水率是土的一个重要的基本物理指标，它反映土的状态，是计算土的干密度、孔隙比、液性指数、饱和度等项指标的依据。

(3)试验方法有烘干法(室内试验标准方法)、酒精燃烧法、比重法、核子测定含水率法(现场)等。

二、仪器设备(烘干法)

试验所需仪器设备如下：

(1)烘箱。保持温度105～110 ℃的自动控制电热恒温烘箱或其他能源烘箱。

(2)天平。称量200 g，最小分度值0.01 g。

(3)其他。干燥器、调土刀、称量盒等。

三、操作步骤

操作步骤如下：

(1)称湿土。先取干净称量盒(查盒号)称盒质量，再选取具有代表性的试样15～30 g(砂土应多取些)，放入称量盒内，立即盖好盒盖，称出(盒+湿土)质量，准确到0.01 g。

(2)烘土。打开盒盖，将盒盖扣在盒底，放入烘箱中在温度105～110 ℃下烘至恒量，烘土时间对细粒土不少于8 h，对砂类土不少于6 h；对有机质含量超过干土质量5%的土，取试样50 g，温度应控制在65～70 ℃的恒温下烘至恒量。

(3)称干土。从干燥器内取出试样，称出(盒+干土)质量，准确至0.01 g。

四、计算

含水率的计算公式为：

$$\omega = \left(\frac{m_0}{m_s} - 1\right) \times 100\% \tag{9-1}$$

式中 ω——含水率，计算精确至 0.1%；

m_0——湿土质量，g；

m_s——干土质量，g。

本试验需要进行两次平行测定，取其算术平均值，允许平行差值见表 9-1。

表 9-1 含水率测定的平行差值

含水率 ω(%)	允许平行差值(%)
$\omega<40$	≤1
$\omega\geqslant40$	≤2

五、试验记录

试验记录见表 9-2。

表 9-2 含水率试验记录计算表

工程名称________土样说明________试验日期________

试 验 者________计 算 者________校 核 者________

土样编号	盒号	盒质量(g)	盒+湿土质量(g)	盒+干土质量(g)	水分质量(g)	干土质量(g)	含水率(%)	平均含水率(%)
		(1)	(2)	(3)	(4)=(2)-(3)	(5)=(3)-(1)	$(6)=\frac{(4)}{(5)}\times 100\%$	(7)

六、有关说明

有关说明如下：

(1)在没有烘箱或土样较少的条件下，可用酒精燃烧法，即用纯度 >95% 的酒精，将酒精注入有试样的称量盒内，直至盒内出现自由液面，点燃酒精到火焰熄灭再注酒精，反复点燃 3 次，利用酒精在土上燃烧，使土中水分蒸发，得干土质量，即可计算含水率。

(2)对于砂类土可用比重法测定土的含水率，将土体放入一定容积的玻璃瓶中用玻璃棒充分搅拌称重，算出土粒在水中的浮重，根据土粒经验比重值，换算出土的含水率。

(3)微波加热是近十几年来才发展的一门新技术，微波是一种超高频的电磁波，微波加热就是通过微波发生器产生微波能，然后用波导(传送线)将微波能输送到微波加热器中，加热器中的试样受到微波的照射后就发热，使水分蒸发，由于微波具有一定的穿透深度，使被加热的试样里外同时加热，因此具有均匀、快速的优点，但微波加热的温度及时间控制有待进一步研究。

(4)核子密度仪中子源用来测量含水率的原理是：由 241 - 镀中子源发出的高能中子射入被测材料中，被测材料水分中的氢原子与高能中子相碰撞使之减速，减速后的慢中子被仪器内的中子探测管接收到。被测材料含水量大，单位时间内所转化的慢中子数就多，检测管接收的慢中子数就多，反之就少。然后，微处理器把接收的慢中子数（称为水分计数值）与仪器内的水分标准计数值进行比较，得到水分计数比，再把计数比送入水分计算程序可算出被测材料的水分值。

问题：(1)核子测定含水率及酒精燃烧法测含水率怎样才能保证试验安全？

(2)含水率试验时烘箱温度为什么要求保持在 105～110 ℃？试验时两次平行测定的允许平行差值是多少？

第二节 密度试验

一、概述

(1)土的密度是指天然状态下单位体积土的质量。

(2)试验的目的是测定土的密度，密度是土的一个重要基本物理指标，是了解土的疏密状态，供换算土的其他物理性质指标和工程设计及施工质量控制之用。

(3)试验方法有环刀法、蜡封法、灌砂法、灌水法、核子密度仪法等。

二、仪器设备（环刀法）

试验所需的仪器设备如下：

(1)环刀。内径 6～48 cm，高度 2～3 cm，如图 9-1 所示。

(2)天平。称量 500 g，最小分度值 0.1 g；称量 200 g，最小分度值 0.01 g。

(3)其他。切土刀、钢丝锯、玻璃板、凡士林等。

三、操作步骤与计算

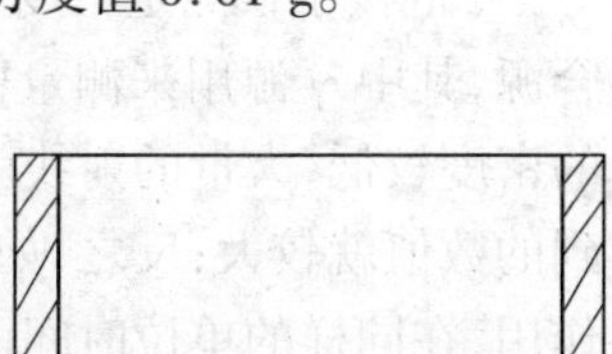
图 9-1 环刀剖面图

(1)切取土样。称取环刀质量并在环刀内壁涂一薄层凡士林，刃口向下放在土样上，然后将环刀垂直下压，并用切土刀沿环刀外侧切削土样，边压边削至土样高出环刀，根据试样的软硬采用钢丝锯或削土刀整平环刀两端土样。

(2)试样称量。擦净环刀外壁，称环刀和土的总质量。

(3)密度的计算公式为：

$$\rho_0 = \frac{m_0}{V} \tag{9-2}$$

式中　ρ_0——试样的密度，g/cm^3；

m_0——湿土质量，g；

V——环刀容积，cm^3。

本试验需进行两次平行测定，平行差值不得大于 0.03 g/cm^3，取两次测值的算术平均值。

(4)试验记录。见表9-3。

表9-3　密度试验（环刀法）记录

工程名称＿＿＿＿＿＿土样说明＿＿＿＿＿＿试验日期＿＿＿＿＿＿

试 验 者＿＿＿＿＿＿计 算 者＿＿＿＿＿＿校 核 者＿＿＿＿＿＿

环刀号	环刀质量 (g)	环刀＋土的质量 (g)	环刀体积 (cm^3)	湿密度 (g/cm^3)	平均湿密度 (g/cm^3)

四、有关说明

(1)当土样坚硬、易碎或含有粗颗粒不易修成规则形状，采用环刀法有困难时，可采用蜡封法，即将需测定的试样，称量后浸入融化的石蜡中，使试样表面包上一层严密的蜡膜（若试样蜡膜上有气泡，需用热针刺破气泡，再用石蜡填充针孔，涂平孔口），分别称（蜡＋土）在空气中及水中的质量，已知蜡的密度，通过计算便可求得土的密度。

(2)在野外现场遇到采用环刀取土困难不能取原状土样时，一般可采用灌砂法进行现场密度测定，即在测定地点挖一圆土坑，称挖出的土质量，然后将事先标定的均匀颗粒的风干标准砂轻轻灌入土坑，利用砂去置换试坑体积，从而计算出土的密度。

(3)核子仪测定密度：核子仪内部有一个含铯 137γ 放射源和镅 241－铍中子源的复合源，其中 γ 源用来测量密度，测密度时，铯 137γ 源发出 γ 射线进入被测材料。如果材料的密度较低，大量的射线就会穿过它，被装在仪器内的记数管检测到，那么单位时间内测到的数值就较大；反之，如果被测体的密度较高，它就会吸收部分 γ 射线，起到辐射屏障作用，在同样的单位时间内测到的数值就小。然后，微处理器把检测管接收数值（称为密度计数值）除以存储在仪器内的密度标准数值，得到计数比，微处理机根据计数比算出被测材料密度。

问题：(1)土的密度试验可分为哪几种？环刀测密度适用什么土类？两次平行测定的允许平行差值是多少？

(2)环刀取样时为什么要将环刀外侧土样边压边削？取土后常用玻璃片盖住环刀并要求短时间内称量，为什么？

第三节　比重试验

一、概述

（1）土颗粒的比重是土在温度 105～110 ℃下烘至恒量时土粒质量与同体积 4 ℃纯水质量的比值。

（2）试验的目的是测定土粒比重，为计算土的孔隙比、饱和度以及其他物理力学试验提供必要的数据，是土的基本物理性质指标之一，也是评价土类的主要指标。土的比重主要取决于土的矿物成分，有经验的地区可按经验值选用，砂土比重一般为 2.65～2.69，砂质粉土比重约为 2.70，黏质粉土比重为 2.71，粉质黏土比重一般为 2.72～2.73，黏土比重一般为 2.74～2.76。

（3）试验方法按照土粒径大小不同，分别采用比重瓶法（适用粒径 $d<5$ mm 的土）、浮称法或虹吸法（适用粒径 $d\geq5$ mm 的土）等。

二、仪器设备（比重瓶法）

试验所需的仪器设备如下：

（1）比重瓶。容量 50 mL 或 100 mL，如图 9-2 所示。

（2）天平。称量 200 g，最小分度值 0.001 g。

（3）其他。恒温水槽、砂浴、烘箱、纯水或中性液体（如煤油等）、温度计、筛子、漏斗、滴管等。

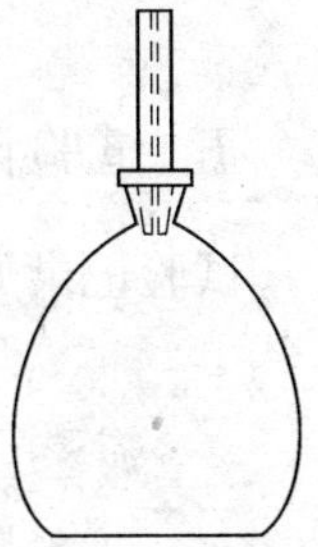

图 9-2　比重瓶

三、操作步骤

操作步骤如下：

（1）取样称量。将比重瓶洗净、烘干称其质量，取通过 5 mm 筛的烘干土样 15 g（若用 50 mL 的比重瓶，可取干土约 13 g）用玻璃漏斗装入洗净、烘干的比重瓶内，称出（瓶 + 土）的质量，精确至 0.001 g。

（2）煮沸排气。将已装有干土的比重瓶中注入半瓶纯水，轻轻摇动比重瓶，并将比重瓶放在砂浴上煮沸，煮沸时间自悬液沸腾时算起，砂土不小于 30 min（砂土煮沸容易使砂粒跳出，可采取真空抽气法排气），黏土不小于 1 h，煮沸时应注意不使悬液溢出瓶外（当土中含有可溶盐、亲水性胶体物质或有机质时，须用中性液体测定，采用真空抽气法排气，真空表读数宜接近当地一个大气压值，抽气时间不得少于 1 h）。

（3）注水称量。如系短颈比重瓶将纯水注入比重瓶近满，待瓶内悬液温度稳定及瓶上部悬液澄清，塞好瓶塞，使多余水分从瓶塞的毛细管中溢出；如系长颈比重瓶，注水至略低于瓶的刻度处，可用滴管调整液面恰至刻度处（以弯液面下缘为准），待瓶内悬液温度稳定，擦干瓶外壁的水，称出（瓶 + 水 + 土）的总质量，称量后立即测出瓶内水的温度。

（4）查取质量。根据测得的温度，从温度与瓶、水质量关系曲线中查取瓶、水质量（实验室提供）。

四、计算

比重的计算公式为：

$$G_s = \frac{m_s}{m_1 + m_s - m_2} G_{wt} \tag{9-3}$$

式中 G_s——土粒的比重，精确至0.001；

m_s——干土质量，g；

m_1——瓶、水质量，g；

m_2——瓶、水、土总质量，g；

G_{wt}——t ℃时纯水的比重（中性液体比重），精确至0.001。

本试验需同时进行两次平行测定，取其算术平均值，以两位小数表示，其平行差不得大于0.02。

不同温度时水的比重见表9-4。

表9-4　不同温度时水的比重（近似值）

水温（℃）	4.0～12.5	12.5～19.0	19.0～23.5	23.5～27.5	27.5～30.5	30.5～33.5
水的比重	1.000	0.999	0.998	0.997	0.996	0.995

五、试验记录

试验记录见表9-5。

表9-5　比重试验（比重瓶法）记录

工程名称＿＿＿＿＿＿土样说明＿＿＿＿＿＿试验日期＿＿＿＿＿＿

试 验 者＿＿＿＿＿＿计 算 者＿＿＿＿＿＿校 核 者＿＿＿＿＿＿

土样编号	比重瓶编号	温度（℃）	水的比重	瓶质量（g）	瓶＋土的总质量（g）	干土质量（g）	瓶＋水的总质量（g）	瓶＋水＋土的总质量（g）	与土粒同体积的水质量（g）	土粒比重	平均值
		（1）	（2）	（3）	（4）	（5）	（6）	（7）	（8）	（9）	（10）
						（4）－（3）			（5）＋（6）－（7）	（5）/（8）×（2）	

问题：（1）土的三项实测指标是什么？如何计算干密度、孔隙比和饱和度？

（2）各类土粒比重的一般数值范围是什么？

（3）比重测定中悬液为什么要放在砂浴上煮沸？有什么时间要求？如果时间不够会出现什么问题？

第四节　界限含水率试验

一、概述

(1)黏性土的状态随其含水率的变化而变化,界限含水率是黏性土从一个稠度状态过渡到另一个稠度状态时的分界含水率。

液限是指黏性土处于可塑状态与流动状态之间的界限含水率。

塑限是指黏性土处于半固态与可塑状态之间的界限含水率。

(2)试验的目的是测定黏性土的液限 ω_L、塑限 ω_P,以计算土的塑性指数 I_P 和液性指数 I_L,对黏性土进行分类及判断黏性土的稠度状态,土的界限含水率是估计地基承载力的一个重要依据。

(3)试验方法有液塑限联合测定法、碟式仪液限法、滚搓法塑限试验等。

二、液塑限联合测定法

液塑限联合测定法适用于粒径 $d \leqslant 5$ mm、有机质含量≤试样干土总质量的5%的土。

(一)仪器设备

(1)液塑限联合测定仪:圆锥仪质量76 g,锥角为30°(见图9-3)。

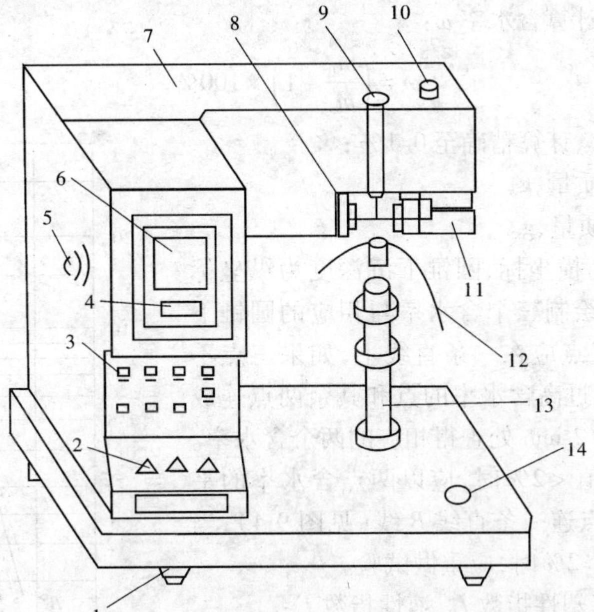

图9-3　光电式液塑限联合测定仪示意

1—水平调节螺丝;2—控制开关;3—指示灯;4—零线调节螺丝;5—反光镜调节螺丝;6—屏幕;7—机壳;8—物镜调节螺丝;9—电磁装置;10—光源调节螺丝;11—光源;12—圆锥仪;13—升降台;14—水平泡

(2)其他:调土刀、凡士林、烘箱、干燥器等。

（二）操作步骤

试验操作步骤如下：

（1）制备试样。当土样均匀时，采用天然含水率的土制备试样；当土样不均匀时，采用风干土制备试样，取过 0.5 mm 筛下的代表性土样。用纯水分别将土样调成接近液限、塑限和两者中间状态的均匀土膏，放入保湿器，浸润 18 h 以上。

（2）装土入试样杯。将土膏用调土刀充分调拌均匀，分层密实填入试样杯中，填满后刮平试样表面。

（3）接通电源。将试样杯放在联合测定仪的升降台上，在圆锥仪上抹一薄层凡士林，接通电源，使电磁装置吸稳圆锥仪。

（4）调节屏幕准线。将屏幕上的零线调节螺丝调到在零位刻线处，调整升降台，使圆锥尖刚好接触试样表面，指示灯亮时圆锥在自重下沉入试杯，经 5 s 后测读圆锥下沉深度。

（5）测含水率。取出试样杯，挖去锥尖沉入土处的凡士林，取锥体附近的试样不少于 10 g，放入称量盒内，测含水率。

（6）重复以上步骤分别测定其余两个试样的圆锥下沉深度及相应的含水率。液塑限联合测定应不少于三个试样（一般圆锥下沉深度宜控制在 3 ~ 4 mm、7 ~ 9 mm、15 ~ 17 mm）。

（三）计算与绘图

（1）按式(9-4)计算含水率 ω：

$$\omega = \left(\frac{m_0}{m_s} - 1\right) \times 100\% \tag{9-4}$$

式中　ω——含水率，计算精确至 0.1%；

m_0——湿土质量，g；

m_s——干土质量，g。

（2）以含水率为横坐标、圆锥下沉深度为纵坐标在双对数坐标纸上绘制三个含水率与相应的圆锥下沉深度关系曲线，三点应在一条直线上，如果三点不在一条直线上时，通过高含水率的点和其余两点连成两条直线，在下沉为 2 mm 处查得相应的两个含水率。当两个含水率的差值 <2% 时，应以两点含水率的平均值与高含水率的点连一条直线 B 线（见图 9-4）；当两个含水率的差值 ≥2% 时，应重做试验。

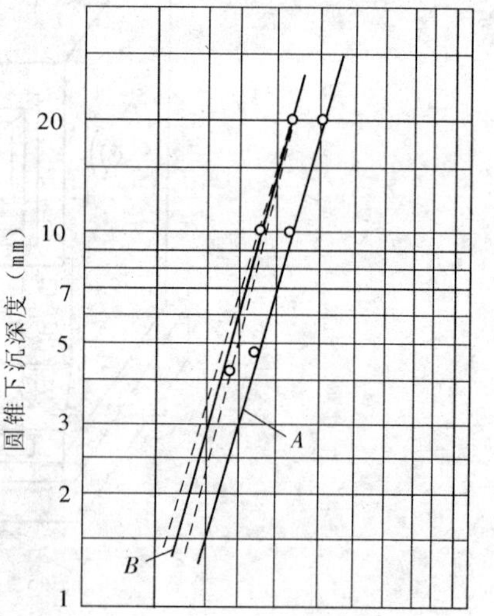

图 9-4　圆锥下沉深度与含水率关系曲线

（3）按下式计算塑性指数 I_P、液性指数 I_L：

$$I_P = \omega_L - \omega_P \tag{9-5}$$

$$I_L = \frac{\omega - \omega_P}{I_P} \tag{9-6}$$

式中　ω_L——液限（%）；

ω_P——塑限（%）；

ω——天然含水率(%)。

(四)试验记录

试验记录见表 9-6。

表 9-6　液塑限联合测定试验记录

工程名称＿＿＿＿＿＿土样说明＿＿＿＿＿＿试验日期＿＿＿＿＿＿

试 验 者＿＿＿＿＿＿计 算 者＿＿＿＿＿＿校 核 者＿＿＿＿＿＿

土样编号	圆锥下沉深度(mm)	盒号	盒质量(g)	盒+湿土质量(g)	盒+干土质量(g)	水分质量(g)	干土质量(g)	含水率(%)	液限(%)	塑限(%)	塑性指数	液性指数
			(1)	(2)	(3)	(4)=(2)-(3)	(5)=(3)-(1)	(6)=(4)/(5)	(7)	(8)	(9)=(7)-(8)	(10)=[(6)-(8)]/(9)

三、滚搓法塑限试验

(一)仪器设备

(1)毛玻璃板:200 mm×300 mm。

(2)缝宽 3 mm 的模板或直径 3 mm 的金属丝或卡尺。

(3)其他:天平、烘箱、干燥器、称量盒、调土刀等。

(二)操作步骤

(1)取土样。从制备好的试样中取出 50 g 左右,为使试验前试样的含水率接近塑限,可将试样在手中捏揉至不粘手,然后将试样捏扁,如出现裂缝表示此时含水率已接近塑限。

(2)搓土条。取接近塑限的试样一小块,先用手搓成椭圆形,然后再用手掌在毛玻璃上轻轻搓滚,搓滚时手掌均匀施加压力于土条上,土条不得产生中空现象,不得使土条在毛玻璃上无力滚动,土条长度不宜超过手掌宽度,当土条直径搓到 3 mm,且土条表面出现裂纹或断裂时,表示试样的含水率达到塑限(当土条搓成 3 mm 时,仍未产生裂缝及断裂,表示这时试样的含水率高于塑限,应将其捏成一团,按上述方法重新搓滚;当土条直径未达 3 mm 时即断裂,表示试样含水率小于塑限应弃去,重新取土样)。

(3)测含水率。取合格土条 3～5 g,放入称量盒内,随即盖紧盒盖,测定含水率,此含水率即为塑限。

(三)计算

(1)按下式计算塑限 ω_P:

$$\omega_P = \left(\frac{m_0}{m_s} - 1\right) \times 100\% \tag{9-7}$$

(2)本试验需进行两次平行测定，取算术平均值，精确至0.1%，平行差值中，高液限土≤2%，低液限土≤1%。

(四)试验记录

试验记录见表9-7。

表9-7 塑限试验(滚搓法)记录

工程名称__________土样说明__________试验日期__________

试 验 者__________计 算 者__________校 核 者__________

土样编号	盒号	盒质量(g)	盒+湿土质量(g)	盒+干土质量(g)	水分质量(g)	干土质量(g)	含水率(%)	塑限(%)
		(1)	(2)	(3)	(4)=(2)-(3)	(5)=(3)-(1)	(6)=(4)/(5)	(7)

问题：(1)什么是液限、塑限、塑性指数和液性指数？

(2)判断土的天然稠度状态要做什么试验？如何对黏性土进行工程分类？

第五节 固结试验

一、概述

(1)土的固结是土体在外荷载作用下，水和空气逐渐挤出，土的骨架颗粒相互挤紧，因而引起土的变形过程。

(2)试验的目的是测定试样在侧限条件下变形和压力的关系曲线，从而求出土的压缩性指标，判断土的压缩性和计算建筑物的地基沉降量，为土体经历不同时间的固结度提供必备的计算参数。

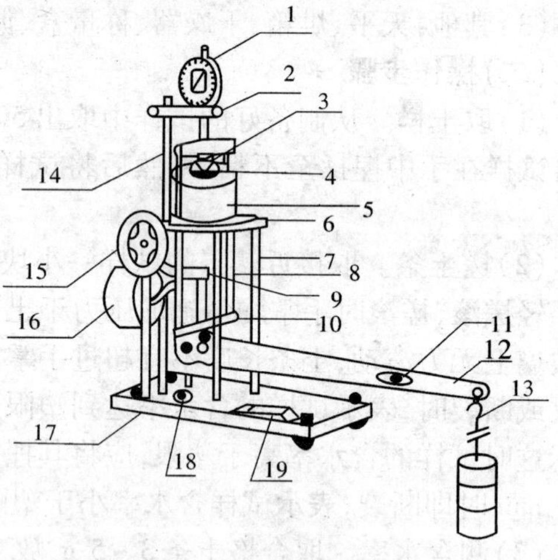

图9-5 试验装置示意图

1—测微表；2—表夹；3—钢珠；4—加压上盖；5—容器；6—容器底板；7—立柱；8—拉杆；9—牙箱；10—升降杆；11—长水泡；12—横杆；13—加压吊钩；14—表夹杆；15—手轮；16—平衡锤；17—底座；18—圆水泡；19—平衡锤固定夹

二、仪器设备

(1)固结装置：试验装置(见图9-5)、固结仪(见图9-6)。

(2)加压设备：能垂直地瞬间施加各级压力，并没有冲击力。

(3)测微表:量称 10 mm,最小分度值0.01 mm。

(4)其他:修土刀、钢丝锯、滤纸、天平、秒表等。

三、操作步骤

(1)切取试样:按工程需要,切取原状土试样测其密度及含水率或制备成预定密度与含水率的扰动土试样。

(2)安装试样:在固结容器内顺次放上透水板、滤纸和护环,将装有试样的环刀刃口向下放入护环内,在试样上面依次放上滤纸、透水板和加压上盖,将压缩容器置于加压框架下,并对准加压框的正中。

(3)安装测微表:先安装测微表,并调节其距离不小于 8 mm 的量程,检查测微表是否灵活与垂直。

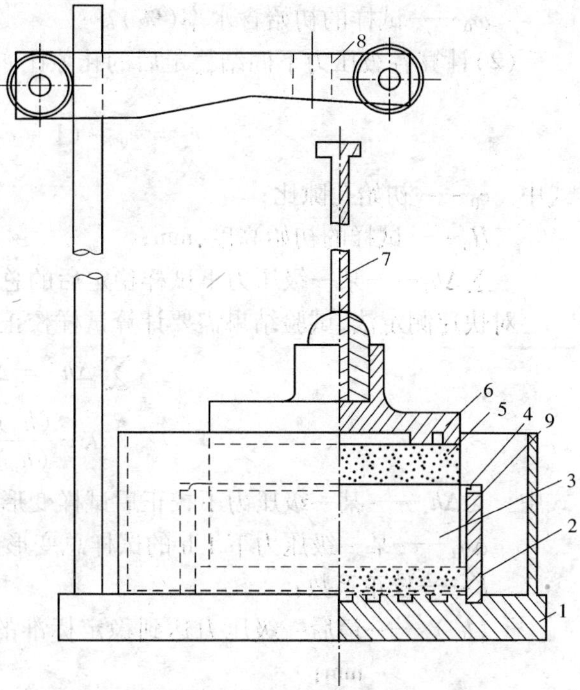

图 9-6 固结仪示意图

1—容器;2—护环;3—环刀;4—导环;5—透水板;6—加压上盖;7—测微表导杆;8—表夹;9—试样

(4)施加预压荷载:为保证试样与仪器上下各部件之间接触良好,应施加 1 kPa 的预压荷载,然后调整测微表,使长指针读数为零,记录短指针读数。

(5)加荷测记:去掉预压荷载,根据需要确定施加的各级压力,加压等级一般为 25 kPa,50 kPa,100 kPa,200 kPa,400 kPa 等,最后一级的压力应大于上覆土层的计算压力 100~200 kPa(如系饱和试样,则在施加第一级压力后,立即向容器中注水至满;非饱和试样须用湿棉纱围住加压盖板四周,避免水分蒸发),测记在各级压力下固结稳定后的测微表读数,固结稳定标准为每级压力下固结 24 h(实验教学学生可适当减少固结时间或采用快速测定法)。

快速测定法:加压后测记各级压力下固结时间为 1 h 的测微表读数,仅在最后一级压力下,除测记 1 h 的测微表读数外,还应测读固结稳定时的测微表读数。

(6)卸荷取试样:试验结束后,卸除仪器各部件,取出带环刀试样(如系饱和试样,则用干滤纸吸去试样两端表面水分,并测定含水率)。

四、计算与制图

(1)计算试样的初始孔隙比 e_0,其公式为:

$$e_0 = \frac{\rho_w G_s(1+\omega_0)}{\rho_0} - 1 \tag{9-8}$$

式中 G_s——土粒比重;

ρ_w——水的密度,g/cm^3;

ρ_0——试样的初始密度,g/cm^3;

ω_0——试样的初始含水率(%)。

(2)计算各级压力下固结稳定后的孔隙比 e_i,其公式为:

$$e_i = e_0 - (1 + e_0)\frac{\sum \Delta h_i}{H_0} \tag{9-9}$$

式中 e_0——初始孔隙比;

H_0——试样的初始高度,mm;

$\sum \Delta h_i$——某一级压力下试样稳定后的总变形量减去仪器变形量,mm。

对快速测定法,试验结果需要计算试样校正的变形量,有:

$$\sum \Delta h_i = \Delta h_i K \tag{9-10}$$

$$K = \frac{(h_n)_T}{(h_n)_t} \tag{9-11}$$

式中 $\sum \Delta h_i$——某一级压力下校正后试样变形量,mm;

Δh_i——某一级压力下 1 h 的试样总变形量减去仪器变形量,mm;

K——校正系数;

$(h_n)_T$——最后一级压力达到稳定标准的总变形量减去该压力下的仪器变形量,mm;

$(h_n)_t$——最后一级压力下固结 1 h 的总变形量减去该压力下的仪器变形量,mm。

(3)计算该试样的压缩系数 a_{1-2},即:

$$a_{1-2} = \frac{e_1 - e_2}{p_2 - p_1} \tag{9-12}$$

式中 p_1, p_2——对应 100 kPa、200 kPa 的压力值, kPa;

e_1, e_2——对应 100 kPa、200 kPa 的孔隙比。

(4)计算压缩模量 E_s,其公式为:

$$E_s = \frac{1 + e_1}{a_{1-2}} \tag{9-13}$$

(5)以孔隙比 e 为纵坐标、压力 p 为横坐标,绘制孔隙比与压力的关系曲线(见图 9-7)。

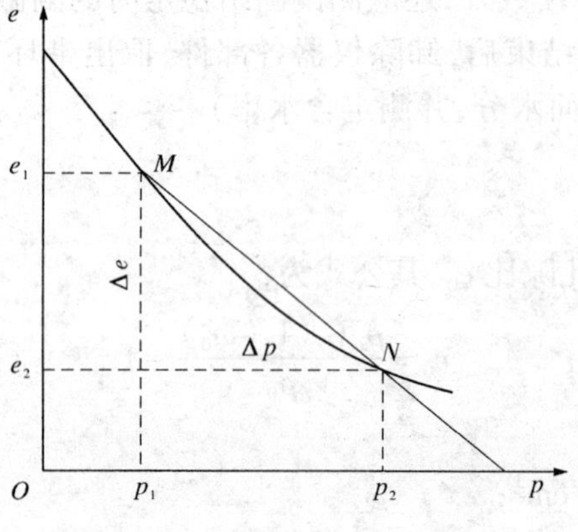

图 9-7 孔隙比与压力关系曲线

五、试验记录

试验记录见表9-8、表9-9。

表9-8　固结试验记录

工程编号________试验编号________试验日期________
试 验 者________计 算 者________校 核 者________

初始含水率 ω_0 =________初始密度 ρ_0 =________比重 G_s =________
试样高 H_0 =________初始孔隙比 e_0 =________ a_{1-2} =________ E_s =________

压力历时(h)	压力 p (kPa)	测微表读数 (0.01 mm)	仪器变形量 (0.01 mm)	试样变形量 (mm)	孔隙比
	(1)	(2)	(3)	(4) = 0.01[(2) − (3)]	$e_i = e_0 - (1 + e_0)\dfrac{\sum \Delta h_i}{H_0}$

表9-9　快速测定法固结试验记录

工程编号________试样编号________试验日期________
试 验 者________计 算 者________校 核 者________

初始含水量 ω_0 =________初始孔隙比 e_0 =________试样高 H_0 =________比重 G_s =________
密度 ρ_0 =________ K =________ a_{1-2} =________ E_s =________

压力历时(h)	压力 p (kPa)	测微表读数 (0.01 mm)	仪器变形量 (0.01 mm)	校正前试样变形量(mm)	校正后试样变形量(mm)	孔隙比 e
	(1)	(2)	(3)	(4) = 0.01[(2) − (3)]	(5) = K(4)	$e_i = e_0 - (1 + e_0)\dfrac{\sum \Delta h_i}{H_0}$

问题：(1)什么是原状土？什么是扰动土？为什么说土的压缩变形实际上是土的孔隙体积的减小？

(2)土样压缩稳定的标准是多少？为什么可以进行快速压缩试验？

(3)结合试验简述对压缩系数的理解。

第六节　剪切试验

一、概述

(1)土的抗剪强度是土在外力作用下,其中一部分土体相对于另一部分土体滑动时所具有的抵抗剪切破坏的极限强度,抗剪强度是土的一个重要指标,当估算地基承载力、评价地基稳定性、计算边坡稳定性、支挡结构物的土压力时都需要土的抗剪强度指标。

(2)试验的目的是测定土的抗剪强度参数,即内摩擦角 φ 和黏聚力 c。

(3)试验仪器有三轴剪力仪、直接剪力仪、无测限压缩仪及野外十字板剪力仪等。

二、直剪试验

直剪试验通常采用4个试样为一组,分别在不同的垂直压力 p 下,施加水平剪应力进行剪切,求得破坏时的剪应力τ,然后通过库仑定律确定土的抗剪强度参数。

直剪试验方法分为快剪、固结快剪 、慢剪三种。

(一)仪器设备

(1)应变控制式直接剪切仪,主要部件有剪切盒、垂直加压设备、剪切传动装置、测力环、位移量测系统(见图5-8)。

(2)其他:量表、环刀、修土刀、秒表、塑料布片等。

(二)操作步骤(快剪)

操作步骤如下:

(1)切取试样。按工程需要,切取原状土试样或制备预定密度及含水率的扰动土试样,每组试验至少取四个试样。

(2)试样装入剪切盒。对准上下盒,插入固定销钉,在下盒内放入透水板,并在透水板与试样之间放一塑料片,然后将试样(环刀平口向下)小心推入剪切盒内,移去环刀。

(3)量表对零。转动手轮,使上盒前端钢珠刚好与量力计接触,顺次在试样上放一塑料片、透水板,加上传压板、钢珠、压力框架,调整量力计中的量表读数为零。

(4)施加压力。根据工程实际和土的软硬程度,四个试样分别施加各级垂直压力,一般采用使试样承受100 kPa、200 kPa、300 kPa、400 kPa的垂直压力,各垂直压力可一次轻轻施加,若土质松软,也可分次施加。

(5)剪切试样。施加垂直压力后,立即拔去固定销钉,以0. 8 mm/min(4 r/min的均匀速率转动手轮)的速率剪切试样,当量力环中量表指针不再前进,或有显著后退时,表示试样已剪损,一般宜剪至剪切变形达到4 mm,若量表指针继续前进,则剪切变形应达到6 mm为止,手轮每转一转,同时测记转数与量力环中量表读数,直至剪损为止。

(6)卸荷。剪切结束后,吸去剪切盒中积水,倒转手轮,尽快移去垂直压力框架、钢球、传压板,并取出试样。

(三)计算与制图

(1)按式(9-14)计算剪切位移 Δl:

$$\Delta l = 20n - R \tag{9-14}$$

式中 Δl——剪切位移,0.01 mm;

n——手轮转数;

R——百分表读数。

(2)计算各级垂直压力下所测得的抗剪强度τ_f,即:

$$\tau_f = C_0 R_{\max} \tag{9-15}$$

式中 C_0——量力环率定系数,kPa/(0.01 mm);

$R_{\max}$——量力环中百分表的最大读数,0.01 mm。

(3)以土的抗剪强度为纵坐标、垂直压力为横坐标,绘制关系曲线(即库仑强度曲线),直线的倾角(与水平线的夹角)即为土的内摩擦角φ,直线在纵坐标上的截距为土的黏聚力c(见图9-8)。

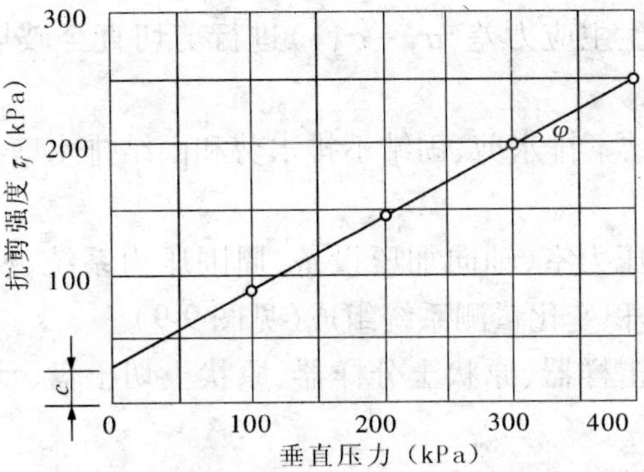

图9-8 抗剪强度与垂直压力关系曲线

(四)试验记录

试验记录见表9-10。

表9-10 直剪试验

工程编号____________试样编号____________试验日期____________

试 验 者____________计 算 者____________校 核 者____________

量力环率定系数(kPa/(0.01 mm))				
垂直压力σ(kPa)	100	200	300	400
量力环中百分表的最大读数 $R_{\max}$(0.01 mm)				
抗剪强度τ_f(kPa)				
土的内摩擦角φ =		土的黏聚力c =		

(五)有关说明

(1)固结快剪。对土样施加竖向压力,让土样充分排水固结,固结稳定后,再快速施加水平剪力(0.8 mm/min),测得土的抗剪强度指标内摩擦角和黏聚力(用 φ_c 和 c_c 表示)。

(2)慢剪。对土样施加竖向压力后,让土样充分排水固结,固结稳定后,以慢速(0.02 mm/min)施加水平剪力,从而使土样在受剪过程中充分排水和产生体积变形,测得土的抗剪强度指标内摩擦角和黏聚力(用 φ_s 和 c_s 表示)。

问题:直剪试验的方法有哪几种?如何根据工程情况选择?解释快和慢的实质含义。

三、三轴压缩试验(演示试验)

三轴压缩试验通常用 3 ~4 个圆柱形试样,分别在不同的周围压力(即小主应力 σ_3)下,施加轴向压力(即产生主应力差($\sigma_1 - \sigma_3$))进行剪切直至破坏,然后根据摩尔 - 库仑理论,求得抗剪强度参数。

试验方法分为不固结不排水剪、固结不排水剪和固结排水剪。

(一)仪器设备

(1)三轴剪力仪:由压力室、轴向加压设备、周围压力系统、反压力系统、孔隙水压力测量系统、轴向变形和体积变化量测系统组成(见图 9-9)。

(2)附属设备:包括击样器、原状土分样器、原状土切土盘、承膜筒和对开圆模等(见图 9-9 ~图 9-13)。

(3)其他:天平、橡胶膜、透水板等。

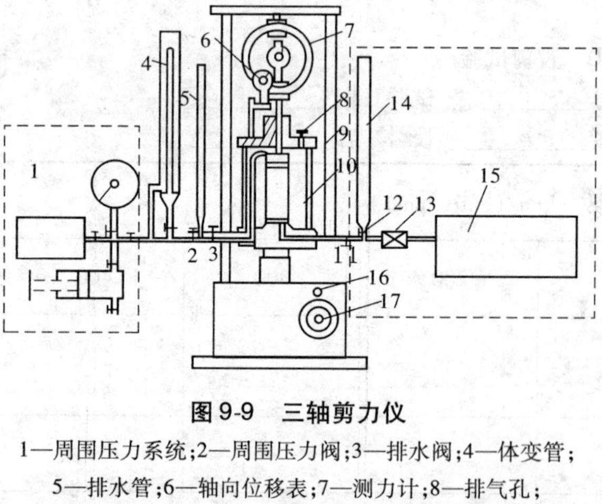

图 9-9　三轴剪力仪

1—周围压力系统;2—周围压力阀;3—排水阀;4—体变管;5—排水管;6—轴向位移表;7—测力计;8—排气孔;9—轴向压力设备;10—压力室;11—孔压阀;12—量管阀;13—孔压传感器;14—量管;15—孔压量测系统;16—离合器;17—手轮

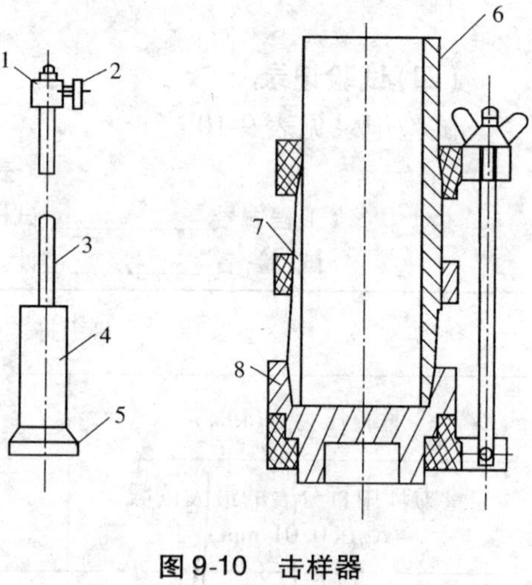

图 9-10　击样器

1—套环;2—定位螺丝;3—导杆;4—击锤;5—底板;6—套筒;7—击样筒;8—底座

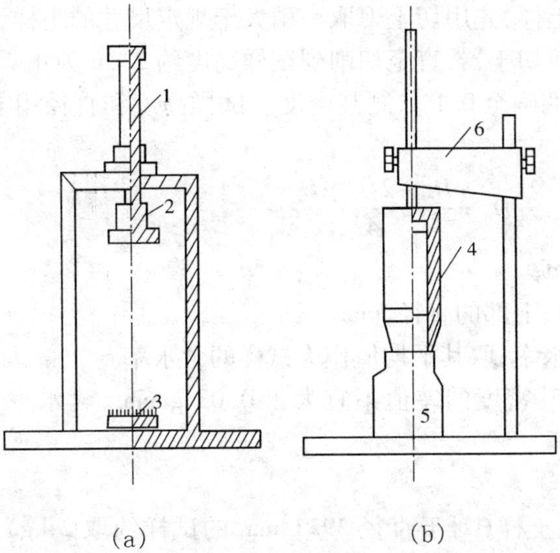

图 9-11　原状土切土盘分样器

1—轴;2—上盘;3—下盘;4—切土器;5—土样;6—切土架;7—钢丝架;8—滑杆;9—底盘

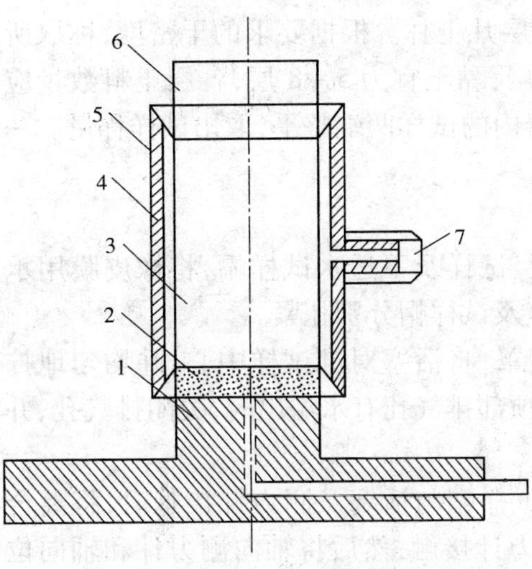

图 9-12　承膜筒

1—压力室底座;2—透水板;3—试样;4—承膜筒;5—橡皮膜;6—上帽;7—吸气孔

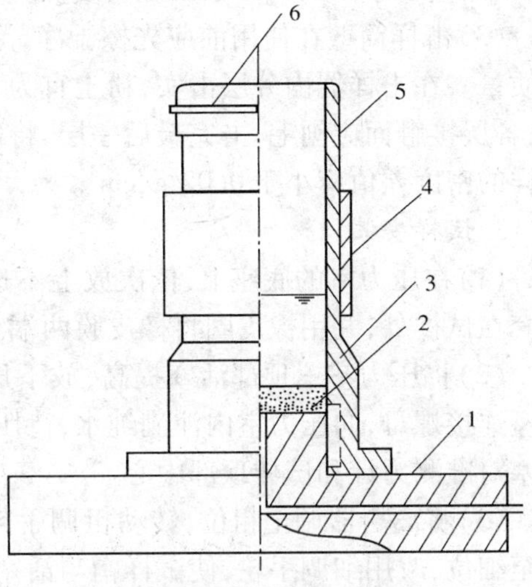

图 9-13　对开圆模

1—压力室底座;2—透水板;3—制样圆模(两片合成);4—紧箍;5—橡皮膜;6—橡皮圈

(二)操作步骤(不固结不排水剪)

1. 原状土试样的制备(高度与直径之比要求为 2.0~2.5)

(1)对于较软弱的土样先用钢丝锯、削土刀切取一稍大于规定尺寸的土柱,放在切土盘的上下圆盘之间,再用钢丝锯或削土刀紧靠侧板由上往下细心切削,边削边转动圆盘直至土样的直径被削成规定的直径为止,然后按试样高度的要求削平上下两端。对于直径为 10 cm 的软黏土土样可先用分样器分成 3 个土柱,然后再按上述方法,切削成直径为

39.1 mm 的试样。对于较硬的土样，先用切土刀取一稍大于规定尺寸的土样，放在切土架上，用切土器切削土样，边削边压切土器，直至切削到试样高度约 2 cm 为止。

(2)将切削好的试样称量，准确至 0.1 g，测其密度。试样高度和直径用卡尺量测，试样的平均直径按下式计算：

$$D_0 = \frac{D_1 + 2D_2 + D_3}{4} \tag{9-16}$$

式中 D_0——试样平均直径，mm；

D_1, D_2, D_3——试样上、中、下部的直径，mm。

(3)取切下的余土，测定含水率，取其平均值作为试样的含水率。

(4)对于同一组原状试样，其密度的差值不宜大于 0.03 g/cm³，含水率差值不宜大于2%。

2. 扰动土试样的制备

(1)选取一定数量的代表性土样(对于直径 39.1 mm 的试样约取 2 kg)，经风干、辗碎、过筛测定风干含水率，按要求的含水率算出所需加水量。

(2)将需加的水量喷洒到土料上拌匀，稍静置后装入塑料袋，然后置于密闭容器内至少 20 h，使含水率均匀。取出土料复测其含水率。

(3)击样筒壁在使用前应先擦干净，涂一薄层凡士林。根据要求的干密度，称取所需土质量。在击样器内分层击实，粉土宜为 3 ~ 5 层，黏土宜为 5 ~ 8 层，各层土料数量应相等，各层接触面应刨毛，击完最后一层，将击样器内的试样两端整平，取出试样称量。一组试样的密度差值应小于 0.02 g/cm³。

3. 试样安装

(1)在压力室的底座上，依次放上不透水板、试样及不透水试样帽，将橡皮膜用承膜筒套在试样外，并用橡皮圈将橡皮膜两端与底座及试样帽分别扎紧。

(2)将压力室罩顶部活塞提高，放下压力室罩，将活塞对准试样中心，并均匀地拧紧底座连接螺母，向压力室内注满纯水，待压力室顶部排气孔有水溢出时，关闭排气孔，并将活塞对准测力计和试样顶部中心。

(3)将离合器调至粗位，转动粗调手轮，当试样帽与活塞及测力计接近时，将离合器调至细位，改用细调手轮，使试样帽与活塞及测力计接触，然后将轴向测力计和轴向位移计的读数调整到零位，关闭体变管阀、孔隙压力阀及排水阀，打开周围压力阀，施加所需周围压力，周围压力的大小应与工程的实际荷载相适应，也可按 100 kPa、200 kPa、300 kPa、400 kPa 施加。

4. 剪切试样

(1)剪切时，剪切应变速率宜为每分钟 0.5% ~1.0%，开动电动机，合上离合器，进行剪切。开始阶段试样每产生 0.3% ~0.4 % 的轴向应变，测记一次测力计读数和轴向位移计读数。当轴向应变达到3%以后，每产生 0.7% ~0.8% 轴向应变，测记一次。在出现峰值后，应继续剪切 3% ~5% 轴向应变；若测力计读数无明显减少，则剪切至轴向应变达 15% ~20%。

(2)试验结束后关闭电动机，关周围压力阀，然后拔出离合器，倒转手轮，开排气孔，排去压力室内的水,拆除压力室罩,揩干试样周围的余水,脱去试样外的橡皮膜,描述破坏后土样形状,并测含水率。

(3)其余几个试样,在不同周围压力下以同样的剪切应变速率进行试验。

(三)计算

(1)轴向应变计算式为:

$$\varepsilon_1 = \frac{\Delta h}{h_0} \times 100\% \tag{9-17}$$

式中 ε_1——轴向应变(%);

Δh——剪切过程中试样的高度变化,mm;

h_0——试样的初始高度,mm。

(2)试样的校正断面面积计算式为:

$$A_a = \frac{A_0}{1-\varepsilon_1} \tag{9-18}$$

式中 A_a——试样的校正断面面积,cm^2;

A_0——试样的初始断面面积,cm^2。

(3)主应力差计算式为:

$$\sigma_1 - \sigma_3 = \frac{CR}{A_a} \times 1\,000 \tag{9-19}$$

式中 σ_1——大主应力, kPa;

σ_3——小主应力, kPa;

C——测力计率定系数,N/(0.01 mm);

R——测力计读数,0.01 mm;

A_a——试样剪切时的面积,cm^2。

(四)制图

(1)以主应力差为纵坐标、轴向应变为横坐标绘制主应力差与轴向应变关系曲线,取曲线上主应力差的峰值作为破坏点,无峰值时,取15%轴向应变时的主应力差值为破坏点(见图9-14)。

(2)以法向应力 σ 为横坐标、剪应力τ为纵坐标,在横坐标上以$\frac{\sigma_{1f}+\sigma_{3f}}{2}$为圆心,以$\frac{\sigma_1-\sigma_3}{2}$为半径,绘制破坏总应力圆,并绘制不同周围压力下破坏应力圆的包线。该包线的倾角为内摩擦角 φ_u,包线在纵轴上的截距为黏聚力 c_u(见图9-15)。

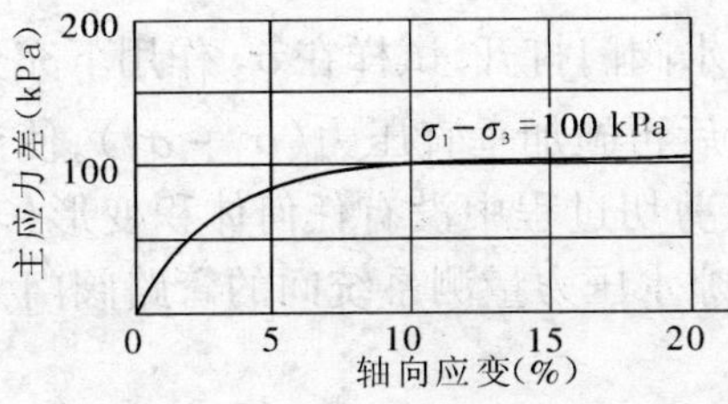

图9-14 主应力差与轴向应变关系曲线

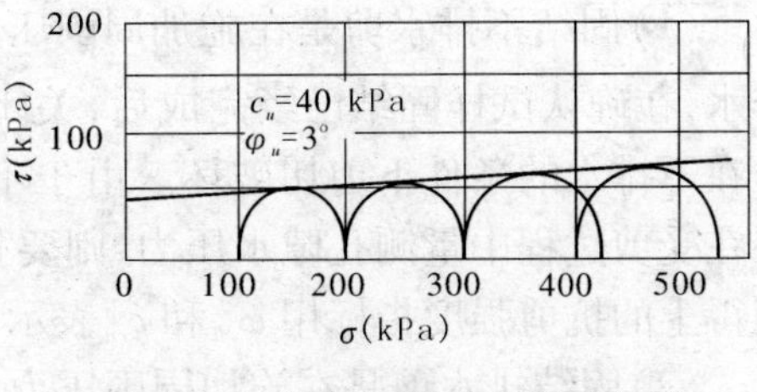

图9-15 不固结不排水剪强度包线

(五)试验记录

试验记录见表 9-11。

表 9-11　三轴试验(不固结不排水剪)记录

工程名称__________土样说明__________试验日期__________

试 验 者__________计 算 者__________校 核 者__________

钢环系数__________N/(0.01 mm) 剪切速率__________mm/min 周围压力__________kPa

(1)含水率试验

盒号	盒质量(g)	盒+湿土质量(g)	盒+干土质量(g)	水分质量(g)	干土质量(g)	含水率(%)

(2)密度试验

试样面积(cm^2)	试样高度(cm)	试样体积(cm^3)	试样质量(g)	密度(g/cm^3)

(3)三轴压缩试验

周围压力 σ_3(kPa)	轴向变形 Δh(0.01 mm)	轴向应变 ε_1(%)	校正面积 $A_a=\frac{A_0}{1-\varepsilon_1}$($cm^2$)	钢环读数 R(0.01 mm)	主应力差 $\sigma_1-\sigma_3$(kPa)

(六)有关说明

(1)固结不排水剪是在施加周围压力 σ_3 时,将排水阀门打开,试样在 σ_3 作用下充分排水,在确认试样固结已经完成后,关闭排水阀门,然后再施加垂直压力($\sigma_1-\sigma_3$),使试样在不排水的条件下剪切破坏。由于不排水,试样在剪切过程中没有任何体积变形(若要在受剪过程中量测孔隙水压力,则要打开试样与孔隙水压力量测系统间的管路阀门),测得土的抗剪强度指标用 φ_{cu} 和 c_{cu} 表示。

(2)固结排水剪是在施加周围压力 σ_3 和施加垂直压力($\sigma_1-\sigma_3$)的整个过程中都将

排水阀门打开,试样始终是排水状态,并给予充分的时间让试样中的孔隙水压力能够完全消散,测得土的抗剪强度指标用 φ_d 和 c_d 表示。

问题:(1)直剪仪有何优缺点?三轴剪力仪的优缺点有哪些?

(2)结合试验说明土的抗剪强度大小与哪些因素有关?

参考文献

[1] 务新超. 土力学[M]. 郑州:黄河水利出版社, 2003.
[2] 王启亮. 工程地质与土力学[M]. 北京:人民交通出版社,2007.
[3] 秦植海. 土力学与地基基础[M]. 北京:中国水利水电出版社,2008.
[4] 东南大学,浙江大学,湖南大学,等. 土力学[M]. 北京:中国建筑工业出版社,2001.
[5] 冯宏禄. 土力学[M]. 郑州:黄河水利出版社,2001.
[6] 孙秉慧. 土工试验教程[M]. 郑州:黄河水利出版社,2008.
[7] 莫海鸿. 基础工程[M]. 北京:中国建筑工业出版社,2003.
[8] 中国建筑科学研究院. GB 50007—2002 建筑地基基础设计规范[S]. 北京:中国建筑工业出版社, 2002.
[9] 中国建筑科学研究院. GB 50010—2002 混凝土结构设计规范[S]. 北京:中国建筑工业出版社, 2002.
[10] 中华人民共和国水利部. GB/T 50123—1999 土工试验方法标准[S]. 北京:中国计划出版社, 1999.
[11] 南京水利科学研究院. SL 237—1999 土工试验规程[S]. 北京:中国水利水电出版社,1999.
[12] 中华人民共和国交通部. JTG E40—2007 公路土工试验规程[S]. 北京:人民交通出版社,2007.
[13] 水利水电工程质量检查验收编委会. 水利水电工程质量检查验收[M]. 北京:中国建材工业出版社,2007.